21世纪高等学校系列教材

GUOLU SHUICHULI CHUBU SHEJI

锅炉水处理初步设计

（第二版）

编著　丁桓如

主审　李培元

U0280166

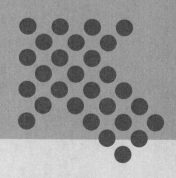

中国电力出版社

CHINA ELECTRIC POWER PRESS

内 容 提 要

本书系统地介绍了锅炉水处理的初步设计方法,包括设计的原始资料、水处理系统选择和工艺计算、附属系统选择、图纸绘制等部分,汇集了众多的水处理计算公式和技术数据。涉及的内容包括离子交换系统设计、预处理系统设计、膜处理系统设计、凝结水处理系统设计及加药系统设计等。

本书可作为普通高等学校本科应用化学专业水处理课程(毕业)设计教材、高职高专电力技术类电厂化学专业的教材,也可作为从事锅炉水处理及其他纯水制备专业的设计、科研、生产等方面的工程技术人员的参考书,还可供工业给水处理专业、给水排水专业的工程技术人员参考。

图书在版编目(CIP)数据

锅炉水处理初步设计/丁桓如编著. —2 版. —北京:
中国电力出版社,2010.2(2022.7 重印)
21 世纪高等学校规划教材
ISBN 978 - 7 - 5083 - 9855 - 6

Ⅰ.①锅… Ⅱ.①丁… Ⅲ.①锅炉用水—水处理—高等学校—教材 Ⅳ.①TK223.5

中国版本图书馆 CIP 数据核字(2009)第 225090 号

中国电力出版社出版、发行
(北京市东城区北京站西街 19 号 100005 http://www.cepp.sgcc.com.cn)
北京九州迅驰传媒文化有限公司印刷
各地新华书店经售

*

1995 年 11 月第一版
2010 年 2 月第二版 2022 年 7 月北京第十次印刷
787 毫米×1092 毫米 16 开本 12.5 印张 301 千字
定价 **38.00** 元

前　言

　　本书第一版是 1995 年出版的，当时编写此书的目的是为电力院校有关锅炉水处理专业的本科生课程（毕业）设计之用，由于本书是锅炉水处理（纯水制备）设计方面的唯一教学用书，因此本书的出版极大地方便了教学。

　　作为一本技术类教材，十几年的时间变化，其内容急需更新。当时编写此书是以离子交换除盐为主，虽然目前离子交换仍为水除盐的主要方法，但膜技术已经迅速发展起来，高参数锅炉的补给水处理已大规模地使用膜处理，如何使本专业的本科教育（水处理设计）能跟上技术进步的步伐，就成了当务之急。幸好，本书得到中国电力出版社和上海电力学院的大力支持，得以再版。

　　本书第二版除基本上保留了第一版中离子交换部分内容外，又重新编写了以三膜处理（超滤、反渗透、电除盐）为主的膜处理内容，并修改和增添了凝结水处理和给水炉水处理方面的内容，另外在附录中增加了一些常用数据的汇集。

　　与第一版前言中所述的一样，本书的编写是一种尝试，在编写过程中，参考资料不足，需从众多零散的材料中进行收集、整理，使本书难免有不妥之处。希望得到本专业教学、设计、生产部门读者的帮助和指正。

　　本书第二版仍由武汉大学李培元教授审阅，在此表示感谢。

　　在此需要对本书使用的单位进行说明。目前水处理专业基本上是按照中华人民共和国电力行业标准 DL/T 434—1991《电厂化学水专业实施法定计量单位的有关规定》中要求执行的，也就是可以将具有一个电荷（或反应中发生一个电荷变化）的粒子作为摩尔（mol）计量的基本单元，并标明摩尔的基本单元，如 $C(Na^+)$，$C\left(\frac{1}{2}Ca^{2+}\right)$，$C\left(\frac{1}{2}SO_4^{2-}\right)$ 等，本书也采用这一方法。但为了简便，本书中对摩尔不逐条注明其基本单元，所以书中凡未注明其基本单元的摩尔，均是指具有一个电荷的粒子作为摩尔的基本单元。

　　但在一般化学公式中，常以分子或离子（并非具有一个电荷的粒子）作为摩尔的基本单元，本书遇到这种情况或在某些容易混淆的情况时，在摩尔后面将逐条注明其基本单元，如：本书中硬度××mmol/L $\left[C\left(\frac{1}{2}Ca^{2+}\cdots\right)\right]$ 或××mmol/L 是指摩尔基本单元为 $\frac{1}{2}Ca^{2+}$ …；本书中硬度××mmol/L $\left[C(Ca^{2+}\cdots)\right]$ 是指摩尔的基本单元为 Ca^{2+}…。

作者

2009.12 于上海电力学院

第一版前言

　　本书是按原能源部教育司《1990～1992年高等学校教材编审出版计划》编写的，供高等院校应用化学（电厂化学）专业学生在进行课程设计（或毕业设计）时使用。

　　工程设计是一项技术性和政策性很强的工作，为加强对学生能力的培养，课程设计必须密切结合工程设计，因而就要严格遵守工程设计的各种规定和要求。所以，本书在编写时，除了考虑教学上需要的循序渐进外，还在具体内容上力争能尽多地汇集本专业工程设计的设计思想和设计经验，并严格遵守现行的各项技术规程和规定，另外还尽可能多地收集各种设计数据和运行数据。因此，本书除了作为大专院校教材外，对本专业的设计、科研、生产的工程技术人员也有一定的参考价值。

　　本书中物质量的单位为摩尔（mol）。需要说明的是本书中摩尔是指参加化学反应的基本单元，对一价离子及分子是以其本身作基本单元，对二价离子以其1/2作基本单元，对三价离子以其1/3作基本单元，以此类推。

　　本书在编写过程中，首先遇到的问题是资料不足，虽然水处理系统设计是一项已广泛开展的工作，但它的系统总结却很少，需要从众多的零星资料中进行收集、整理。所以，在编写本书过程中，参考了许多单位和个人编写的技术资料和学术论文，其中既包括武汉水利电力大学、东北电力学院、上海电力学院原有的锅炉水处理设计资料，又包括各电力设计院编写的资料，以及水处理方面的各种书籍、杂志，在此仅向它们的作者表示感谢。

　　本书由武汉水利电力大学李培元教授审阅，在此表示感谢。

　　由于编写本书是一个尝试，加之时间仓促和水平所限，书中难免有不妥之处，甚至错误，希望读者不吝赐教，以便再版时订正。

编　者
1995.1

目　　录

绪　　论

　　不论是电厂锅炉还是工业锅炉，水处理工作的重要性已经毋庸置疑。如何使水处理工作能满足锅炉设备的需要，这个问题在很大程度上与设计水平、安装和调试质量及运行管理水平有关。

　　设计就是按照设备的实际需要和现场的实际情况，在技术条件允许的情况下，选择合适的水处理方案，编制整个水处理工作的蓝图；安装及调试是按照设计要求来建造实际设备，并调试到最佳运行工况；运行管理是在设计和调试的基础上，充分发挥设备能力，满足实际生产的需要。所以，在一个工程中，设计是整个工程工作的第一步，设计工作的好坏，直接影响到以后的安装、调试及运行管理的质量。

　　那么，要做出一个好的工程设计，对于设计者来讲，除了应具备本专业范围内的知识外，还应注意以下几个问题。

　　（1）认真了解和执行国家的基本建设方针，在设计中充分体现国家的经济政策和技术政策。

　　设计是与国家的经济状况、技术水平，以至国家的政治环境紧密地联系在一起的，不能脱离具体的环境。每一个时期，国家都有具体的基本建设方针和政策，每一个工业部门，往往还需要根据国家的总方针，结合各自当前的技术水平，制订具体的设计规程和规定，作为设计人员在进行工程设计时遵守的准则。如 DL 5000—2000《火力发电厂设计技术规程》和 DL/T 5068—2006《火力发电厂化学设计技术规程》，它们容纳了国家的基本建设方针和当前的技术经济政策，以及这些方针政策在电力设计实践中的应用；它还总结了水处理领域中的技术成果和多年的设计经验，对水处理设计中的各种问题作了许多具体的规定，是电厂锅炉水处理设计人员必须遵守的准则。

　　（2）一个优秀的工程设计，应当在技术、经济两方面都具有优势。技术上要保证设备的可靠性，提高生产效率，满足设备长期、稳定的生产需要；经济上要降低工程造价，减少水耗、电耗及药品耗量等运行费用，从而获得最大的综合经济效益。

　　（3）要积极慎重、因地制宜地应用新技术、新材料、新工艺、新布置、新结构。国内外的先进技术，应当认真地学习、借鉴，但要因地制宜，不可生搬硬套，要认真做好采用先进技术的前期准备工作（必要的试验研究和调查总结），要经得起实际运行的检验。

　　（4）要结合建厂厂地附近条件选择设备、材料，特别是日常生产消耗的药品材料，包括运输、供应等问题，必须一并考虑。

　　（5）努力提高设备的机械化、自动化水平，以便提高劳动生产率和运行管理水平。

　　（6）改善劳动条件，包括现场工作的操作位置、工作场所的环境条件、危险地区的防护装置等。

　　（7）设计中应节约用水，减少"三废"排放，按照有关环境保护的法规要求对"三废"进行治理，使之符合环保法规的规定。

　　（8）对扩建工程的设计，要与原有的系统布置、建筑结构、运行管理经验等结合起来，全面考虑，统一协调。

我国现行的工程设计一般分为初步可行性研究、可行性研究、设计任务书编制、初步设计和施工图设计等几个阶段。

1. 初步可行性研究

根据我国电力建设的经验，这一工作主要是根据中长期电力规划进行规划选厂。根据燃料资源、运输条件、地区自然条件、建设计划、供电方向及电源布局等诸多因素，并正确处理农业、工业、国防设施和人民生活等多方面关系，经过分析比较，推荐可能的厂址及规模，编写规划选厂报告。

2. 可行性研究

可行性研究的主要内容是工程选厂。根据批准的项目建议书或审定的初步可行性研究报告，研究电网结构、热电负荷、燃料、水源、交通、运输、环境、出线、灰场、施工条件等，进行详细的技术经济比较和经济效益分析，作出肯定的选厂结论，编写工程选厂报告。

3. 设计任务书编制

根据可行性研究结果，通过设计任务书来确定并下达所建电厂项目及方案。其内容包括所建项目的目的和依据，建厂地点、规模、速度及建厂条件，主要协作的配合条件，主机炉设备及主要工艺流程，环境保护，占地，投资，定员等。

4. 初步设计

初步设计包括准备工作（收集和分析资料，拟定建设原则等）、确定方案、编制设计文件、报批等步骤。

这一工作是按各专业范围进行。对水处理专业来讲，要完成锅炉补给水处理、凝结水处理、循环冷却水处理、给水与炉水处理、热网补充水处理、废水处理、汽水取样、油处理、制氢等方面的初步设计，确定设计依据，选择系统，进行设备布置并编写工程概算和主要设备材料清单等。图纸方面要完成系统图、设备布置图及主要断面图等。

5. 施工图设计

施工图设计是在初步设计的基础上，结合全厂设计构思（如全厂布置、地下设施等）及各专业之间的要求进行各专业的施工设计。施工设计应能使施工单位按照本设计顺利的进行现场施工建设。主要包括各种施工图纸，如系统图、布置图、管道图、设备图、非标准设备设计图、非标准件加工图，以及电气仪表及土建等方面的图纸，还要编制工程概算和材料设备表（修订）等，并编写设计说明书（内容包括设计依据、特殊问题说明及施工运行中注意事项等）。

由此可知，一个工程设计（即使对单一的水处理设计也一样）是十分繁杂的。它涉及很复杂的方案比较和设计计算，并且还容纳了众多的技术数据和设计资料，工作量十分浩大，也很烦琐，为了提高设计的工作效率，可以借助计算机软件来进行。利用计算机来储存各种设计资料，在计算机内进行方案比较、设计计算以及画图，可以大大提高设计速度和方案比较的准确性。

上述的工程设计工作基本程序，对于高等院校应用化学（电厂化学）专业学生的课程设计（毕业设计）来讲，由于时间、条件等方面的限制，不可能全部完成，只能有重点地选择一部分内容，进行工程设计的练习。通常只限于初步设计阶段，即在给定的建厂规模、主机炉设备和水质条件下，进行水处理方面的初步设计，完成系统图、设备布置图，并编写设计说明书。

据此，本书重点介绍锅炉水处理的初步设计，讨论的内容主要是补给水处理、凝结水处理及给水与炉水处理。

当前，提高自动化水平，减少废水排放，减少环境污染已成为水处理设计工作中重要的决策因素，也是膜技术迅速推广的主要原因。本次修订参考了 DL 5000—2000《火力发电厂设计技术规程》和 DL/T 5068—2006《火力发电厂化学设计技术规程》，力图使学生了解最新的设计思想、跟踪最新的设计理念。

随着计算机的普及，编制各式各样的设计软件非常常见，锅炉水处理设计也不例外，比如目前广泛使用的反渗透设计软件。还有离子交换设计软件。使用这些软件，无疑可以缩短设计计算的时间，提高其可靠性。但是对于学生来讲，了解设计计算的基本原理，掌握其基本方法，得到基本的训练，才是最重要的。所以本书详细地介绍了锅炉水处理的设计原理、设计方法和计算公式，让学生掌握最基本的基础知识，而不是简单地推荐使用某个设计软件。

第一章　设计的原始资料及其整理

工程设计是把工程技术与现场实际条件结合起来，设计出既符合技术要求，又能在具体现场条件下运转的系统设备。因此，在一个工程设计开始之前，必须广泛地了解所设计工程的具体内容和要求，以及厂址地区的实际情况，这就是收集设计的原始资料。

具体到电厂锅炉水处理系统设计来讲，设计的原始资料包括所设计电厂的性质、规模、热力设备情况，它们对水质、水量等方面的要求，有关水源水质资料以及水处理设备、药品、材料等有关方面的资料。

第一节　电厂的性质、规模及水汽质量标准

一、电厂性质、规模及热力设备情况

在水处理系统设计之前，应了解所建电厂的性质，是凝汽式电厂还是热电厂，是带基本负荷的电厂还是带调峰负荷的电厂。对热电厂，还应了解供热负荷、回水量、回水水质、回水水温及外供化学除盐水的水质、水量等。

另外，还应了解所建电厂本期建设规模、容量，扩建情况（扩建容量及时间），机炉设备形式、容量、参数、结构特点、减温方式、燃料情况（对汽包锅炉还应了解锅内装置形式），汽轮机辅机设备（凝汽器、加热器、各种热交换器等）的材质及冷却水质，发电机的冷却方式等。

对于老厂扩建，还应了解老厂的容量、设备规范、水处理系统、设备布置及运行管理人员的经验。另外，新建发电厂的辅助启动设施也应知道。

二、锅炉水汽平衡数据及水汽质量标准

为了了解热力设备对给水和补给水水质、水量方面的要求，必须进行锅炉水汽平衡计算。在进行这种计算之前，要了解有关的技术数据。它们有的是各种规定值，也有的是计算值或经验值，如水汽质量标准，蒸汽携带系数，汽水损失情况等。

1. 锅炉排污率

锅炉排污率太大，热损失及水损失增大，经济效益下降；排污率太小，又不利于炉水中沉渣的排出。所以，对汽包锅炉正常情况下的排污率有具体规定，列于表 1-1 中。直流锅炉没有排污，故排污率为 0。由于水处理技术的进步，某些进口的汽包锅炉也没有排污装置，其排污率也为 0。

表 1-1　　　汽包锅炉排污率允许值

适　用　范　围	允许值
以化学除盐水为补给水的凝汽式电厂	≤1%
以化学除盐水和蒸馏水为补给水的热电厂	≤2%
以化学软化水为补给水的热电厂	≤5%
正常情况下锅炉排污率最小值	≥0.3%

2. 汽包锅炉常用的汽水分离装置及其蒸汽携带系数

各种参数汽包锅炉常用的汽水分离装置及其蒸汽携带系数列于表 1-2、表 1-3 中。

表 1 - 2　　　　　　　　　　　　　　汽包锅炉常用的汽水分离装置

锅炉类型		蒸发系统	汽水分离装置	主要决定因素
亚临界压力锅炉		单段蒸发	旋风分离器一次分离	
超高压锅炉		单段蒸发	旋风分离器一次分离和蒸汽清洗	炉（给）水含硅量
高压锅炉	凝汽式电厂	单段蒸发	旋风分离器一次分离 旋风分离器一次分离和蒸汽清洗	补给水含硅量
	热电厂	两段蒸发 $n_2^{①} = 15\%$	旋风分离器一次分离和蒸汽清洗	补给水为软化水
中压锅炉	凝汽式电厂	单段蒸发 两段蒸发	旋风分离器一次分离	
	热电厂	两段蒸发	旋风分离器一次分离和蒸汽清洗	补给水为软化水

① 盐段蒸发量占总蒸发量的份额。

表 1 - 3　　　　　　　　　汽包锅炉常用汽水分离装置的蒸汽携带系数

锅炉类型	蒸汽携带系数	单段蒸发				两段蒸发			
		A	A+C	B	B+C	锅内Ⅱ段 盐段 B 净段 B	锅内Ⅱ段 盐段 B+C 净段 B	外置Ⅱ段 净段 B	外置Ⅱ段 盐段 C 净段 B
中压锅炉	$K_{机}$（×10⁻⁴）	1~2		0.5~0.8		0.5~0.65		0.35~0.55	
	K_{SiO_2}（×10⁻²）	0.05~0.08* 0.1**		0.05~0.08* 0.1**		0.08		0.075	
高压锅炉	$K_{机}$（×10⁻⁴）	1~2	0.6	0.8	0.4		0.35		0.3
	K_{SiO_2}（×10⁻²）	1.0	0.4	1.0	0.35		0.35		0.3
超高压锅炉	$K_{机}$（×10⁻⁴）	2~3		1.0	0.45				
	K_{SiO_2}（×10⁻²）	3~5		3~5	1.0				
亚临界压力锅炉	$K_{机}$（×10⁻⁴）			1~2					
	K_{SiO_2}（×10⁻²）			7~9					

注　A—简单机械分离元件；B—旋风分离器作一次分离；C—蒸汽清洗装置。
*　石灰二级钠处理。
**　氢钠处理。

　　对于 15.58MPa 及以下的锅炉，影响蒸汽品质的主要是机械携带和 SiO_2 溶解携带，可利用表 1-3 中所列数据。对于 15.68MPa 及以上的亚临界压力锅炉，蒸汽溶解性携带除了 SiO_2 以外，还有 $NaCl$、$NaOH$ 等物质。虽其携带系数远比 SiO_2 的小（见表 1-4），蒸汽品质主要是从 SiO_2 角度来考虑，但必要时也要对蒸汽中钠盐（或含盐量）进行校核计算。对超临界和超超临界压力锅炉，则要考虑其他化合物在该参数的单相介质中的溶解度。

表 1 - 4　　　　　　　　　　　　几种钠化合物溶解携带系数 K 值

蒸汽压力（MPa）	NaCl（%）	NaOH（%）	Na₂SO₄（%）	Na₃PO₄
15.19	0.028	0.04		
16.66	0.1	0.2		
17.64	0.3			极微
18.62	0.5			
19.6	0.7		0.01	

3. 水汽质量标准

水汽质量标准是保证热力设备安全、经济运行的重要监督依据和判断准则，GB/T 12145—2008《火力发电机组及蒸汽动力设备水汽质量》对亚临界及以下参数机组水汽品质作了规定。DL/T912—2005《超临界火力发电机组水汽质量标准》对超临界参数机组水汽品质作了规定。超超临界参数机组水汽质量标准目前还没有规定，可以参照超临界参数机组水汽质量标准。从设计角度来讲，必须保证各项技术指标符合该标准要求。

（1）蒸汽质量标准。对于中压至亚临界参数的各种汽包锅炉和直流锅炉，其蒸汽质量标准列于表1-5中。超临界参数机组蒸汽质量标准列于表1-6中。

表1-5　　　　　　　　　亚临界及以下参数锅炉蒸汽质量标准

过热蒸汽压力（MPa）	钠（μg/kg）		氢电导率（25℃）（μS/cm）		二氧化硅（μg/kg）		铁（μg/kg）		铜（μg/kg）	
	标准值	期望值	标准值	期望值	标准值	期望值	标准值	期望值	标准值	期望值
3.8～5.8	≤15	—	≤0.30	—	≤20	—	≤20	—	≤5	—
5.9～15.6	≤5	≤2	≤0.15*	≤0.10*	≤20	≤10	≤15	≤10	≤3	≤2
15.7～18.3	≤5	≤2	≤0.15*	≤0.10*	≤20	≤10	≤5	≤5	≤3	≤2
>18.3	≤3	≤2	≤0.15	≤0.10	≤5	≤5	≤5	≤3	≤2	≤1

*　没有凝结水精处理除盐装置的机组，蒸汽的氢电导率标准值不大于0.30μS/cm，期望值不大于0.15μS/cm。

表1-6　　　　　　　　　超临界参数锅炉蒸汽质量标准

项目	氢电导率（25℃）（μS/cm）	二氧化硅（μg/kg）	铁（μg/kg）	铜（μg/kg）	钠（μg/kg）
标准值	<0.20	≤15	≤10	≤3	≤5
期望值	<0.15	≤10	≤5	≤1	≤2

（2）汽包锅炉炉水质量标准。列于表1-7中，该表中除列出一些控制标准之外，还列有一些参考控制指标。汽包锅炉采用低磷酸盐处理、平衡磷酸盐处理、氢氧化钠处理时，炉水质量标准列于表1-8～表1-10中。

表1-7　　　　　　　汽包炉炉水含盐量、氯离子和二氧化硅含量标准

锅炉过热蒸汽压力（MPa）	处理方式	电导率①（25℃）（μS/cm）	二氧化硅①（mg/L）	氯离子①（mg/L）	磷酸根（mg/L）			pH①（25℃）	氢电导率①（25℃）（μS/cm）
					单段蒸发	分段蒸发			
						净段	盐段		
3.8～5.8	固体碱化剂处理	—	—	—	5～15	5～12	≤75	9.0～11.0	—
5.9～10.0		<150	≤2.00*	—	2～10	2～10	≤40	9.0～10.5	—
10.1～12.6		<60	≤2.00*	—	2～10	2～6	≤30	9.0～10	—
12.7～15.8		≤35	≤0.45*	≤1.5	≤3	≤3	≤15	9.0～9.7	—
15.8～18.3	固体碱化剂处理	<20	≤0.20	≤0.5	≤1	—	—	9.0～9.7	<1.5**
	挥发性处理	—	≤0.15	≤0.3	—	—	—	9.0～9.7	<1.0

注　炉水pH期望值是：9.5～10.0（5.9～10MPa）；9.5～9.7（10.1～12.6MPa）；9.3～9.7（12.7～15.8MPa）；9.3～9.6（>15.8MPa的固体碱化剂处理）。
①　单段蒸发炉水。所有炉水中均应无硬度。
*　汽包内有洗汽装置时，其控制指标可适当放宽。
**　炉水NaOH处理时。

表 1 - 8　　　　　　　　采用低磷酸盐处理（LPT）时炉水质量标准

锅炉汽包压力（MPa）	二氧化硅[1]（mg/L）	氯离子[1]（mg/L）	磷酸根（mg/L）			pH 值[1]（25℃）	电导率[1]（25℃）（μS/cm）
			单段蒸发	净段	盐段		
5.9～12.6	≤20	—	0.5～3	0.5～3	≤25	9.0～9.8	＜60
12.7～15.8	≤0.45	≤2	0.5～3	0.5～3	≤15	9.0～9.7	＜40
15.9～19.3	≤0.25	≤0.5	0.3～2	—	—	9.0～9.7	＜30

① 均指单段蒸发值或净段蒸发值。

表 1 - 9　　　　　　　　采用平衡磷酸盐处理（EPT）时炉水质量标准

锅炉汽包压力 MPa	二氧化硅[1]（mg/L）	氯离子[1]（mg/L）	磷酸根[2]（mg/L）			pH 值[1]（25℃）	电导率[1]（25℃）（μS/cm）
			单段蒸发	净段	盐段		
5.9～12.6	≤20	—	0～3	0～3	≤25	9.0～9.8	＜60
12.7～15.8	≤0.45	≤1	0～3	0～3	≤15	9.0～9.7	＜40
15.9～19.3	≤0.25	≤0.1	0～2	—	—	9.0～9.7	＜30

① 均指单段蒸发值或净段蒸发值。

② 磷酸根的含量由试验确定。

表 1 - 10　　　　　　　　汽包锅炉氢氧化钠处理炉水质量标准

汽包压力（MPa）		pH 值（25℃）	电导率	氢电导率	氢氧化钠[1]	氯离子[2]
			μS/cm, 25℃		mg/L	
5.9～12.6		9.2～9.7	—	≤3.0	≤1.5	—
12.8～15.6		9.2～9.7	＜10	≤2.0	≤1.5	≤0.4
15.7～18.3		9.2～9.5	＜10	≤1.5	≤1.0*	≤0.2
分段蒸发	净段	9.2～9.5	＜8	≤2.0	≤1.2	≤0.2
	盐段	9.2～9.8	＜15	≤3.0	≤2.0	≤0.4

① 炉水氢氧化钠控制值下限应通过试验确定，其余控制指标按照国际 GB/T 12145—2008 执行。

② 汽包炉应用给水加氧处理时氯离子含量控制在不大于 0.15mg/L。

* 汽包炉应用给水加氧处理时氢氧化钠含量控制在 0.4～0.8mg/L 之间。

（3）给水质量标准。给水质量标准是在防止锅炉及给水系统发生腐蚀、结垢，并使锅炉排污率不超过规定值的前提下规定的，亚临界及以下参数锅炉给水质量标准列于表 1 - 11～表 1 - 13 中。超临界参数机组的给水质量标准列于表 1 - 14 中，由于超超临界参数机组已投入运行，目前是按照超临界参数机组水汽质量标准进行控制，但它应该有自己特殊要求，有人对超超临界参数机组凝结水水质提出建议（见表 1 - 15）。需要说明的是，表 1 - 12 中对中高压锅炉给水中总 CO_2 允许含量没有作出规定，主要是因为目前软化系统已很少采用。以前曾经规定过中压锅炉给水中总 CO_2≤6 mg/L，高压锅炉小于或等于 4mg/L，这在某些情况下，可以作为参考依据。

表 1-11　　　　　　　　　　　　亚临界及其以下参数锅炉给水质量标准

炉型	过热蒸汽压力（MPa）	氢电导率（25℃）（μS/cm）		硬度 μmol/L	溶解氧 μg/L	铁 μg/L		铜 μg/L		钠 μg/L		二氧化硅 μg/L	
		标准值	期望值		标准值	标准值	期望值	标准值	期望值	标准值	期望值	标准值	期望值
汽包炉	3.8～5.8	—	—	≤2.0	≤15	≤50	—	≤10	—			应保证蒸汽二氧化硅符合标准	
	5.9～12.6	≤0.3	—	≃0	≤7	≤30	—	≤5	—				
	12.7～15.6	≤0.30	—	≃0	≤7	≤20	—	≤5	—				
	>15.6	≤0.15	≤0.10	≃0	≤7	≤15	≤10	≤3	≤2			≤20	≤10
直流炉	5.9～18.3	≤0.15	≤0.10	≃0	≤7	≤10	≤5	≤2	≤5	≤2		≤15	≤10
	>18.3	≤0.15	≤0.10	≃0	≤7	≤5	≤3	≤1	≤3	≤2		≤10	≤5

注　液态排渣炉和原设计为燃油的锅炉，其给水的硬度和铁、铜的含量，应符合比其压力高一级锅炉的规定。没有凝结水处理的机组，给水氢电导率应不大于 0.3μS/cm。

表 1-12　　　　　亚临界及其以下参数锅炉给水的联氨、TOC 和 pH 值标准

炉型	过热蒸汽压力（MPa）	pH 值（25℃）	联氨（μg/L）	TOC（μg/L）
汽包炉	3.8～5.8	8.8～9.3	—	—
	5.9～15.6	8.8～9.3（有铜系统）或 9.2～9.6（无铜系统）	≤30	≤500*
	>15.6			≤200*
直流炉	>5.9			≤200

注　1. 凝汽器为铜管，加热器为钢管，其给水 pH 值可控制在 9.1～9.4。
　　2. 以前曾规定，对大于 12.7MPa 的锅炉，其给水的总碳酸盐（以二氧化碳计算）应小于或等于 1mg/L。
*　必要时监测。

表 1-13　　　采用加氧处理直流锅炉的给水溶解氧含量、pH 值和电导率标准

处理方式	pH 值（25℃）	氢电导率（25℃）（μS/cm）		溶解氧（μg/L）	油（mg/L）
		标准值	期望值		
中性处理	7.0～8.0（无铜系统）	≤0.20	≤0.15	50～250	0
联合处理	8.5～9.0（有铜系统）	≤0.20	≤0.15	30～200	0
	8.0～9.0（无铜系统）				

表 1-14　　　　　　　　超临界参数机组的给水质量标准

项目	氢电导率（25℃）（μS/cm）		二氧化硅（μg/L）	铁（μg/L）	铜（μg/L）	钠（μg/L）	TOC①（μg/L）	氯离子①（μg/L）
	挥发处理	加氧处理						
标准值	<0.20	<0.15	≤15	≤10	≤3	≤5	≤200	≤5
期望值	<0.15	<0.10	≤10	≤5	≤1	≤2	—	≤2

①　根据实际运行情况不定期抽查。

表 1-15　　　对超超临界参数机组凝结水处理装置出水水质的要求（建议值）

氢电导率（25℃）（μS/cm）	钠（μg/L）	氯离子（μg/L）	硫酸根离子①（μg/L）	二氧化硅（μg/L）	铁（μg/L）	铜（μg/L）	悬浮物（μg/L）
<0.08	<0.5	<0.5	<0.5	<2	<1	<1	<5

①　包括有机硫化物。

第二节　热力设备对补给水水质及水量的要求

一、汽包锅炉盐平衡及允许给水水质的确定

水处理系统的设计首先要确定机组所需要的给水水质，以便进而确定补给水水质和水处理系统。汽包锅炉给水水质要通过盐平衡计算来求得。

1. 单段蒸发汽包锅炉的盐平衡

对单段蒸发锅炉，如用 D 代表蒸发量，D_g 代表给水量，D_p 代表排污量（见图 1-1），则有如下汽水平衡关系：

$$D_g = D + D_p$$

将上式各项均除以 D，且令排污率 $P\% = D_p/D \times 100\%$，则可建立如下盐平衡关系：

$$(100 + P)S_g = 100S + PS_p$$

$$S_g = \frac{100S + PS_p}{100 + P} \qquad (1-1)$$

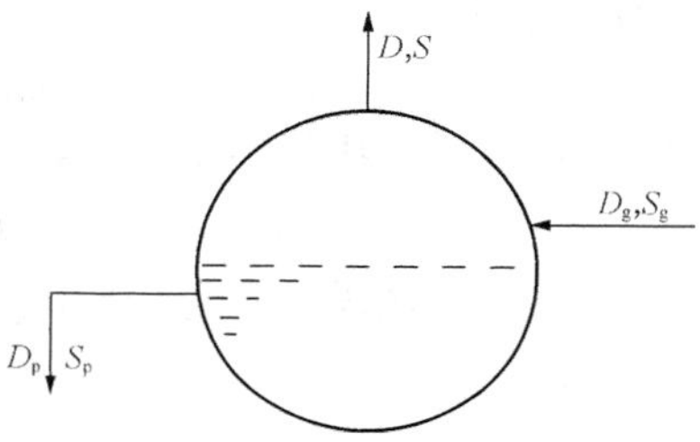

式中　S_g——给水水质（含盐量或某种物质含量，如 Na^+，SiO_2 等）；

S——蒸汽品质（含盐量或某种物质含量，如 Na^+，SiO_2 等）；

图 1-1　单段蒸发汽包锅炉盐平衡

S_p——排污水（炉水）水质（含盐量或某种物质含量，如 Na^+，SiO_2 等）。

利用式（1-1）可以计算锅炉的允许炉水水质，式中排污率 P 可按锅炉允许的最大排污率取值，S 按规定的蒸汽质量标准取值[❶]，允许的炉水水质 S_p 可按下式计算：

$$S = KS_p$$

$$S_p = \frac{S}{K} \qquad (1-2)$$

式中 K 值为所采用的锅炉汽水分离装置的携带系数，见表 1-3。在以含盐量计算时，$K = K_{机}$；以含硅量计算时，$K = K_{机} + K_{SiO_2}$。如果是高参数机组，还要考虑钠化合物携带，则按表 1-4 取值。

2. 两段蒸发汽包锅炉的盐平衡

目前两段蒸发锅炉多为低参数（中压、高压）锅炉，所以盐平衡计算只用含盐量和 SiO_2 进行计算，一般不考虑钠化合物。同单段蒸发锅炉一样，二段蒸发锅炉也有如下的盐平衡关系（见图 1-2）。

锅炉总的盐平衡：

$$(100 + P)S_g = 100S + PS_{pⅡ} \qquad (1-3)$$

S 值可按下式计算：

---

❶　对采用混合式减温器的锅炉，S 值还可以按下式计算：

$$(100 - D')S + D'S_g = 100S'$$

式中：S' 为蒸汽质量标准规定值；D' 为减温水量占锅炉蒸发量的百分数；S_g 为减温水含盐量（或某种物质含量），可根据情况暂选一值，待计算完毕后再进行反校，如对 SiO_2 可取 $20\mu g/L$ 或稍大。

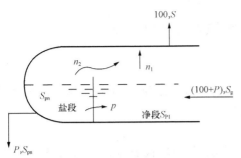

$$100S = n_1 K_1 S_{pⅠ} + n_2 K_2 S_{pⅡ} \qquad (1-4)$$

式中　　n_1，n_2——净段及盐段蒸发量占总蒸发量（为 100）的份数；

$S_{pⅠ}$，$S_{pⅡ}$——净段及盐段炉水水质（含盐量或某种物质含量）；

K_1，K_2——净段、盐段的携带系数，可近似看作 $K_1 = K_2 = K$（K 为总的携带系数）。

图 1-2　两段蒸发汽包锅炉盐平衡

盐段盐平衡：

$$S_{pⅡ} P + n_2 K_2 S_{pⅡ} + n_2 \rho S_{pⅡ} = (n_2 + n_2 \rho + P) S_{pⅠ} \qquad (1-5)$$

净段盐平衡：

$$(100 + P)S_g + n_2 \rho S_{pⅡ} = n_1 K_1 S_{pⅠ} + (n_2 + n_2 \rho + P)S_{pⅠ} \qquad (1-6)$$

上两式中　ρ——盐段炉水由于各种原因（泄漏、返回等）而返回净段的炉水占盐段出力的百分数；当锅炉为外置盐段时，$\rho=0$，内置盐段时，ρ 为 0.05～0.1。

令 $C_{Ⅱ/Ⅰ}$ 为盐段炉水与净段炉水浓度的比值（浓缩倍率），$C_{Ⅰ/g}$ 为净段炉水与给水浓度的比值，即

$$C_{Ⅱ/Ⅰ} = \frac{S_{pⅡ}}{S_{pⅠ}} \quad 或 \quad S_{pⅡ} = C_{Ⅱ/Ⅰ} S_{pⅠ} \qquad (1-7)$$

$$C_{Ⅰ/g} = \frac{S_{pⅠ}}{S_g} \quad 或 \quad S_{pⅠ} = C_{Ⅰ/g} S_g \qquad (1-8)$$

由式（1-5）可得

$$C_{Ⅱ/Ⅰ} = \frac{n_2 + n_2 \rho + P}{n_2 (K_2 + \rho) + P} \qquad (1-9)$$

由式（1-6）可得

$$
\begin{aligned}
C_{Ⅰ/g} &= \frac{100 + P}{n_1 K_1 + n_2 + P + n_2 \rho - n_2 \rho C_{Ⅱ/Ⅰ}} \\
&= \frac{100 + P}{n_1 K_1 + n_2 + P - \left[\dfrac{n_2 + n_2 \rho + P}{n_2 (K_2 + \rho) + P} - 1 \right] n_2 \rho}
\end{aligned} \qquad (1-10)
$$

将式（1-7）、式（1-8）代入式（1-4）可得

$$100S = K(n_1 C_{Ⅰ/g} S_g + n_2 C_{Ⅱ/Ⅰ} C_{Ⅰ/g} S_g)$$

所以

$$S_g = \frac{100S}{K(n_1 C_{Ⅰ/g} + n_2 C_{Ⅱ/Ⅰ} C_{Ⅰ/g})} \qquad (1-11)$$

由于 P，ρ，K_1，K_2 值可以查得，故可利用式（1-9）、式（1-10）求得 $C_{Ⅱ/Ⅰ}$、$C_{Ⅰ/g}$，进而可利用式（1-11）求得允许给水水质（给水含盐量或含硅量）。

盐段炉水允许水质 $S_{pⅡ}$：

$$S_{pⅡ} = S_g C_{Ⅰ/g} C_{Ⅱ/Ⅰ} = \frac{100S}{K\left(\dfrac{n_1}{C_{Ⅱ/Ⅰ}} + n_2 \right)} \qquad (1-12)$$

净段炉水允许水质 $S_{pⅠ}$：

$$S_{pⅠ} = S_g C_{Ⅰ/g} = \frac{100S}{K(n_1 + n_2 C_{Ⅱ/Ⅰ})} \qquad (1-13)$$

3. 汽包锅炉允许给水水质

可根据所设计电厂的汽包锅炉蒸汽参数和汽水分离装置形式，按式（1-1）及式（1-11）计算其允许给水水质。对于中压、高压、超高压及亚临界参数锅炉常用的汽水分离装置形式，允许炉水和给水水质列于表1-16中。该表除了根据式（1-1）、式（1-2）及式（1-11）计算之外，还参考了一些实际运行锅炉的热化学试验数据。

表1-16 　　　　　　按蒸汽品质计算的汽包锅炉允许炉水水质和给水水质参考值 　　　　（mg/L）

项　　目			单段蒸发				两段蒸发			
			A	A+C	B	B+C	锅内Ⅱ段 盐段B 净段B	锅内Ⅱ段 盐段B+C 净段B	外置Ⅱ段 净段B	外置Ⅱ段 盐段C 净段B
允许炉水水质	中压	含盐量	150~200		450~750		净300 盐1500		净450 盐1850	
		SiO_2	20~24		20~24		净8 盐40		净14 盐58	
	高压	含盐量	70~150	200	150	300		净100 盐500		净100 盐700
		SiO_2	2	4	2	4		净3 盐15		净2.5 盐20
	超高压	含盐量	40~60		130	280				
		SiO_2	0.4~0.5		0.4~0.5	1.5~2				
	亚临界压力	含盐量			75					
		SiO_2			0.2					
允许给水水质	中压	含盐量	2~3		9~15		30		90	
		SiO_2	0.2~0.24		0.4~0.5		0.8		2.8	
	高压	含盐量						10		15
		SiO_2	0.035	0.05	0.035	0.05		0.3		0.4
	超高压	含盐量								
		SiO_2	0.025		0.025	0.04				
	亚临界压力	含盐量								
		SiO_2			0.02					

注　1. 表中符号A，B，C的意义同表1-3，允许给水水质是按规定的最大排污率考虑的，其中两段蒸发锅炉和单段蒸发的旋风分离器（B）中压锅炉是按排污率2%考虑的（其中中压外置式两段蒸发锅炉按5%考虑），其余的都是按1%考虑的。

　　　2. 炉水允许含盐量是按蒸汽含钠量（换算成NaCl）考虑的。

应当说明的是：表1-16中所列数据是在保证蒸汽品质合格的前提下获得的，然而实际运行情况表明，锅炉的安全经济运行，除了与蒸汽品质有关外，还与腐蚀、结垢等因素有关。如果再考虑腐蚀与结垢，则允许的炉水和给水水质将要大幅度提高（含盐量及含硅量数值减少）。

GB/T 12145—2008《火力发电机组及蒸汽动力设备水汽质量》中规定了炉水水质（电导率、二氧化硅及氯离子）的参考标准（见表1-7），这个标准中二氧化硅与表1-16基本一致，但含盐量（电导率）和氯离子含量值却大大降低，这是从减缓腐蚀和结垢角度提出的。

在实际设计中如何应用这两个不同的计算值，作者认为：对炉水和给水的允许含硅量，可按表1-16中数值选取；对某些不可能用除盐水作补给水而采用软化水作补给水的锅炉（目前主要是指某些中压锅炉），给水允许含盐量可按表1-16中数值选取；对可能采用除盐水或蒸馏水作补给水的锅炉，给水允许含盐量按表1-7中取值（表1-7中是电导率指标，可以换算为含盐量，也可取GB/T 12145—2008中含盐量值），再按式（1-1）计算给水允许含盐量。

二、补给水水质和水量的确定

1. 补给水水量

设计机组对补给水水量的要求，除了要能满足正常补给水量外，还要在非正常情况下，也能提供足够的合格补给水量。非正常情况是指机组启动或事故状况下对水量的增加需要。具体地说，设计的补给水水量应满足下列诸方面需要。

（1）厂内正常的水汽损失D_1。这部分损失不包括排污及生产和非生产用汽，其数值有如下规定：

对于900MW及以上机组，为锅炉最大连续蒸发量的1%；

对于300MW及以上机组，为锅炉最大连续蒸发量的1.5%；

对于125～200MW机组，为锅炉最大连续蒸发量的2%；

对于100MW及以下机组，为锅炉最大连续蒸发量的3%。

（2）考虑机组因启动或事故而要增加的水处理设备出力D_2。对于125MW及以上机组，为全厂最大一台锅炉连续蒸发量的6%；对于100 MW以下机组，为全厂最大一台锅炉连续蒸发量的10%。

或者D_2应能保证在7天内灌满除盐水箱，除盐水箱容积应能满足最大一台锅炉酸洗或启动用水量。对凝汽式电厂汽包炉，为最大一台锅炉2～3h连续蒸发量；对直流炉为最大一台锅炉3h连续蒸发量；热电厂为1～2h正常补水量。即

$$对凝汽式电厂 \quad D_2 = \frac{最大一台锅炉最大蒸发量 \times (2 \sim 3)h}{7 \times 24} \quad m^3/h; \tag{1-14}$$

$$对热电厂 \quad\quad\quad D_2 = \frac{正常补水量 \times (1 \sim 2)h}{7 \times 24} \quad m^3/h \tag{1-15}$$

（3）对外供汽损失D_3。对外供热机组，无返回水时，对外供汽损失等于对外供汽量；有返回水时，D_3为对外供汽量与可回收使用的返回水量的差值。

（4）其他用汽损失D_4。这部分损失包括生产和非生产用汽，如锅炉点火及燃油系统用汽、吹灰系统用汽、化学及暖通用汽、生活用汽等，其数值根据具体资料确定。

（5）闭式热网损失D_5。经过论证，如果这部分水需要由化学补给水处理系统供给，则其正常补给水量按热网水量的0.5%～1%考虑，或根据需要取值。该数值包括启动等非正常情况的需要，但正常与非正常损失之和不得小于20m³/h。

（6）化学处理水的其他供应量D_6。这部分包括厂内外各种供应量，如空冷机组循环冷却水补充水，按需要取值。

（7）闭式辅机冷却系统损失D_7。目前大机组的辅机冷却系统（俗称工业水冷却系统，

主要冷却各种风机、泵的轴承及化学取样装置）都采用纯水闭式循环冷却系统，由于运行中存在损失，需要补充除盐水，补充其量约为循环水量的 $0.3\% \sim 0.5\%$。

（8）锅炉排污损失 D_p 排污损失取值有两种方法。

一种方法是不论正常与非正常情况，排污率 P 均按表 1-1 中规定的最大值取值，此时排污量为

$$D_p = DP\% \quad m^3/h \tag{1-16}$$

另一种方法是将正常和非正常情况下的排污率分别进行计算取值。正常情况下排污率 P，用于计算正常运行时水处理设备出力。

$$P = \frac{(a_1 + a_3 + a_4)S_w}{S_p - (1-\beta)S_w} \quad \% \tag{1-17}$$

$$D_p = \frac{D(a_1 + a_3 + a_4)S_w}{S_p - (1-\beta)S_w} \quad m^3/h \tag{1-18}$$

式中 a_1——厂内水汽循环中水汽损失率，$a_1 = D_1/D \times 100\%$；

a_3——对外供汽损失率，$a_3\% = D_3/D \times 100\%$；

a_4——其他用汽损失率，$a_4\% = D_4/D \times 100\%$；

S_w——所选定的补给水处理系统供出的补给水水质（含盐量或含硅量）；

β——连续排污扩容器蒸汽分离的百分数，对中压锅炉连续排污扩容器绝对压力为 $0.12MPa$ 时，$\beta \approx 0.25$；对高参数锅炉采用二级扩容（0.6 及 0.12MPa）时，$\beta \approx 0.35$。

非正常情况下排污率计算，要考虑由于补给水量增加而引起的排污增加，其值可用于水处理设备最大出力计算，即

$$P = \frac{(a_1 + a_2 + a_3 + a_4)S_w}{S_p - (1-\beta)S_w} \quad \% \tag{1-19}$$

式中 a_2——事故状态下增加的补给水量占锅炉（或全厂）蒸发量的百分数，$a_2\% = D_2/D \times 100\%$，或者 $a_2\% = D_2/(\sum D) \times 100\%$。

式（1-17）和式（1-19）计算的排污率不得小于 0.3%，若小于 0.3% 则按 0.3% 计算。

综上各点，化学补给水处理设备的正常供水量 Q'_n 为

$$Q'_n = D_1 + D_3 + D_4 + D_5 + D_6 + D_7 + D_p \quad m^3/h \tag{1-20}$$

化学补给水处理设备的最大供水量 Q'_{max} 为

$$Q'_{max} = D_1 + D_2 + D_3 + D_4 + D_5 + D_6 + D_7 + D_p \quad m^3/h \tag{1-21}$$

向给水系统正常补充的补给水量 Q_w 为

$$Q_w = D_1 + D_3 + D_4 + D_p \quad m^3/h \tag{1-22}$$

正常情况下锅炉给水系统补水率 $a_w\%$ 为

$$a_w = \frac{Q_w}{D + D_p} \times 100\% = \frac{Q_w}{D_g} \times 100\% \tag{1-23}$$

2. 补给水水质

允许的补给水水质是根据允许的炉水水质或给水水质确定的。它为正确的选择水处理系统提供依据。

（1）直流锅炉允许的补给水水质 由于直流锅炉不能通过排污将给水带入的杂质排走，所以 GB/T 12145—2008《火力发电机组及蒸汽动力设备水汽质量》中规定，直流锅炉给水

允许含钠量和二氧化硅量与蒸汽标准相同，补给水质量也应符合给水质量标准，见表 1 - 17。

当亚临界压力汽包炉没有连续排污系统时，对补给水水质要求与直流锅炉相同。

表 1 - 17   直流锅炉补给水质量要求

锅炉压力（MPa）	钠 （μg/L）	SiO_2 （μg/L）	氢电导率（25℃） （μS/cm）
5.9～18.3	≤5	≤15	≤0.15
18.4～25	≤3	≤10	≤0.15

（2）汽包锅炉允许的补给水水质

汽包锅炉允许的补给水水质 S_w，可以根据允许的炉水水质按平衡关系进行计算，即

$$S_w \leqslant \frac{PS_p}{(a_1 + a_3 + a_4) + P(1-\beta)} \quad \text{mg/L} \quad (1-24)$$

也可以按允许的给水水质进行计算：

$$S_w \leqslant \frac{S_g}{a_w}\% \quad \text{mg/L}$$

上两式中各量的符号意义同前，S_w 可以代表含盐量、SiO_2 或其他物质。应当说明的是，这两种计算是把凝结水中的杂质浓度作为零考虑的，这在补充软化水时是合理的，但在补充除盐水或蒸馏水时，计算所得的 S_w 值偏高，具体应用时要适当降低。

（3）补给水允许碳酸盐（CO_2）含量为

$$(CO_2)_w \leqslant \frac{(CO_2)_g}{a_w\%} \quad \text{mg/L} \quad (1-25)$$

式中 $(CO_2)_w$——补给水中总 CO_2 含量，mg/L；

        $(CO_2)_g$——给水中允许的总 CO_2 含量，mg/L。

$(CO_2)_w$ 值是根据补给水中 CO_2，HCO_3^-，CO_3^{2-} 浓度按下式计算而得：

$$(CO_2)_w = [CO_2] + 44[HCO_3^-] + 22[CO_3^{2-}] \quad (1-26)$$

式中 $[CO_2]$——补给水中游离 CO_2 含量，mg/L；

      $[HCO_3^-]$——补给水中 HCO_3^- 含量，mmol/L；

      $[CO_3^{2-}]$——补给水中该物质含量，mmol/L$\left(C = \frac{1}{2}CO_3^{2-}\right)$。

【例题 1】 新建一凝汽式电厂，安装两台 DG1000/170 - 1 型亚临界压力自然循环汽包锅炉，每台蒸发量为 1000t/h，蒸汽参数为 16.66MPa、535℃，汽水分离装置是单段蒸发，旋风分离器作为一次分离元件，炉水用磷酸盐处理，最高维持 3mg/L PO_4^{-3}，求该锅炉对补给水水质的要求（厂内除正常汽水损失外，其他生产和非生产用汽量为 30t/h）。

解 （1）该锅炉对炉水水质要求：$SiO_2 \leqslant 0.2$mg/L（见表 1 - 16），含盐量小于或等于 18mg/L。不可能用软化系统，故按表 1 - 7 取值，表 1 - 7 中要求炉水电导率 <35μS/cm，按 NaCl 估算含盐量约 35×0.52＝18（mg/L）。现对上述数值进行校核。

含硅量。该锅炉 K_{SiO_2} 为 9×10^{-2}，$K_{机}$ 为 2×10^{-4}，K_{NaCl} 为 1×10^{-3}（见表 1 - 3，表 1 - 4），按式（1 - 2）计算：

$$S_p = \frac{S}{K_{SiO_2} + K_{机}} = \frac{0.02}{9 \times 10^{-2} + 2 \times 10^{-4}} = 0.22(\text{mg/L})$$

式中 0.02 为表 1 - 5 中蒸汽允许 SiO_2 量（mg/L），下同。

与表 1 - 16 推荐值一致，故上述选用数值正确。

含盐量先按机械携带考虑：

$$S_p = \frac{S}{K_{机}} = \frac{0.005 \times \frac{58.5}{23}}{2 \times 10^{-4}} = 63.6 (\text{mg/L})$$

式中 0.005 为表 1-5 中蒸汽允许含钠量，58.5/23 是换算为 NaCl 的系数，下同。

与表 1-16 推荐值 75mg/L 相近，但该锅炉还要考虑 NaCl 溶解携带：

$$S_p = \frac{S}{K_{机} + K_{NaCl}} = \frac{0.005}{2 \times 10^{-4} + 1 \times 10^{-3}} \times \frac{58.5}{23} = 10.6 (\text{mg/L})$$

与表 1-7 推荐值 18mg/L 相近，所以上述选择无误。

（2）允许给水水质：按式（1-1）计算，锅炉排污率取允许的最大值 1%。

给水允许 SiO_2 含量：

$$S_g = \frac{100S + PS_p}{100 + P} = \frac{100 \times 0.02 + 1 \times 0.2}{100 + 1} = 0.022 (\text{mg/L})$$

给水允许含钠量：

$$S_g = \frac{100S + PS_p}{100 + P} = \frac{100 \times 0.005 + 1 \times \left(18 \times \frac{23}{58.5} - \frac{3 \times 23}{95} \times 3\right)}{100 + 1}$$
$$= 0.053 (\text{mg/L})$$

式中 $3 \times 23/95 \times 3$ 是扣除因进行磷酸盐处理维持炉水中 3mg/L PO_4^{3-} 而由加药系统带入的钠。

（3）允许补给水水质：按式（1-24）进行计算，$a_1\%$ 取 1.5%，$a_3\%$ 取 0，$a_4\%$ 取 30/（2×1000）×100%＝1.5%，锅炉排污率取允许的最大值为 1%。

允许 SiO_2 含量：

$$S_w \leqslant \frac{PS_p}{(a_1 + a_3 + a_4) + P(1 - \beta)} = \frac{1 \times 0.2}{(1.5 + 1.5) + 1 \times (1 - 0.35)}$$
$$= 0.055 (\text{mg/L})$$

允许含钠量：

$$S_w \leqslant \frac{PS_p}{(a_1 + a_3 + a_4) + P(1 - \beta)} = \frac{1 \times \left(18 \times \frac{23}{58.5} - \frac{3 \times 23}{95} \times 3\right)}{(1.5 + 1.5) + 1 \times (1 - 0.35)}$$
$$= 1.34 (\text{mg/L})$$

如果排污率维持最低值 0.3%，计算出的补给水允许 SiO_2 量为 0.016mg/L，允许含钠量为 0.46mg/L；如果排污率为 1%，采用挥发性处理，计算出的补给水允许含钠量为 1.94mg/L。

从允许的补给水水质来看，必须采用一级复床除盐加混床的离子交换除盐系统或膜处理系统才能满足要求。

【例题 2】　　建一中压热电厂，装两台 130t/h 汽包锅炉，蒸汽参数为 3.82MPa、450℃，汽水分离装置为锅内两段蒸发，净段、盐段均是旋风分离器一次分离。厂内除正常汽水损失外，其他生产和非生产用汽为 20t/h，厂外供蒸汽为 80t/h，合格的返回水为 20m³/h，如果采用软化水补充，求该锅炉的允许补给水水质。

解　根据表 1-16，查得该炉的允许炉水水质为：净段炉水含盐量 300mg/L，二氧化硅含量 8mg/L，盐段炉水含盐量 1500mg/L，二氧化硅含量 40mg/L。

补给水允许含盐量：按式（1-24）计算，$a_1\%$ 取 3%，$a_3\%$ 取 $(80-20)/(2\times130)\times100\% = 23\%$，$a_4\%$ 取 $20/(2\times130)\times100\% = 7.7\%$，锅炉排污率取最大值 5%。

$$S_w \leqslant \frac{PS_p}{(a_1+a_3+a_4)+P(1-\beta)}$$
$$= \frac{5\times1500}{(3+23+7.7)+5\times(1-0.25)} = 200(\text{mg/L})$$

（此时由磷酸盐处理带入的盐可忽略）

补给水允许 SiO_2 含量：

$$S_w \leqslant \frac{PS_p}{(a_1+a_3+a_4)+P(1-\beta)}$$
$$= \frac{5\times40}{(3+23+7.7)+5\times(1-0.25)} = 5.3(\text{mg/L})$$

补给水允许 CO_2 含量：给水允许值 $(CO_2)_g$ 借用以前标准 6mg/L。

$$(CO_2)_w \leqslant \frac{(CO_2)_g}{a_w\%} = \frac{(CO_2)_g}{\dfrac{D_1+D_3+D_4+D_p}{D+D_p}}$$
$$= \frac{6}{\dfrac{130\times3\%+\dfrac{1}{2}(80-20)+\dfrac{1}{2}\times20+130\times5\%}{130+130\times5\%}}$$
$$= 16.3(\text{mg/L})$$

第三节　水源水质资料及其他资料

一、水源及水质资料

1. 水源

水处理设备常用的水源有地表水、地下水、海水、回用水（经处理的废水——中水，矿井排水等），有的还用自来水。由于水源对水处理系统运行极为重要，又关系到节约用水、降低能耗、保护环境的作用，所以在设计之前，要弄清水源的可靠性，水源水量及水质变化情况，以及在可预见期间内水利规划对水源的影响，上游（及下游）地区工业排放物、农田排灌和生活排放物对水源的影响。当采用地下水作水源时，还应了解有关的水文地质资料。

当有几个不同水源可供选择时，应进行技术经济比较并考虑水源可靠性等诸多因素后选定。当水源水质波动幅度太大时（如海水倒灌，夹杂大量泥砂等），为减小系统设备的复杂性，可以考虑设置备用水源或增设蓄水池（水库）。

锅炉补给水水质，应尽量选用清洁水源。

2. 水质资料

为了保证设计的可靠性，在设计前要取得所设计水源的全部可利用的历年水质全分析资料（一般为最近连续 5 年），所需份数不得小于下列数值：地表水及回用水，全年资料每月1 份，共 12 份；地下水或海水，全年资料每季 1 份，共 4 份。

地表水要取得历年洪水期的悬浮物含量和枯水年的水质资料，以掌握其变化规律，并了解上游（及下游）各种排水对水质的污染程度；对于受海水倒灌影响的水源，还要掌握由此而引起的污染和水质变化情况；对于石灰岩地区的泉水，要了解其水质的安定性。

地下水水质虽然比较稳定，但对某些浅井，也有被污染的可能，即使深井长期使用后水质也可能发生变化，所以对井区附近的污染源情况也应进行调查，某些近海地区的井水，还有可能受到海水渗入的影响。

对海水，应了解海水取水方式及周边环境情况。对回用水，应了解原水各组成的来源情况，及已经使用过的处理工艺。

二、原水水质分析项目

原水水质全分析项目列于表 1-18 中。

表 1-18 原水水质全分析项目

水样名称：_____ 取样地点：_____ 取样时间：_____ 水温：_____ 气味：_____ 颜色：_____

项目	符号	单位	数值	项目	符号	单位	数值
全固体	QG（TS）	mg/L		腐殖酸盐	Fy	mmol/L	
悬浮物	XG（SS）	mg/L		硫化氢	H_2S	mg/L	
浊度	TU	NTU, FTU		游离氯	Cl_2	mg/L	
溶解性固体	RG（TDS）	mg/L		全硅	$(SiO_2)_全$	mg/L	
灼烧减量	SG	mg/L		活性硅	$(SiO_2)_活$	mg/L	
电导率	DD（K）	$\mu S/cm$		胶体硅	$(SiO_2)_胶$	mg/L	
pH 值	pH			铁	Fe	mg/L	
游离 CO_2	CO_2	mg/L		钡	Ba	mg/L	
钙	Ca	mg/L, mmol/L		铁铝氧化物	R_2O_3	mg/L	
镁	Mg	mg/L, mmol/L		锶	Sr	mg/L	
硬度	YD（H）	mmol/L		铝	Al	mg/L	
钠	Na	mg/L		铜	Cu	mg/L	
钾	K	mg/L		氨	NH_3	mg/L	
碱度（甲基橙碱度）	JD（A）（M）	mmol/L		溶解氧	O_2	mg/L	
酚酞碱度	P	mmol/L		化学耗氧量	COD_{Mn}	mg/L	
氯化物	Cl^-	mg/L		总有机碳	TOC	mg/L	
硫酸盐	SO_4^{2-}	mg/L		安定性	Ax		
硝酸盐	NO_3^-	mg/L		油	y	mg/L	
亚硝酸盐	NO_2^-	mg/L					

三、水分析资料的校核

水质资料是选择水处理方案和工艺系统，进行设备设计及确定化学药品耗量的重要基础资料，所以水质资料的正确与否，直接关系到设计结果是否可靠。为了确保水质资料准确无误，必须在设计开始之前，对水质资料进行必要的校核。校核，就是根据水质各分析项目之间的关系，验证其数据的可靠性。

水分析结果的校核，一般分为数据性校核和技术性校核两类。数据性校核是对数据进行核对，保证数据不出差错；技术性校核是根据天然水中各成分的相互关系，检查水分析资料是否符合水质组成的一般规律，从而判断分析结果是否正确。经过校核如发现误差较大时，应重新取样分析。校核一般包括以下几个方面。

1. 阴阳离子含量的审查

根据电荷平衡原理，水中各种阴离子单位电荷的总和必须等于各种阳离子单位电荷的总和，即

$$\sum A = \sum K \quad \text{mmol/L} \tag{1-27}$$

阳离子单位电荷总和 $\sum K$ 为

$$\sum K = \frac{\text{Ca}^{2+}}{20.04} + \frac{\text{Mg}^{2+}}{12.16} + \frac{\text{Na}^+}{22.99} + \frac{\text{NH}_4^+}{18.04} + \frac{\text{K}^+}{39.10} + \cdots \quad \text{mmol/L} \tag{1-28}$$

阴离子单位电荷总和 $\sum A$ 为

$$\sum A = \frac{\text{HCO}_3^-}{61.02} + \frac{\text{CO}_3^{2-}}{30.0} + \frac{\text{SO}_4^{2-}}{48.03} + \frac{\text{Cl}^-}{35.45} + \cdots \quad \text{mmol/L} \tag{1-29}$$

上两式中 Ca^{2+}，Mg^{2+}，Na^+，K^+ 及 HCO_3^-，CO_3^{2-}，SO_4^{2-}，Cl^- …都是它们各自在水中的浓度（mg/L）。对于弱酸及弱碱性物质，由于它们在天然水中并非完全离解，所以应按原水实际测量 pH 值下的离子形态占总浓度的百分数（表 1-19）进行浓度校核。

表 1-19　　　　几种弱酸和弱碱性物质及其离子在不同 pH 值下占总浓度的百分数　　　（%，25℃）

pH	NH₃		H₃PO₄				H₂SiO₃			H₂SO₃		
	NH_4^+	NH_3	H_3PO_4	H_2PO_4^-	HPO_4^{2-}	PO_4^{3-}	H_2SiO_3	HSiO_3^-	SiO_3^{2-}	H_2SO_3	HSO_3^-	SO_3^{2-}
4.2	100		0.9	99.0	0.1		100			0.5	99.4	0.1
5.0	100		0.2	99.2	0.6		100				99.3	0.7
6.0	99.9	0.1		94.1	5.9		100				94.1	5.9
7.0	99.4	0.6		61.3	38.7		99.7	0.3			61.0	39.0
8.0	94.6	5.4		13.7	86.3		96.9	3.1			13.5	86.5
8.3	89.8	10.2		7.4	92.6		94.0	6.0			7.5	92.5
8.4	87.6	12.4		6.0	94.0		92.6	7.4			5.9	94.1
8.5	84.8	15.2		4.8	95.2		90.8	9.2			4.5	95.5
8.6	81.6	18.4		3.9	96.1		88.7	11.3			3.3	96.7
8.7	77.8	22.2		3.0	97.0		86.2	13.8			2.3	97.7
8.8	76.6	23.4		2.5	97.5		83.3	16.7			1.7	98.3
8.9	68.9	31.1		2.0	98.0		79.7	20.3			1.6	98.4
9.0	63.8	36.2		1.6	98.4		75.8	24.2			1.5	98.5
9.2	52.6	47.4		1.0	98.9	0.1	66.3	33.6	0.1		1.1	98.9
9.4	41.2	58.8		0.6	99.3	0.1	55.3	44.5	0.2		0.6	99.4
9.6	30.7	69.3		0.4	99.4	0.2	43.8	55.9	0.2		0.3	99.7
9.8	21.8	78.2		0.2	99.5	0.3	32.9	66.4	0.7		0.2	99.8

理论上 $\sum A$ 应等于 $\sum K$，但由于实际测定中的各种误差，往往使得水分析结果中 $\sum A \neq \sum K$，二者之差就是测定误差 δ，应满足下式：

$$\delta = \left| \frac{\sum A - \sum K}{\sum A + \sum K} \right| \times 100\% \leqslant 2\% \qquad (1-30)$$

应当说明，在某些水分析资料中，阳离子 Na^+、K^+ 是根据阴阳离子差值计算出来的，这时 $\sum A = \sum K, \delta = 0$，但这并不能说明该水质分析数据准确无误，恰恰相反，甚至还可能隐藏着很大的误差。目前对水中 Na^+、K^+ 的取值，一般 Na^+ 是通过 P_{Na} 测定求得，K^+ 是通过计算求得。K^+ 一般按天然水中钠钾之比（摩尔比）为 7：1 进行近似估算。

2. 含盐量与溶解固体的校核

水的含盐量表示水中阴阳离子之和，即

$$含盐量 = \sum A' + \sum K' \quad mg/L \qquad (1-31)$$

式中　$\sum A'$——水中除溶解硅酸根外的所有阴离子之和，mg/L；

　　　$\sum K'$——水中除铁、铝之外的所有阳离子之和，mg/L。

溶解固体（RG）是将水样蒸干，并在 105℃ 下烘干恒重的固体物重量。它除了包括上述的阳离子和阴离子外，还包括全硅、铁铝氧化物、有机物等及非离子态的溶解成分或胶体成分。另外，在蒸干和烘干的过程中，某些物质如 HCO_3^- 还会分解，即

$$2HCO_3^- \longrightarrow CO_3^{2-} + CO_2\uparrow + H_2O$$

其损失的重量为

$$\frac{CO_2 + H_2O}{2HCO_3^-} = \frac{62}{122} \approx 0.51$$

所以将溶解固体与含盐量进行比较时，必须对溶解固体值进行修正，若用 RG' 代表修正后的溶解固体，则

$$RG' = RG - (SiO_2)_全 - R_2O_3 - \sum 有机物 + 0.51HCO_3^-$$

式中有机物一项由于数值小可忽略不计。

因此，对含盐量与溶解固体进行校核时，其误差 δ 为

$$\delta = \left| \frac{RG' - 含盐量}{含盐量} \right| \times 100\% \leqslant 5\% \qquad (1-32)$$

对于含盐最≤100mg/L 的水，可将误差放宽至 $\delta \leqslant 10\%$。

3. 水中 OH^-，HCO_3^-，CO_3^{2-} 浓度计算

根据测得的碱度（即甲基橙碱度，又称 M 碱度）及酚酞碱度（又称 P 碱度）值，可以按表1-20计算水中 OH^-，HCO_3^-，CO_3^{2-} 的浓度。

表 1-20　　　　　　由 P、M 碱度计算水中 OH^-，HCO_3^-，CO_3^{2-} 的浓度　　　　　　（mmol/L）

P 与 M 关系	OH^-	CO_3^{2-}	HCO_3^-	P 与 M 关系	OH^-	CO_3^{2-}	HCO_3^-
$P=O$	O	O	M	$M<2P$	$2P-M$	$2(M-P)$	O
$M>2P$	O	$2P$	$M-2P$	$M=P$	P	O	O
$M=2P$	O	$2P$	O				

注　假设条件：水中 OH^- 与 HCO_3^- 不能同时存在。

4. pH 值的校核

实测的 pH 值可能存在一些误差，因此利用水中的 HCO_3^- 和 CO_2 浓度，依据碳酸平衡关系，计算水的理论 pH 值 pH'，借此检查实测的 pH 值的准确性。要求其误差 δ 为

$$\delta = |pH - pH'| \leqslant 0.2 \tag{1-33}$$

对于 pH 值<8.3 的水样，pH′可按下式计算：

$$pH' = 6.35 + \lg C_{HCO_3^-} - \lg[CO_2] \tag{1-34}$$

对于 pH 值>8.3 的水样，pH′可按下式计算

$$pH' = 10.33 - \lg C_{HCO_3^-} + \lg C_{CO_3^{2-}} \tag{1-35}$$

式中　$C_{HCO_3^-}$——水中 HCO_3^- 浓度，在 pH<8.3 时，即水的碱度，mmol/L；

　　　$[CO_2]$——水中游离 CO_2 含量，mmol/L（$C=CO_2$）；

　　　$C_{CO_3^{2-}}$——水中 CO_3^{2-} 浓度，mmol/L（$C=CO_3^{2-}$）。

5. 硬度与碱度关系的校核

水中碳酸盐硬度（H_T），非碳酸盐硬度（H_F），钙硬（H_{Ca}），镁硬（H_{Mg}），HCO_3^-，过剩碱度（A_G）之间应符合下列关系（mmol/L）：

$$H = H_{Ca} + H_{Mg} = H_T + H_F \tag{1-36}$$

A_G 与 H_F 不能同时出现。当有 H_F 时，$H > HCO_3^-$；有 A_G 时，$H < HCO_3^-$。

四、其他设计资料

在设计之前，还应了解下列内容：

（1）各种水处理设备如交换器、膜壳、泵、风机、阀门、仪器仪表等的生产厂家、规格、价格、质量及包装运输情况；

（2）非标准设备的加工供应情况，水处理材料如离子交换树脂、膜、滤料等的生产厂家、质量、规格、价格、包装运输等情况；

（3）水处理设备运行中日常消耗的材料药品，如酸、碱、盐、阻垢剂、还原剂、混凝剂等，在厂址附近地区的供应情况，包括产量、质量、价格、运输条件等；

（4）各种防腐设备，如衬胶件、涂环氧玻璃钢等的加工情况，包括加工单位、质量、价格等；

（5）已运行的同类机组及同类水处理装置在水处理和水质控制方面的经验教训，对可能采用的各种新技术、新工艺、新设备，应详细了解有关的技术资料和它们的使用情况。

第二章　水处理系统选择

水处理系统设计包括两个方面，一是合理选择系统，二是进行系统的工艺设计计算。选择系统是非常重要的，因为系统选择的好坏，直接关系到以后运行的安全性和经济性。因此，应当根据锅炉形式、蒸汽参数、减温方式、原水水质、材料设备供应等情况，并考虑技术、经济两方面因素对系统进行综合比较，选择在技术上先进、可靠，符合环保要求，能满足热力设备对水质的需要，在经济上又合理的水处理系统。

本书中讲述的系统选择，主要是指补给水处理系统、凝结水处理系统、给水及炉水加药系统。实际的工程设计中还包括循环冷却水处理系统，热网补充水处理系统，生产返回水处理系统，发电机冷却水处理系统，闭式循环工业冷却水处理系统等。补给水处理系统包括两个部分：预处理系统和水的除盐系统（离子交换系统和膜处理系统）。每一部分的选择都必须考虑后续系统（设备）对其出水水质的要求及本身进水水质两方面的因素。

第一节　水的除盐——离子交换系统选择

锅炉补给水处理系统的最后一级通常采用离子交换的深度处理，以保证彻底去除硬度及其他盐类。

离子交换系统有许多种，应根据热力设备对补给水水质的要求和各自系统的出水水质并考虑原水水质等情况选择。

一、常见的离子交换系统

离子交换系统分为钠离子交换系统（软化）和离子交换除盐系统两类。它们常见的系统列于表2-1、表2-2中。

表 2-1　　　　　　　　　　　常见的钠离子交换系统

序号	系　　统	出　水　水　质		
		硬　度 ($\mu mol/L$)	碱　度 ($mmol/L$)	含　盐　量
1	$Na_1 - Na_2$	≤ 5	与进水相同	进水中 Ca^{2+}、Mg^{2+} 变成 Na^+，其余不变
2	加酸二级钠	≤ 5	0.7	略有上升
3	石灰二级钠	≤ 5	0.8～1.2	下降，其值按石灰处理计算
4	$H^① - D - Na$	≤ 5	0.5～0.7	下降，下降值约为减小的碳酸盐硬度
5	$\begin{matrix} H \\ \\ Na \end{matrix} > D - Na_2$	≤ 5	0.35～0.5	
6	$H - D - Na$	≤ 5	0.35～0.5	

注　H—氢离子交换器；D—除二氧化碳器；Na_1——一级钠离子交换器；Na_2—二级钠离子交换器；Na—钠离子交换器。

① H 可为贫再生运行，或采用弱酸阳树脂。

表 2 - 2　　　　　　　　　　　　　　常见的离子交换除盐系统

序号	系 统	出 水 水 质			备 注
		电导率 (μS/cm)	SiO₂ (μg/L)	钠 (μg/L)	
1	H—D—OH	≤5	≤100	顺流约<500 对流约<100	
2	H$_w$—H—D—OH	≤5	≤100	顺流约<500 对流约<100	
3	H—D—OH$_w$—OH 或 H—OH$_w$—D—OH	≤5	≤100	顺流约<500 对流约<100	
4	H$_w$—H—D—OH$_w$—OH	≤5	≤100	顺流约<500 对流约<100	
5	H—D—OH—H/OH	≤0.2	≤20	约<10	强碱阴床可用Ⅰ型树脂，也可用Ⅱ型树脂
6	H$_w$—H—D—OH— H/OH	≤0.2	≤20	约<10	强碱阴床可用Ⅰ型树脂，也可用Ⅱ型树脂
7	H—D—OH$_w$—OH— H/OH	≤0.2	≤20	约<10	强碱阴床可用Ⅰ型树脂，也可用Ⅱ型树脂
8	H$_w$—H—D—OH$_w$— OH—H/OH	≤0.2	≤20	约<10	强碱阴床可用Ⅰ型树脂，也可用Ⅱ型树脂
9	H—D—OH$_w$—H/OH	约<1	约<20	约<100	
10	H—D—OH—H—OH 或 H—D—OH$_w$—H—OH	约<1	约<20	约<100	第一级和第二级阳床（阴床）可串联再生，第一级阴床可用Ⅱ型树脂
11	H—D—OH—H—OH— H/OH	≤0.2	≤20	约<10	第一级和第二级阳床、（阴床）可串联再生，第一级阴床可用Ⅱ型树脂

注　1. H—强酸阳离子交换器；H$_w$—弱酸阳离子交换器，OH—强碱阴离子交换器，OH$_w$—弱碱阴离子交换器，
　　　D—除二氧化碳器，H/OH—混合离子交换器。
　　2. 只有 H，无 H$_w$ 的系统，可以在其前面再加前置式氢交换器，以提高运行经济性。
　　3. 弱碱阴离子交换器 OH$_w$ 可以放在 D 之前也可以放在 D 之后。
　　4. 凡有强型、弱型树脂共用的系统，可以使用复床，也可以使用双层床、双室双层床、双室双层浮床。

二、系统选择

　　离子交换系统选择的一般步骤是：先将热力设备要求的补给水水质与各种水处理系统的实际出水水质进行对照，找出出水水质符合要求的系统，然后再对选出的系统进行详细的技术经济比较，最后确定在技术上先进、经济上合理、又切实可行的系统作为最后选定的系统。

　　但是，就一般情况来说，离子交换系统的选择，只要根据锅炉参数、减温方式及进水水质，就可以作出初步判断，现分别叙述如下。

1. 根据锅炉参数选择系统

（1）中压汽包锅炉。由于中压锅炉 SiO_2 的溶解携带系数比较小，锅炉腐蚀、结垢造成的危害相对来说较轻，所以给水允许的含盐量、SiO_2 含量、总 CO_2 值都比较大。在满足给水和蒸汽品质要求时，这类锅炉可以采用钠离子交换系统，特别是对补充水量较大的中压热电厂，经济上更为合理。

如果原水碱度较小（一般认为<2mmol/L），或者经过核算，给水总 CO_2 含量符合给水质量标准，可以只用二级钠离子软化系统（见表 2-1 中系统 1），否则要采取除碱措施，包括各种氢钠系统以及在预处理中辅以加酸和石灰处理的系统（见表 2-1 中系统 2～6）。如果原水中 SiO_2 含量较高，不符合给水和蒸汽品质要求时，预处理中还应考虑相应的除硅措施。

目前，由于离子交换除盐技术的广泛应用，为了改善中压锅炉给水和炉水水质，减小其结垢和腐蚀程度，相当多的中压锅炉采用一级复床除盐系统（见表 2-2 中系统 1～4），甚至也包括某些中压热电厂。在进行技术经济比较时，如果中压锅炉排污率较高，有可能超出标准时，或者蒸汽中 SiO_2 含量不符合要求时，则应当选用一级复床除盐系统。即使水质是合格的，对一些补给水量不大的中压凝汽式电厂，由于费用增加的不多，而水质改善却很大，也可以考虑采用一级复床除盐系统。

某些燃油或液态排渣的中压汽包锅炉，若炉膛热负荷超过 $836MJ/(m^2 \cdot h)$ 时，则要按高压锅炉标准考虑（即升高一级，其他参数的锅炉也相同）。

（2）高压汽包锅炉。高压汽包锅炉允许的补给水水质比中压汽包锅炉有较大的提高，所以在补给水处理方面，应当考虑除硅、除盐和降低总碱度的措施，可以采用一级复床除盐系统，即表 2-2 中系统 1～4 所示。但由于费用增加的不多，目前已运行的高压汽包锅炉较多采用一级复床除盐加混床系统（见表 2-2 中系统 5～9）。早期建设的高压热电厂，个别的还使用钠离子软化系统，并辅以相应的除硅、除碱措施，这种系统从蒸汽品质角度来看是合格的，但目前除特殊情况外，新厂设计中一般已不再采用。

（3）超高压、亚临界压力汽包锅炉。它们对炉水和给水水质要求很高，必须采用一级复床除盐加混床系统（见表 2-2 中系统 5～8）；在某些情况下，可以采用简化的一级复床除盐加混床系统（见表 2-2 中系统 9）、二级复床除盐（见表 2-2 中系统 10）和二级复床除盐加混床系统（见表 2-2 中系统 11）。

（4）直流锅炉。直流锅炉要求给水品质与蒸汽相同，所以应当采用一级复床除盐加混床的系统（见表 2-2 中系统 5～8）；在某些情况下，可以采用二级复床除盐加混床系统（见表 2-2 中系统 11）。

（5）在低参数机组电厂中扩建高参数机组。此时可以利用低参数机组的凝结水作为高参数机组的补给水，从而简化了补给水处理系统。补给水处理系统可以按低参数机组设计。

2. 根据锅炉减温方式选择系统

锅炉减温方式不同，对水质要求也不同。减温方式有下列几种。

（1）表面式减温以给水作为减温水。由于是表面式的，减温水不直接喷入到过热蒸汽中，所以对减温水水质要求较宽，即使把软化水作为补给水，也能符合其要求。

（2）混合式减温是将减温水直接喷射到过热蒸汽中，对减温水水质要求很严，特别是 SiO_2，其含量应符合表 1-5 中规定的蒸汽中 SiO_2 含量标准（10～20μg/L 以下）（低参数锅炉可以适当提高些，但一般不应超过 50μg/L），所以补给水必须是除盐水或蒸馏水，水处理系统也应该是相应的除盐系统。如果不能满足这一点，则要设法改变热力系统，如将给水混合式减温改为设专用减温水泵的凝结水减温或采用自冷凝方式减温。

3. 根据离子交换设备进水水质选择系统（限于表2-2中除盐系统）

（1）当进水总含盐量不高时，如总阳离子含量小于3～5mmol/L，强酸阴离子含量小于2～3mmol/L，可以采用强型树脂的一级复床除盐系统（见系统1）或一级复床除盐加混床系统（见系统5）。

（2）当进水含盐量较高时，如含盐量大于500mg/L，或总阳离子含量大于4～7mmol/L，强酸阴离子含量大于2～3mmol/L，经过技术经济比较，可以采用带有弱酸树脂或弱碱树脂的系统。带有弱型树脂的系统，有非常好的经济性，进水含盐量越高，其经济性越明显。

进水含盐量再高时，可以采用二级复床除盐或二级复床除盐加混床系统（见系统10、11），还可以在除盐系统装置之前加装电渗析、反渗透等预脱盐装置，以降低除盐装置进水中含盐量。

（3）当进水中强酸阴离子含量较高时，如大于2～3mmol/L或有机物含量较高时，经技术经济比较，可以采用带有弱碱树脂的系统（见系统3、4、7、8）；当进水中碳酸盐硬度较高时，如碳酸盐硬度大于4mmol/L，或碳酸盐硬度占总阳离子一半以上时，经技术经济比较，可以采用带有弱酸树脂的系统（见系统2、4、6、8），也可以在预处理中进行石灰处理。

（4）当进水中强酸阴离子含量高，SiO_2含量低时，可以采用系统9。

（5）当进水水质较好，碱度小于0.5mmol/L（或予处理中采用石灰处理），强酸阴离子小于1.5mmol/L时，可以考虑不设除CO_2器。

（6）当进水中含有NO_3^-、NO_2^-时，必须采用除盐系统，不得采用软化系统。特别是对高压以上机组更应如此。

三、床型选择和树脂选择

1. 床型选择

离子交换装置的床型是根据其结构和运行方式来分类的。按目前情况，有如下分类：

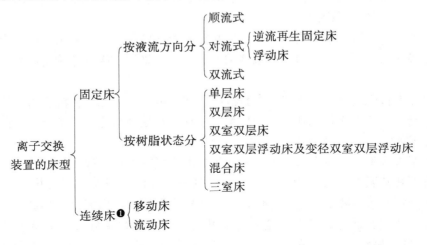

---

❶ 连续床由于运行中存在问题较多，目前在对水质要求较严的中高压锅炉补给水处理系统上，已不再使用。

床型不同，其运行方式也不同，因而各具自己的特点。顺流式固定床设备简单，再生方便，对进水浊度要求较宽（<5NTU），一般的预处理系统均可适应；但其再生剂耗量大，出水水质相对较差。逆流再生固定床运行时水流从上向下，而再生液是从下向上通过树脂层，再生剂量省，出水水质较好，废液排放少，但设备构造和运行操作均比较复杂，设备维护工作量大（中排装置易损坏），对进水浊度要求较严（<2NTU）；逆流再生固定床按顶压方式又分为气顶压、水顶压和无顶压三种。浮动床运行时再生液是从上向下，水是从下向上通过树脂层，由于交换器内全部被树脂等填料充满，因而需要体外擦洗设备，设备复杂，树脂损耗大，且不适用于低流速及间断运行，对进水浊度要求很严（<2NTU），尤其在阳床上使用，必须有相应的去除浊度的措施；但浮动床出水水质好，再生剂量省，运行流速高，出力大，设备维护工作量也不大。双层床是指一个交换器内装有强型和弱型两种树脂，设备简单，经济性好，但要求进水水质稳定，两种树脂的密度差要大，以防乱层（以及长期运行后由于树脂密度发生变化造成的乱层）。为了克服易乱层的缺点，又出现了双室双层床，双室双层床是将一个交换器分成两个室，分别装入强型和弱型树脂，它具有较多的优点，最近又出现了双室双层浮动床和变径双室双层浮动床。

采用双室离子交换器和浮动床时，系统内需另设阳、阴树脂清洗罐各一台。

不同床型的离子交换装置其出水水质及再生剂比耗列于表 2 - 3 中。

表 2 - 3　　　　　　　　　不同床型的离子交换装置运行数据比较

项　　目		顺流式	逆流再生	浮动床
出水水质	钠（μg/L）	100～300	20～50	20～50
	电导率（μS/cm）	3～5	0.5～2	0.5～2
	SiO_2（μg/L）	20～100	20～50	20～50
再生剂比耗（mol/mol）	盐酸	1.8～2.2	1.1～1.5	1.1～1.5
	硫酸	2～3	1.3～1.5	1.1～1.5
	碱	2.5～3	1.1～1.6	1.1～1.6
自用水耗（m³/m³ 树脂）	阳树脂	5～6	4～5	2.5～4
	阴树脂	10～12	5～6	3～5

对常用床型的选择，有如下几种方法。

（1）顺流式固定床。当进水中强酸阴离子含量高、钠离子含量大时，选用该床型其出水质量差，所以该床型在进水质量较好时使用比较合适。曾建议当进水含盐量小于 150mg/L、总阳离子含量小于 2mmol/L、强酸阴离子含量小于 1mmol/L 时，可以选用顺流式固定床。

顺流式固定床还用于各种弱型离子交换器；当进水浊度达不到对流式交换器要求时，也可选用顺流式交换器；反渗透出水再进行离子交换处理时，可选用顺流式固定床。

（2）对流式固定床。当进水浊度不稳，或经常大于 2～5NTU 时，不宜采用该床型（浮动床对进水浊度要求更为严格）。

弱型树脂一般不采用该床型。当进水水质较好时，该床型优点不明显，但当进水水质较差时，使用该床型较多，如进水中强酸阴离子含量高、钠离子含量大时，该床型出水水质好，再生剂量也不高。它适用的水质范围：建议当进水含盐量为 300～500mg/L、总阳离子含量为 2～4mmol/L、强酸阴离子含量 1～2.5mmol/L 时，可考虑选用浮动床；当进水含盐量小于 500mg/L，总阳离子含量小于 7mmol/L、强酸阴离子含量小于 4mmol/L 时，可选用逆流再生固定床。

当系统出力较小（如小于 30m³/h）、运行流速较低（低于最低成床流速）、间断运行或者供水水量不稳时，不宜采用浮动床。

（3）弱型树脂和强型树脂联合使用的几种床型。它们是双层床、双室双层床、双室双层浮床、变径双室双层浮床和复床。它们的特点分述如下。

1）双层床。它的系统简单，设备少，投资省；但由于交换器高度有限，所以两种树脂层层高选择受到限制，并且对树脂分层性能（树脂密度差和机械强度）要求严格，尤其是长期运行后树脂分层要好，其运行中分层操作也要求仔细，再生操作复杂，运行流速低。

2）双室双层床。由于把弱型树脂和强型树脂分室存放，所以对树脂性能无特殊要求，再生操作也比较简单，省去了再生时顶压操作；但设备运行表明，它的再生操作不十分稳定，设备系统也较复杂，需要体外清洗设备，所以其设备投资比双层床的高，另外它的运行流速也低。

3）双室双层浮床和变径双室双层浮床。设备运行流速高，出力大，设备空间利用率高，自用水耗低，再生操作也简单可靠；但是这种床型设备复杂，需要体外清洗罐，因而投资费用也可能偏高（特别是对小型设备），另外它对进水浊度要求严格，对设备出力要求稳定。

4）复床。由弱型树脂床和强型树脂床组成，复床本身设备简单，运行可靠，适用于含盐量较大和悬浮物含量较高的水质，但其系统复杂设备多，占地面积大，投资高，设备利用率低，运行流速低。

复床系统中的弱型树脂床大多采用顺流式运行，强型树脂床目前大多数也采用顺流式运行，但特殊情况如进水含盐量较高，要求出水水质较好时，也可以采用逆流再生方式运行（气顶压），或者采用浮动床方式运行。

2. 树脂选择

树脂种类很多，水处理中常用的树脂有如下分类：

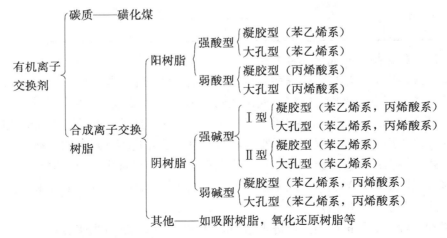

常见的离子交换树脂型号及性能见附录一。对它们的选用应结合进水水质、床型、运行条件、价格等诸多因素综合考虑，具体内容如下所述。

（1）凝胶型树脂比大孔型树脂价格便宜，货源充足，所以在一般情况下，首先考虑选用凝胶型树脂。

（2）当水中有机物含量高时，为防止强碱阴树脂的有机物污染，应选用大孔型强碱或弱碱阴树脂。它对水中有机物的吸附率和洗脱率都比凝胶型的好，特别是弱碱阴树脂，这种性能更为突出。所以，在有弱碱阴树脂的系统中，强碱阴树脂会受到明显的防有机物污染保护作用。

大孔丙烯酸系强碱树脂（型号213）再生时，有机物洗脱率也比大孔苯乙烯系的树脂好，而且其工作交换容量也高（达到$400\sim500mol/m^3$左右），在原水有机物高的水中使用，优点突出。

（3）Ⅱ型强碱阴树脂的工作交换容量比Ⅰ型树脂高（目前国产Ⅱ型树脂工作交换容量为$400\sim500mmol/m^3$），但除硅能力比Ⅰ型树脂差，所以在进水中强酸阴离子含量大，SiO_2含量较低，或者需要延长强碱阴离子交换器运行周期时，可以采用Ⅱ型强碱阴树脂，但后面需设置混床，以保证出水中SiO_2含量合格。

（4）当进水中含有游离氯等氧化剂、且无相应的去除措施时，第一级阳树脂应选用抗氧化性能较好的树脂。

（5）浮动床树脂层高，树脂阻力大，应选用粒度均匀、机械强度高的树脂。混床，特别是体外再生混床，树脂磨损严重，应选用机械强度高的大孔型树脂。中压凝结水处理装置应选用均粒树脂，以降低水流阻力。

（6）三层混床、混床、双层床等设备应注意树脂的密度差，一般要选用树脂失效密度差较大的树脂。三层混床中惰性树脂的选用除了要注意密度外，在条件许可时，还应选用憎水性较小的产品。

（7）非常温下工作的树脂应注意树脂适应的温度范围。弱型树脂的选用原则同前面的系统选择原则。

第二节　水的除盐——膜法除盐系统选择

随着膜技术的发展，采用膜技术进行水的除盐也越来越多。在膜技术应用的早期，曾规定当原水含盐量达到一定值时（例如$500\sim700mg/L$以上），才可使用膜处理，低于这个含盐量时，要进行技术经济比较，这主要是从经济方面考虑的。但后来随着膜应用的推广，商品膜价格的降低，目前在锅炉水处理设计时，已广泛采用膜技术，即使原水含盐量很低时也是如此。这主要是因为膜进行水的除盐具有以下优点：

（1）无酸碱废水的排放，废水处理费用降低，符合环保要求；

（2）能有效降低水中有机物（TOC）含量；

（3）运行人员减少，劳动条件改善，劳动强度降低，可以实现减员增效，提高劳动生产率；

（4）维修方便。

由于上述这些原因，在锅炉水处理中，近年来膜技术的应用推广发展很快。但是，在锅炉补给水处理中使用膜技术，也存在一些问题，主要就是膜处理的处理水量基本稳定，无法适应锅炉事故状态下对补给水大流量的瞬间需求，因此在设计采用膜技术进行锅炉补给水处理时，就要考虑这个因素并采取必要的措施，满足机组事故状态下的需要。

一、常见的膜法除盐系统

在水处理中广泛使用的膜技术有反渗透（RO）、超滤（UF）和微滤（MF）、电除盐（EDI 或 E-Cell）。其中起到脱盐作用的是反渗透和电除盐，而超滤和微滤只起过滤作用，保证反渗透进水的 SDI 符合要求，所以本节只论述反渗透和电除盐，超（微）滤将在本章第三节中予以叙述。

目前常见的膜法除盐系统列于表 2-4 中。

表 2-4　　　　　　　　　　　　　　常见的水膜法除盐系统

序号	系统名称	系统内主要设备排列	出水水质		备注
			电导率 $(\mu S/cm)$	SiO_2 $(\mu g/L)$	
1	一级反渗透＋二级混床	—RO—●—H/OH—H/OH	<0.1	<20	适用于原水含盐量不高时，一级混床运行周期较短
2	一级反渗透＋阴床及混床	—RO—●—OH—H/OH	<0.1	<20	适用于原水硬度不高时，要防止阴床内出现沉积物
3	一级反渗透＋一级除盐及混床	—RO—●—H—OH—H/OH	<0.1	<20	适用于原水含盐量中等的场合
4	二级反渗透＋混床	—RO—NaOH—RO—●—H/OH	<0.1	<20	
5	二级反渗透＋一级除盐及混床	—RO—NaOH—RO—●—H—OH—H/OH	<0.1	<20	适用于原水含盐量较高或海水
6	一（二）级反渗透＋一级除盐及混床	—RO— / —RO—●—H—OH—H/OH	<0.1	<20	适用于原水含盐量波动较大时
7	二级反渗透＋电除盐	—RO—NaOH—RO—●—EDI	<0.1	<20	

注　视水中 CO_2 多少，可在上述系统中 RO（或 H）后面加除 CO_2 器。表中离子交换部分符号同表 2-2。

二、膜法除盐系统的选用与说明

1. 反渗透系统的选用与说明

反渗透膜具有良好的脱盐能力，脱盐率可达 96%～98%，并且脱除 TOC（COD）的能力也很好，反渗透出水的 TOC 很低（0～50$\mu g/L$），可以满足超临界参数以上机组的水质要求（见表 1-14），这是水离子交换除盐工艺所不能达到的。由于目前工业上对水中有机物去除仅有活性炭吸附技术，而且其去除率不高（一般 40%～50%），所以对超临界参数以上机组使用反渗透进行补给水处理技术上具有明显的优势，即使亚临界压力、超高压机组，如果原水中有机物含量较高，对水质控制和设备腐蚀防护方面危害较大，在补给水处理中采用反渗透也有技术上的优点。

但是，反渗透出水电导率偏高，一般在 10～50$\mu S/cm$，并且 pH 值低，出水 CO_2 含量高（进水中 $CO_2$100% 透过反渗透膜），出水中 SiO_2 含量也偏高，所以只使用反渗透，其出水是不能满足高参数锅炉的需要，必须对反渗透出水再进一步进行处理，才能作为高参数锅炉的补给水，这就是表 2-4 中膜处理系统的后面都有离子交换或 EDI 的原因。

表 2-4 中系统 1~2 是一级反渗透，其出水再经过二级混床（系统 1），阴床及混床（系统 2）。该系统的基本要求是进水水质好，含盐量低，保证反渗透出水进入混床后，混床有一定的运行周期，不致频繁再生。为了消除反渗透出水中 CO_2 对混床中阴树脂交换能力的消耗，造成混床提前失效，反渗透出水可以经过脱 CO_2 器或者阴床后再进入混床（系统 2）。使用阴床要注意防止阴树脂中出现沉积物（主要是钙镁盐类），因为反渗透出水中仍有微量硬度。

在原水含盐量为中等含盐量及以下时（比如 500~700mg/L 及以下），可以使用系统 3，该系统在一级反渗透后面再设置一级复床除盐及混床，该一级复床除盐的运行流速可适当提高，设备台数也可以减少。实际使用表明，该一级复床除盐即使使用顺流再生时，其出水水质也很好，运行周期很长，再生次数、酸碱用量及废水排放均大大减少。由于在反渗透后面设置了一级复床除盐，系统的安全可靠性大大提高，可以容易的满足热力设备在异常事故状态下对供水的要求。

在原水含盐量达到或接近若咸水（含盐量 1000~2000mg/L）时，可以使用二级反渗透（见系统 4 和系统 5）。系统 5 也可以用于海水，但第一级膜要用海水膜。采用二级反渗透时，第一级反渗透出水中要加碱，将水中的 pH 值提高到 8.0~8.3，把第一级反渗透出水中 CO_2 中和成 HCO_3^-，HCO_3^- 在第二级反渗透中不能透过膜，从而使第二级反渗透出水 CO_2 减少，pH 值上升，电导率也大大下降（此即是 HERO 技术），这就明显改善了后续离子交换系统的工作条件。

如果原水含盐量经常波动较大，比如沿海的水源，在丰水期水质较好，枯水期由于海水倒灌使含盐量急剧上升，达到苦咸水水质，这时反渗透可以设计为一级与二级互换的运行方式，水质好时按一级反渗透运行，水质差时按二级反渗透运行（系统 6）。

2. 电除盐的使用与说明

随着电除盐的出现以及商品电除盐装置价格的降低，在锅炉补给水处理中使用三膜处理（UF＋RO＋EDI）成为可能，可以用电除盐代替反渗透后面的离子交换处理，实现补给水处理系统的全膜化，不用酸碱，无酸碱废水排放，实现自动化也极为方便。但是，电除盐对进水水质要求极为严格，这主要是因为电除盐的水流通道很小（一般窄室为 2~3mm，宽室为 8~10mm），充填的树脂量也很少，而且它不能进行反洗，极易受到污堵，污堵物质包括进水中胶体、悬浮物及各种结垢物质（如进水中钙镁等）；另外，由于电除盐中树脂量少，交换能力小，进水中离子杂质浓度对其出水水质影响很大，所以电除盐对其进水水质要求很高（见表 2-5）。

表 2-5　　　　　　　　　　　　　　　　电除盐装置进水水质

项　目	DL/T 5068—2006 推荐值	Electropure 推荐值	Ionics 推荐值	Millipore (Ionpure) 推荐值	E-Cell 推荐值	Canpure 推荐值
水温（℃）	5~40					
pH 值	5~9	5~9	4~10	4~11	5~9	6~9
SDI_{15}		≤1			≤1	≤1
TOC（mg/L）	≤0.5	≤0.5	≤0.5	≤0.5	≤0.5	≤0.5
硬度（mg $CaCO_3$/L）	≤1	≤1	≤0.25	≤1	≤0.5	≤1

续表

项　目	DL/T5068—2006 推荐值	Electropuro 推荐值	Ionics 推荐值	Millipore (Ionpure) 推荐值	E-Cell 推荐值	Canpure 推荐值
电导率（μS/cm）	≤40	≤50	≤40	≤40	<40～60	≤40
CO_2（mg/L）		≤5	≤8			≤10
总可交换阴离子（TEA）（mg $CaCO_3$/L）					<16～25	≤25
总可交换阳离子（TEC）（mg $CaCO_3$/L）						≤25
SiO_2（mg/L）	≤0.5	≤0.5		≤1	≤0.5	≤0.5
余氯（mg/L）	≤0.05	≤0.05	≤0.1	≤0.01	≤0.05	≤0.05
铁（mg/L）	≤0.01	≤0.01	≤0.01	≤0.01	≤0.01	≤0.01
锰（mg/L）						

注　TEA 中包含 CO_2。

在上表中，Electropure 等公司要求电除盐进水 SDI 值小于 1，这是一个非常严格的要求，即要求电除盐的进水必须彻底去除水中胶体和悬浮颗粒，只有反渗透出水可以达到这个要求，其他的处理方法（包括离子交换出水）都达不到这个要求，所以电除盐的前级处理必须是反渗透。表 2-5 中其他几个推荐值没有列出 SDI_{15} 一项，但是它们也均是将反渗透作为电除盐的前级，所以电除盐进水的 SDI_{15} 值基本也在这个范围。

除非原水硬度及含盐量很低，一般在电除盐前面均应设置二级反渗透，而且在一级反渗透出水中加入 NaOH，并将水的 pH 值调节到 8.0～8.3，以改善二级反渗透出水水质。如果不加碱，也可在一级反渗透后面设置除 CO_2 器。

在某些原水水质很好的场合，也可以在电除盐之前只设一级反渗透，但一级反渗透的进水应去除硬度和脱除 CO_2，去除硬度可以用软化的方法，脱除 CO_2 可以用加碱（必须先去除硬度）和设置除 CO_2 器方法。相对于加碱去除 CO_2 的方法，设置脱 CO_2 器时，水中 CO_2 含量稍高但很稳定（设计值可达到<5mg/L，实际运行可能为 5～10mg/L），基本上可以满足电除盐的要求，但鼓风式除 CO_2 器容易带来水的二次污染（灰尘带入），需要有防范措施。设计二级反渗透并采用加碱方法时，由于一般均将二级反渗透浓水回收进入一级反渗透的给水，有可能造成整个反渗透系统进水中 HCO_3^- 浓度上升，使电除盐出水电导率上升且波动。

目前还有一种用脱气膜脱除水中 CO_2 的方法，可以使水中 CO_2 降至 2mg/L 左右，工业上已开始应用，适合于对反渗透出水去除 CO_2。

电除盐进水要求去除 CO_2，主要是因为电除盐中阴树脂量很少，交换能力小，大量 CO_2 进入后，阴树脂交换能力被消耗，而使出水电导率及硅含量上升。比如进水中 4.4mg/L CO_2 就相当于 0.1mmol/L 的阴离子，1m³ 含 13.2mg/L CO_2 的水就要消耗 0.3mol 的阴树脂交换能力，对电除盐来讲其值已很大了。有很多试验数据表明，电除盐进水中 CO_2（及 TOC、硬度、电导率）对出水水质有很大影响，见表 2-6～表 2-8。

表 2-6　　　　　　　　　　　EDI 进水水质对出水水质的影响

进水水质			EDI 出水电导率（电阻率）（$\mu S/cm$）
电导率　（$\mu S/cm$）	CO_2　（mg/L）	TOC　（$\mu g/L$）	
≤30	≤3	≤100	≤0.063（≥16MΩ·cm）
≤40	≤5	≤150	≤0.1（≥10MΩ·cm）
≤50	≤8	≤250	≤0.2（≥5MΩ·cm）

表 2-7　　EDI 进水电导率对
出水电导率的影响（某试验值）

进水电导率（$\mu S/cm$）	出水电导率（$\mu S/cm$）
2～10	0.058～0.062
10～20	0.0645
30	0.1
40	0.1667
50	0.4545
58	1.4285

表 2-8　EDI 进水硬度与水回收率
之间关系

进水硬度（mg CaCO$_3$/L）	水回收率（%）	浓缩倍率	浓水电导率（$\mu S/cm$）
0～0.5	95	20	150～600
0.5～1	90	10	150～600
1～1.5	85	6.67	150～600
1.5～2	80	5	150～600

从表 2-6、表 2-7 中可看出，电除盐的进水电导率直接影响出水水质，这是因为电除盐中树脂少、交换能力小的原因，所以表 2-5 中对电除盐进水电导率都有明确规定。但是要指出的是：水中弱电离物质（如 CO_2，SiO_2 等）对电导率影响很小，所以进水电导率基本上是指水中强电离物质（如 Na^+，Cl^- 等）。对电除盐进水电导率的控制和对 CO_2（以及 SiO_2）含量的控制是同等重要的，不能认为电导率合格就行了，还必须注意 CO_2 及 SiO_2 的含量，有的公司将这些指标结合起来，提出电除盐进水中总的可交换阴离子（TEA，包括强电离物质及 CO_2，SiO_2）指标，控制值为＜25mg CaCO$_3$/L（即 0.5mmol/L）。

电除盐的进水是反渗透出水，含盐量很低，使运行中淡水室的水很纯，浓水室中水含盐量也不高，这就导致电除盐运行电阻大，要保持一定的电流，以达较好的除盐效果，就必须加大膜二侧的电压，这在运行中容易产生一系列问题。为了减少电除盐的运行电阻，以及减少浓水排放，设计时通常是将电除盐装置排出的浓水进行循环，构成独立的浓水循环回路。浓水循环系统中设置专用浓水循环泵，可以人为地控制浓水室中的浓水流速，有利于降低膜面滞流层的厚度，减轻浓差极化，减少浓水室结垢趋势。当然，浓水循环系统还必须排出一部分浓水并补充相应量的给水，排出的浓水即排污，这可以防止浓水浓度过高而结垢。运行中浓水还有一小部分被送入极水室作为电解液，工作后携带电极反应产物和热量直接排放，这也是浓水的另一个排放点。

浓水循环系统中可以加盐（NaCl），以提高浓水电导率，加盐时控制浓水电导率在 50～500$\mu S/cm$ 之间。常见系统见图 2-1。

除了上式浓水循环型式外，还有浓水直接排放式电除盐，这种电除盐的浓水室中也装有树脂，由于树脂的电导率为水的 100～10000 倍以上，所以电除盐装置的运行电阻降低了，

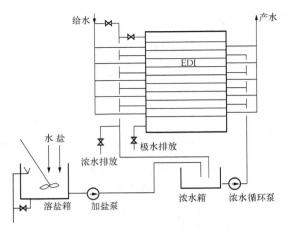

图 2-1　电除盐的浓水循环和加盐系统示意图

工作电流提高且稳定，有利于脱盐，而且由于浓水不再循环，不但省去了浓水循环系统和加盐系统，也降低了浓水室的结垢趋势。但是这种装置的浓水室水流速较低，无法提高，因为浓水室的浓水流量直接影响电除盐装置的水回收率。

浓水直接排放式电除盐的浓水水质很好，可以直接排放，也可以回收利用，回收利用时是将这一部分水回收到反渗透进口水箱中。

直接排放式电除盐的系统见图 2-2，常见电除盐模块结构特点见表 2-9。

目前常用的电除盐单元模块及性能参数见附录七的附表 14。

表 2-9　　　　　　　　　　电除盐模块基本结构特点对照表

序号	分类及结构特性		Electropure	E-Cell	Ionpure
1	淡水室	流道宽度	窄	宽	宽
		树脂填充	填充	填充	填充
2	浓水室	流道宽度	窄	宽	宽
		树脂填充	不填充	不填充	填充
3	极水室	水流方向	从下往上	从下往上	从上往下
		极水流程	阳极到阴极	阳/阴极同时进水	阳/阴极同时进水
		进水/出水流向分配	独立进水且独立排放	极水和浓水统一进水，分开排放	极水和浓水统一进水，统一排放
4	离子选择性膜	来源	专利产品，自己生产	外购	外购
		离子选择性膜用量	多	少	少
5	进出水	结构形式	三进三出	二进三出	二进二出

3. 反渗透的浓水处理和能量回收

（1）反渗透浓水处置与回用。反渗透的浓水是反渗透装置的排放水，进水中的杂质在其中得到了浓缩，如何处置这部分浓水，既涉及环保要求也涉及反渗透运行经济性。

浓水的水质和水量可以按下列方法进行估算：

设反渗透装置的水回收率为 y，浓缩倍率为 CF，则

$$CF = \frac{1}{1-y} \qquad (2-1)$$

$$TDS_{con} = CF \cdot TDS_F \qquad (2-2)$$

$$Q_{con} = Q_F \frac{1}{CF} \qquad (2-3)$$

式中 TDS_{con}, TDS_F——浓水和给水含盐量（溶解固体）；

Q_{con}, Q_F——浓水和给水流量。

例如，某反渗透装置进水流量 $200m^3/h$，进水 TDS 为 $800mg/L$，当水回收率为 75% 时，产水水量为 $150m^3/h$，浓水流量为 $50m^3/h$，浓水含盐量为 $3200mg/L$。由于浓水含盐量高，溶 O_2 低，偏酸性，这样的水直接排放，虽然水质指标没有违反废水排放标准，但它会造成高浓度普通离子毒性，并造成土壤盐碱化。

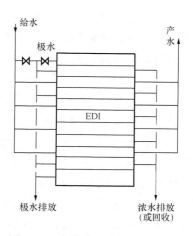

图 2-2 直排式电除盐进出水系统

对浓水处置一般有如下几个方法。

1) 直接排放。它造成水的浪费，并会造成高浓度普通离子毒性。

2) 掺入循环冷却水排水中排放。由于循环冷却水排水水量很大，浓水掺入其中不会造成危害，只是水量浪费。

3) 注入地下。必须有专用深井。

4) 海水淡化的浓水可以直接排入海中，由于海洋容量大，不会造成显著影响，只需将浓水排放口与海水取水口分开，保证一定距离，不致将浓水再返回到取用的海水中。

5) 蒸发塘。在地面设计蒸发塘，浓水排入其中，依自然蒸发浓缩、结晶，结晶产生的盐定期清除。

6) 回收利用。反渗透浓水的回收利用分为一级反渗透浓水回收和二级反渗透浓水回收。一级反渗透脱盐率可达 $96\%\sim98\%$，虽然一级反渗透出水电导率仍有 $10\sim50\mu S/cm$，但大部分仍是 CO_2 影响所致，所以一级反渗透出水的杂质含量还是很低的。当一级反渗透出水作为二级反渗透进水时，虽然二级反渗透水回收率达 80% 以上，浓缩倍率可达 5 倍以上，但该浓水与一级反渗透进水相比，其水质仍然很好，将这部分水回收作为一级反渗透给水，不但减少水的浪费，而且也降低了一级反渗透给水含盐量。比如，一级反渗透进水含盐量为 x，脱盐率为 98%，水回收率为 75%，一级反渗透产水含盐量为 $0.02x$，进入第二级反渗透时，第二级反渗透回收率为 80%，则二级反渗透浓水含盐量为 $0.1x$，远比一级反渗透进水含盐量低。将二级反渗透浓水掺入一级反渗透给水中，一级反渗透给水含盐量降为 $0.96x$。

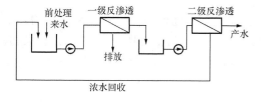

图 2-3 二级反渗透浓水回收利用系统

常用的二级反渗透浓水回收利用系统见图2-3。

一级反渗透的浓水含盐量高，但水中悬浮物少，SDI 一般符合反渗透要求，对这一部分水的回收利用可以再建一套价格低的反渗透装置，将一级反渗透浓水进一步浓缩后再处置，这样可以回收大部分水。处理浓水的反渗透装置由于要求降低，可以使用原反渗透废弃的膜。另外，高压泵也可不设或降低新设泵的参数要求，大大降低了设备费用。

比如，某一级反渗透装置给水流量 200m³/h，水回收率 75%，进水 TDS 800mg/L，则浓水流量 50m³/h，含盐量 3200mg/L。若用废弃的膜建一套浓水回收装置时，脱盐率为 90%，水回收率为 66%，则回收水量为 33m³/h，回收水的 TDS 为 320mg/L，仍优于原进水水质，排放水量也由 50m³/h 降为 17m³/h，节省了处置费用。

（2）能量回收。在用反渗透进行海水淡化时，由于海水含盐量高，渗透压高（约 2.5MPa），反渗透进水压力必须高。通常反渗透进水压力为 5.52～8.28MPa，经单支膜元件的最大压力降仅有 0.07MPa，所以反渗透排放的浓水压力很高，传统的做法是将这样的水通过减压阀排放，压力（能量）损失非常大，可以考虑回收。一般来讲，当反渗透浓水出口压力在 2.07MPa 以上，水回收率在 80% 以下时，通过经济核算可以采用能量回收。越大型装置，采用能量回收，经济上越有利，比如，某日产 1000m³/d 的海水淡化装置，水回收率约 40%，其能耗分布见表 2 - 10。

表 2 - 10　　　　　　　　　某日产 1000m³/d 的海水淡化站耗能分析

水流名称	流量（m³/h）	压力（MPa）	功率（kW）
高压给水（海水）	104	6.9	195
淡水	42	0	0
排放浓海水	62	6.8	115

从表中看出，排放的浓海水带有 115kW 的能量，占高压给水能量的 60%。由于高压给水的耗能是海水淡化的主要耗能，若能将浓水的能量回收，就可以减少大量能耗，经济效益很大。

早期的能量回收装置原理是利用排放的高压浓海水驱动水力透平，产生机械能，再传送给高压给水泵，就可以减少高压给水泵的设计容量和运行能耗。目前在海水淡化装置上应用的能量回收装置有如下几类。

1）能量转换型。它是将浓海水的动能转换为机械能，再转换为给水的动能，反复转换使总体效率难以提高，多用在中小型海水淡化系统上，这种形式主要设备有逆转泵和佩尔顿（Perten）泵及水力透平，其原理分别见图 2 - 4（a）～（c）。

2）能量传递型。这种形式的浓海水压力能直接传递给反渗透给水，使其压力提高。其主要设备有活塞式功交换器和旋转式压力交换器，工作原理见图 2 - 4（d）、（e）。

三、反渗透膜及选用

1. 常用的反渗透膜

虽然反渗透膜有管式、中空纤维式、卷式之分，但在纯水处理中，目前使用最多的还是卷式膜，工业上应用的卷式膜多是直径 8in（ϕ203.2）长 40～60in（1016～1524mm）的膜元件。反渗透膜的材质，以前大量使用 CA 膜，目前则以各种复合膜为主。在附录六中列出目前常用的 8in 卷式复合膜（见附表 13）。

2. 膜种类的选择

目前，膜种类很多，按膜材质来分有 CA 膜和复合膜，复合膜中又有低压膜、超低压

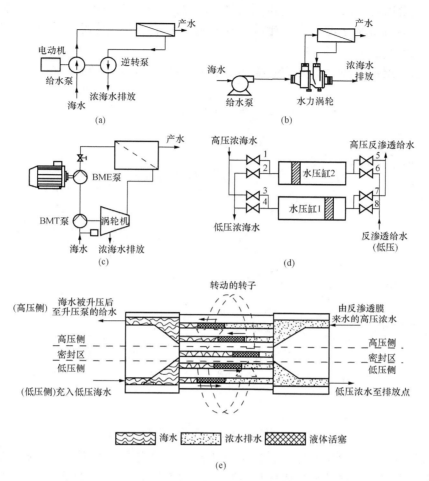

图 2-4　海水淡化反渗透能量回收装置几种类型原理
(a) 逆转泵；(b)、(c) 水轮机；
(d) 活塞式功交换器；(e) 旋转式压力交换器

膜、抗污染膜、高脱盐膜、高水通量膜等。正确选择所用的膜种类，既有利于节约投资，也有利于延长膜使用寿命，减少运行中清洗次数。一般来说，正确选用膜应考虑下列因素：①根据被处理的水质情况（含盐量、污染情况等）来选用膜；②要达到的产水水质；③根据同类水质下的使用经验，了解膜长期使用后的性能衰减情况及使用寿命；④根据同类水质下的使用经验，了解膜使用中污堵情况及清洗效果；⑤经济费用。

具体内容有如下几点再予以说明。

（1）目前大多都使用复合膜，CA 膜应用较少，这主要是因为复合膜有运行压力低、不易水解、pH 值适用范围广、脱盐率高等优点，但复合膜本身抗氧化能力差，在反渗透前处理系统中投加的杀菌剂（通常是氧化性杀菌剂）必须在膜进口处全部去除。具体来讲，在活性炭床出口加 $NaHSO_3$ 处余氯就已全部消除，所以，以后水的流程（包括膜内水流通道）全部处于无杀菌剂的生物繁殖区，这就给膜生物污染带来危害。虽然有人提出在反渗透进口处再投加非氧化杀菌剂，但药剂相对比较昂贵。

相对于复合膜这一缺点，CA 膜的抗氧化性很好，可以在膜进口处仍保留 0.3~1mg/L 余氯，所以在高有机物水源，有高生物污染可能的场合，CA 膜还是具有一定优势，当然 CA 膜最大缺点是运行压力较高。

（2）可以根据被处理的水质，对膜种类进行初选，一级反渗透膜选择原则，见图 2-5。

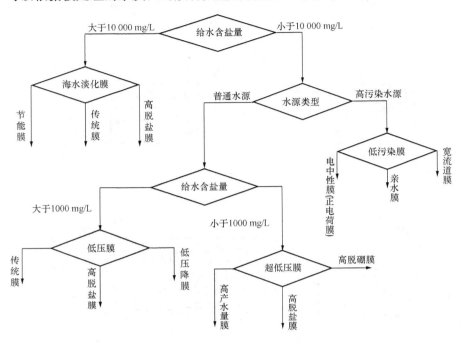

图 2-5　根据给水水质选择第一级反渗透膜

（3）高脱盐膜和一般膜相比，脱盐率有所提高，但提高幅度不大，一般不超过 0.5%。提高脱盐率，在海水淡化及高含盐量水中使用效果较为明显，但在低含盐量水中使用，由于目前一般膜的脱盐率已很高（98% 以上），效果往往不显著。所以对膜的脱盐率的关注，更应侧重于膜运行中脱盐率衰减情况，应选用脱盐率衰减少的膜。

（4）抗污染膜主要是在下列几个方面采取措施。

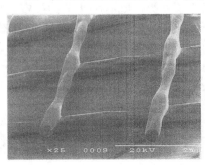

图 2-6　反渗透膜进水滤网放大图

1）加宽膜的进水隔网，目前反渗透膜进水隔网宽有 28、31、32、34mil（相当于 0.71、0.79、0.81、0.86mm）几种，采用宽隔网时，膜间的通道加大，容纳污物的量也增多，污物颗粒也不易被留下，所以膜抗污染性能也改善。但不能过分增加隔网宽度，这样会使膜间水流速下降，膜面浓差极化加剧，反过来又促进污物在膜面积累，加剧膜面污染，所以进水隔网宽度存在一个最优范围。

2）进水隔网经纬线（见图 2-6）的表面光滑程度、断面形状、交叉角度、网格大小等对膜抗污染性能均有影响。表面光滑、断面为圆形、与水流交叉角度小、网格大的均有利于减少污物积累，有利于抗污染。

3）膜表面改性。一般复合膜表面呈负电性（—COOH）、憎水性，阳离子表面活性剂会引起膜不可逆的流量损失。如果通过改性，将膜表面改为电中性（—NHCO—）甚至正电性（—NH₂），增加亲水性，都可以提高其抗污染能力。

4）膜表面光洁度。提高膜表面光洁度，不利于污染物在膜面沉积，可提高膜抗污染能力。

（5）提高膜水面水流速，增宽进水隔网，减少隔网水流阻力，增加膜面光洁度，均可以提高膜面水流速，减少运行阻力，甚至减少给水压力，达到节能目的。某种膜元件在不同进水隔网时水流阻力见图 2-7。

（6）第二级反渗透膜由于进水含盐量低，水渗透压低，水质好，浓差极化小，结垢可能性少等特点，可以选用超低压高产水量的膜，以降低运行压力和减少膜元件数。

（7）在反渗透膜的选用中，同类型水质的膜使用经验非常重要，因为膜厂商提供的性能参数（如水通量、脱盐率等）是在标准测试条件下测得的，对工程设计来讲，这些数据固然重要，但更要注意膜性能在使用中变化情况，因为这直接涉及膜使用寿命，而这一点从膜厂商处是无法得知的。

（8）最近有加长膜出现，选用这些膜可以减少膜元件数量，便于安装，也可以减少膜元件之间连接处的泄漏。

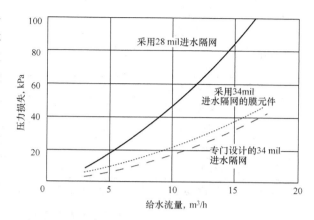

图 2-7　采用不同进水隔网的膜元件在不同
流量下的压力损失

第三节　预处理系统及反渗透进水前处理系统选择

预处理系统是指天然水经混凝、澄清、过滤、消毒处理的系统，它的出水可以满足离子交换装置的要求，但不符合反渗透进水水质的要求，所以反渗透都带有自己的一套进水处理系统，它将预处理系统出水再进行处理，达到反渗透进水水质要求，该处理系统本书称为前处理系统。

一、预处理系统的选择

预处理系统是指离子交换系统进水及反渗透前处理系统进水的处理系统，它是对天然水（原水）进行处理，去除水中悬浮物和胶体，包括混凝、澄清、过滤、沉淀软化、吸附、消毒等处理单元。它的系统构成是根据原水水质和后续系统（离子交换）对水质的要求来确定的。

1. 离子交换系统对进水水质的要求

离子交换系统对进水水质的要求，见表 2-11。

2. 常见的预处理系统及其出水水质

常见的预处理系统及其出水水质，见表 2-12。

表 2-11　　　　　　　　　　　　　离子交换系统对进水水质的要求

项　目		离子交换除盐		
		顺流式	逆流式	浮动床
水温（℃）		35～45*		
pH 值				
浊度	（mg/L）			
	（NTU）	＜5	＜2	＜2
污染指数 FI 或淤积密度指数 SDI				
余氯（mg/L）		＜0.1		
铁（mg/L）		＜0.3		
锰（mg/L）				
COD_{Mn}（mg/L）		＜2（凝胶型树脂）		

* 要根据树脂具体要求确定，比如强碱Ⅱ型树脂及丙烯酸强碱阴树脂使用温度一般小于35℃。

表 2-12　　　　　　　　　　　　常见的预处理系统及其出水水质

系　统		出　水　水　质				
		浊度（NTU）	COD_{Mn}（mg/L）	氯（mg/L）	铁（mg/L）	胶体硅
以自来水作水源	直供	＜5		＞0.05	＜0.3	与自来水处理工艺有关
	过滤—除氯	＜5		0	＜0.3	
以地下水作水源	直供	①	与原水相同	0		与原水相同
	过滤	＜2	与原水相同	0		
	曝气—天然锰砂过滤	＜2	与原水相同	0	＜0.3	
	曝气—石英砂过滤	＜2	与原水相同	0	＜0.3	
	混凝过滤	＜5	去除约40%	0		去除约60%
以河水等地表水作水源	混凝—沉淀软化（加酸）—过滤	＜5	去除40%～60%	与加氯装置投运情况有关，投运时一般为0.1～0.3		去除约90%
	混凝过滤	＜5	去除约40%			去除约60%
	混凝—澄清—过滤	＜5（或＜2）	去除约40%个别达60%			去除约90%
	预沉淀—混凝—澄清—过滤	＜5（或＜2）	去除约40%个别达60%			去除约90%
	混凝—澄清（沉淀软化加酸）—过滤	＜5（或＜2）	去除40%～60%			去除约90%

注 消毒处理目前采用的是加氯（投加氯气、次氯酸钠或二氧化氯）方法，加氯地点可以在原水中，也可以在过滤后的出水中。除加氯外，当处理水量小时，还可以使用臭氧消毒或紫外线消毒。

① 正常时可小于2NTU，但不稳定，有增大的可能性。

3. 预处理系统选择

对于表 2-12 中各系统的选用，一般有如下要求。

（1）在用自来水作水源时，由于自来水消毒要求其管网末端余氯大于 0.05mg/L，所以有时会超过后续系统要求的标准（小于 0.1mg/L），必要时可考虑除氯措施（投加亚硫酸氢钠或增加活性炭吸附）。

如果自来水中胶体硅含量较高，经核算锅炉蒸汽质量不符合要求时（多发生在用地下水作自来水水源而又未经混凝处理时），还应进行混凝处理。

（2）以井水、泉水等地下水作水源时，水中有时含砂较多，特别是深井井管损坏时，会使水中夹带大量黄砂，这时应有相应的预防措施（过滤）。当地下水中含碳酸盐型铁较多时，要进行曝气除铁；当重碳酸盐型铁小于 20mg/L、pH 值≥5.5 时，可用曝气——天然锰砂过滤除铁；当重碳酸盐型铁小于 4mg/L 时，可用曝气——石英砂过滤除铁，并使曝气后 pH 值>7，若达不到 7，就可改用天然锰砂除铁或将水碱化至 pH 值>7。

地下水中胶体硅含量较高时，如大于 0.5～0.6mg/L，可增加混凝过滤措施。

（3）以地表水作水源时，水中悬浮物小于 50NTU 可用混凝过滤，大于 50NTU 则要用混凝—澄清（沉淀）—过滤。由于混凝过滤对水中胶体硅去除率低，而且过滤设备负担大，出水水质不稳定，所以对某些悬浮物含量小于 50NTU 的原水，如水库水、湖水，也可以不用混凝过滤，而采用混凝——澄清（沉淀）——过滤，此时澄清设备由于进水悬浮物低，泥渣层形成较慢，可以设计固定的加泥装置，在澄清池启动或运行需要时，向其内投加泥浆。

如果水在某些时候含砂量或悬浮物含量较高，影响混凝澄清处理时，则要设置预沉淀设施（如沉砂池、调蓄水池等）。

（4）混凝——澄清（沉淀）——过滤系统，如原水中重碳酸盐硬度较大，可考虑进行沉淀软化（如石灰处理），也可加入镁剂，去除部分硅酸化合物。天然水中胶体硅的去除，当水中胶体硅含量较多（如 0.5～0.6mg/L 以上），经技术校核不符合要求时，则要考虑去除措施，一般的混凝过滤可去除 60%，混凝澄清过滤可去除 90%。采用镁剂除硅，出水中可溶性 SiO_2 能降至 1mg/L。

（5）表 2-12 中的各系统，特别是地表水系统，根据需要可设置连续性、间断性或季节性加氯装置。投氯时控制出水余氯含量小于 0.1mg/L。若余氯超过标准，则可再增加去除余氯的措施（加亚硫酸氢钠或设置活性炭床）。

（6）混凝——澄清——过滤系统对水中有机物的去除情况与原水中有机物组成关系很大，以 COD_{Mn} 表示的去除率，一般为 40%左右，个别的可高达 60%，但也有的仅 20%左右。在混凝澄清处理过程中，再加入石灰进行沉淀软化，对水中有机物去除有利，当进行非常规石灰处理（指石灰处理出水 pH 值>10.3 时），水中有机物去除率可明显提高。

若预处理系统按上述比例计算出的出水中，COD_{Mn} 含量不符合后续系统要求，则要考虑相应的措施，如增设活性炭床、吸附树脂床、废弃阴树脂床，选用抗有机物污染的大孔型树脂、丙烯酸树脂和弱碱型树脂等。活性炭床除能去除部分有机物外，还可兼作去除水中游离氯。活性炭床在投运初期，对水中有机物的去除率可达 70%以上，但很快会降至 40%～50%，并维持一段时间，随后再缓慢下降至去除率 20%左右，作为活性炭失效，需要更换或再生（见图 2-8），所以活性炭对水中有机物平均去除率只有 40%～50%左右，还有 50%左右的有机物穿透活性炭床。活性炭

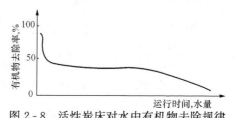

图 2-8　活性炭床对水中有机物去除规律

对水中有机物的吸附容量也有限，但若在酸性条件下吸附水中有机物，则吸附容量可以提高2～3倍，所以用作去除有机物为目的的活性炭床，宜放在阳床之后（位置在除 CO_2 器与阴床之间），可以延长其使用寿命。如果活性炭床是以去除游离氯为主要目的，则仍放在阳床之前。

（7）混凝——澄清——过滤系统出水浊度与运行控制水平关系很大，出水浊度一般可小于5NTU，但控制的好时也可小于2NTU，这对顺流式固定床可以满足需要。对逆流式固定床，目前也有很多设备使用这种预处理系统，但往往因为出水浊度波动，带来运行中一些问题，若加强运行控制，也可满足要求。对浮动床，这种系统问题较大，必须确保阳浮动床进水浊度小于2NTU，没有采用进一步的去除浊度措施，阳浮动床不易运行。可供考虑的进一步去除浊度的办法有：增加管式精密过滤器、活性炭床等。

（8）在北方地区冬季原水温度很低，一般低于8℃时就不利于混凝过程，此时对有澄清池的预处理系统，可以在其前面设置加热器（附空气分离装置），将原水温度升至20～40℃，并自动控制水温变化，不超过±1℃，升温速度不超过2℃/h。

低温水往往也是低浊度水，所以处理低温水的澄清池，必要时也需配置投泥设备。

（9）预处理系统中常用的澄清设备有机械搅拌加速澄清池、水力加速澄清池、斜板澄清池、接触絮凝沉淀池，沉淀设备中的平流式沉淀池也有使用。过滤设备中常用的设备有无阀滤池、虹吸滤池、重力式空气擦洗滤池、普通快滤池等，压力式机械过滤器和管式精密过滤器也有使用，最近又有高效纤维过滤器和变孔隙过滤器。

二、反渗透进水前处理系统

由于反渗透膜结构的特殊性，对进水水质提出了更高的要求，必须设置专用的处理装置来保证这种要求，这就是设置反渗透前处理系统的目的。

1. 反渗透进水水质标准

反渗透进水的前处理系统是将经预处理过的水再进行处理，使其达到反渗透进水水质的要求。反渗透进水水质要求的特殊点是要彻底去除水中的悬浮物和胶体、防止反渗透膜面结垢、杀菌及去除水中余氯以防止膜材料被氧化等等，目前采用的反渗透进水水质标准列于表2-13中，某膜制造商推荐的反渗透进水水质列于表2-14中。

表 2-13   反渗透进水水质要求（DL/T 5068—2006）

项　　目	单位	中空纤维膜	醋酸纤维膜	复合膜
水温	℃	5～35	5～40	5～45
pH 值		—	4～6（运行） 3～7（清洗）	4～11（运行） 2.5～11（清洗）
浊度	NTU	<1.0		<1.0
污染指数	SDI	<3	<5	<5
游离余氯（Cl_2）	mg/L	<0.1，控制为0	<1.0，控制为0.3	<0.1*，控制为0.0
铁（Fe）	mg/L	<0.05（给水溶氧>5mg/L时）[①]		

注　当反渗透系统设有保安过滤器时，反渗透系统的进水水质是指保安过滤器的入口水质。

① 铁的氧化速度取决于铁的含量、水中溶氧浓度和水的 pH 值。在投加某些阻垢剂时可以允许有较高值，需要核实阻垢剂性能。

* 同时满足在膜寿命期内总剂量小于 1000h·mg/L。

表 2 - 14　　　　　　　　　　　　某膜厂商推荐的复合膜进水水质

导致膜污染的指标		允许值	解决方法
悬浮物等	浊度	<1NTU	过滤，絮凝沉淀，微滤，超滤
	SDI_{15}	<4	过滤，絮凝沉淀，微滤，超滤
	颗粒物	<100 个/mL	过滤，絮凝沉淀，微滤，超滤
	微生物	<1 个/mL	杀菌，微滤，超滤
金属氧化物	铁[①]，Fe^{3+}	<50μg/L	氧化+沉淀或过滤
	锰，Mn	<50μg/L	使用分散剂
结垢物质[②]	$CaCO_3$	LSI<0	回收率，pH 值，阻垢剂
	$CaSO_4$	<230%溶度积	回收率，阻垢剂
	$BaSO_4$	<6000%溶度积	回收率，阻垢剂
	$SrSO_4$	<800%溶度积	回收率，阻垢剂
	CaF_4	浓水侧浓度<1.7mg/L	回收率
	$Ca_3(PO_4)_2$	浓水侧浓度不能超过溶解度	回收率
	SiO_2	<100%溶解度	回收率
有机物[③]	油	0	气浮、吸附
	TOC	<10mg/L	活性炭，过滤，吸附树脂
	COD	<10mg/L	活性炭，过滤，吸附树脂
	BOD	<5mg/L	活性炭，过滤，吸附树脂
导致膜劣化的指标		允许值	去除方法
pH 值[④]		3~10	加入酸或碱调节
温度		5~45℃	换热器
氧化剂	余氯	<0.1mg/L	还原剂，活性炭吸附
	臭氧	0	
	其他	0	
表面活性剂		选择阳离子或两性表面活性剂时要注意	
酒精		<10%	

① 对 Fe^{2+} 可以允许的最高浓度为 3mg/L，但需要注意的是由于经常在反渗透的预处理中投加氧化剂，这会使 Fe^{2+} 被氧化为 Fe^{3+}。因此在使用氧化剂时，同样需要控制给水中的 Fe^{2+} 含量。

② 不同的浓度和 pH 值对不同难溶盐在水中析出沉淀有不同的影响。

③ 有机物由于构成成分复杂，TOC、COD 和 BOD 三个指标仅作为参考。

④ 不同型号膜元件的进水允许 pH 值范围有所不同，同时进水温度对允许的 pH 值范围也有影响。

需要说明的是，表 2 - 13 中所列反渗透进水水质中没有 COD 一项，但在 DL/T 5068—1996《火力发电厂化学设计技术规程》中曾规定反渗透进水 COD_{Mn} <3mg/L。这样规定并不表明对反渗透进水 COD 不作任何控制，而是因为目前反渗透膜种类繁多，抗污染膜和一般膜的进水 COD 允许值相差较大，具体设计时应参照所用膜的制造厂商提供的水质要求，比如 DOW（陶氏）曾要求进水 TOC>3mg/L 时要对水进行脱除有机物处理，Hydranautics

（海德能）推荐反渗透进水 COD＜10mg/L，对低污染膜可放宽至 20mg/L。

有人曾统计，由于原水有机物含量过高造成反渗透的运行故障占反渗透全部系统故障的 $60\%\sim80\%$，有机物在膜面的截留和堆集会产生浓差极化层，使渗透压升高，膜通量减少，脱盐率下降，严重时还会发生不可逆通量损失，若有机物以乳化剂形式存在于水中时，会引发严重的膜性能衰减。所以对进水 COD 还是应该予以重视。

另外，为防止运行中膜面结垢，要对水中结垢物质如 Ca^{2+}，Mg^{2+}，Ba^{2+}，Sr^{2+}，SO_4^{2-}，SiO_2 等予以注意，要保证这些物质在浓水侧不发生结垢析出，因为反渗透运行中水被浓缩，浓水中该物质浓度超过该物质溶度积时则会结垢。苦咸水中碳酸钙和硫酸钙是常见的垢，其他如硫酸钡、硫酸锶、SiO_2 也会析出。海水中则多发生碳酸盐垢析出，硫酸盐垢则少见。

2. 常见的反渗透前处理系统

反渗透前处理系统要保证其进水经过本系统处理后达到反渗透进水水质要求，保证反渗透膜在正常运行期间内不污堵，不损坏，在正常使用寿命期间膜通量和脱盐率不明显下降。反渗透前处理系统应当包括下列内容：

彻底去除水的浊度（悬浮颗粒和胶体），使 SDI 稳定的达到要求；

防止膜面析出垢；

降低水的 COD，减少膜面有机物污染；

杀菌，减少膜面生长细菌的可能；

去除水中余氯，防止膜被氧化，尤其是复合膜；

调节水温，既保证一定水通量，又保证膜水解速度符合要求。

为了实现上述要求，有很多处理工艺可供选择，现将这些处理工艺单元列于表 2-15，将这些工艺单元组合，就可以组成反渗透前处理系统。常见的反渗透前处理系统举例见图 2-9。

表 2-15　　　　　　　　　　　反渗透进水前处理的工艺单元

处理单元 \ 处理目的	去除浊度使 SDI 合格	降低 COD	杀菌	去除水中余氯	防止膜水解	防垢				
						$CaCO_3$	$CaSO_4$	$BaSO_4$	$SrSO_4$	SiO_2
二次混凝	✓									
细砂过滤	✓									
超滤	✓									
微滤	✓									
浸入式膜[①]（MBR 膜）	✓									
活性炭吸附		✓		✓						
加 $NaHSO_3$				✓						
加次氯酸钠			✓							
加酸调 pH					✓	✓				
软化						✓	✓	✓	✓	

续表

处理单元 \ 处理目的	去除浊度使 SDI 合格	降低 COD	杀菌	去除水中余氯	防止膜水解	防 垢				
						$CaCO_3$	$CaSO_4$	$BaSO_4$	$SrSO_4$	SiO_2
加阻垢剂						√	√	√	√	
加热调温					√					√

① MBR 为膜生物反应器，原定义是将微滤级（或超滤级）膜丝悬挂在污水的生物处理池中，在膜丝表面形成一层高浓度活性污泥层，从中空纤维的膜丝孔中将水抽出来，既起生化作用，又起过滤作用。此处只是利用它的过滤性能，将其浸入被处理水中，通过膜丝将水抽吸出来，达到降低水浊度的目的。

系统 1：地表水处理系统（使用复合膜）

系统 2：地表水处理系统（使用复合膜）

系统 3：地表水处理系统（使用 CA 膜）

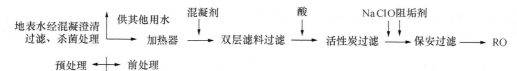

系统 4：地下水处理系统（使用复合膜）

系统 5：海水处理系统（使用复合膜）

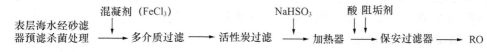

系统 6：地表水使用超（微）滤处理系统（使用复合膜）

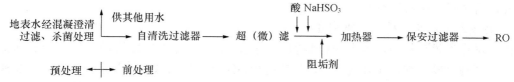

系统 7：低浊度地表水使用超（微）滤处理系统（使用复合膜）

系统 8：海水使用超（微）滤处理系统（使用复合膜）

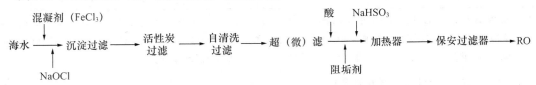

系统 9：自来水使用超（微）滤处理系统（使用复合膜）

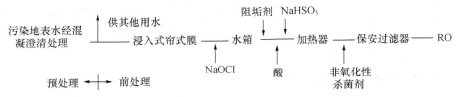

系统 10：污染地表水使用浸入式帘式膜处理系统（使用复合膜）

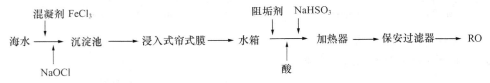

系统 11：海水使用浸入式帘式膜系统（使用复合膜）

图 2-9 常见的反渗透前处理系统举例

说明：（1）使用超（微）滤的系统根据需要可以设或不设活性炭过滤器。

（2）酸和阻垢剂投加位置可以变动。

3. 反渗透前处理中使用的超（微）滤膜

反渗透前处理中使用的超（微）滤膜有二类，一类是柱式（竖式或横式），一类是浸入式；按过滤原理分，有错流过滤和死端过滤（全流过滤）二种。目前常见的柱式超滤膜列于附录八的附表 15 中，常见的浸入式超滤膜列于附录八的附表 16 中。

三、反渗透前处理系统的选择

反渗透前处理系统是由许多处理单元组合而成，所以它的选择是根据处理目的对各个处理单元进行选择，然后进行组合。

1. 去除水中浊度物质，降低 SDI

由于反渗透膜孔径小，水中颗粒状物会产生污堵，因此应尽可能降低反渗透进水的浊度。小浊度测定较困难，而且误差大，目前是用 SDI（淤积指数或污染指数）来表示反渗透进水中浊度物质的多少。反渗透进水的 SDI 值直接与反渗透运行压差以及膜的使用寿命相联系，所以尽可能降低反渗透进水的 SDI 值，是非常重要的。

SDI 值是测量水通过 $0.45\mu m$ 微孔滤膜的速度再通过计算而得，这是一个极为严格的数值，SDI_{15} 的数值范围是 $0\sim6.67$，从理论上讲，通过 $0.45\mu m$ 滤膜水的 SDI 值为 0。

从表 2-15 和图 2-9 中可看出，降低水浊度和 SDI 的方法基本上分为两类，一类是对预处理的出水进行二次混凝和细砂过滤；二是进行超（微）滤，超（微）滤的进水也是经过预处理（混凝澄清过滤）的水。

第一类方法在以前用得较多，它可以将水的 SDI 值降至 4 左右，再进一步降低则很困难。超（微）滤是近年来使用的方法，实际使用表明，它可以将水的 SDI 降至 $2\sim3$，处理效果已远远好于二次混凝和细砂过滤，但是超（微）滤方法也有缺点，一是价格较贵，目前超滤膜与反渗透膜价格相同，二是超（微）滤膜本身污染带来频繁清洗及自用水率较高。

目前工业上使用的超滤膜多是截留分子量 10～20 万的超滤膜，其孔径在 $0.01\sim0.03\mu m$ 之间，从理论上讲，采用小于 $0.45\mu m$ 的微滤膜，也可以达到处理要求，而其价格会低得多，污堵、清洗也会好得多，但目前未见广泛应用。

目前使用的超滤膜元件有两种，一种是柱式，将中空纤维丝放在一个柱式容器内；一种是帘式（见图 2-10），直接将超滤膜丝放在被处理水中，利用抽吸将过滤后的水从膜丝孔中抽出。由于这种膜抗污染能力强，可以直接放入原水（甚至污水）中进行使用，但作为反渗透前处理时，目前较多的仍将其放在经预处理之后的水中使用。超滤对进水水质也有一定要求，见表 2-16。

表 2-16　超滤进水水质指标

项目	指标	
水温（℃）	1～40	
pH 值	2～11	
浊度 NTU	内压	＜50
	外压	＜200

注　浸入式超（微）滤装置对进水浊度的要求，仅要求水中无大颗粒杂质。

柱式膜

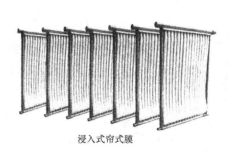

浸入式帘式膜

图 2-10　柱式膜和帘式膜

按照水在超滤元件中的流向，超滤有全流（死端）过滤和错流过滤二种，工业上均有使用。所谓错流过滤是水从膜元件一端进入，另一端流出，在膜表面水以一定流速通过，典型的错流过滤超滤系统如图 2-11 所示。从图中看出，原水经预处理后进入超滤器，产水（过滤水）进入过滤水箱，为减少水的排放，提高水利用率，错流过滤流出的浓水回收进入进水箱循环使用。全流过滤膜面水流速为 0，没有水流速，大多在中小型设备上使用。

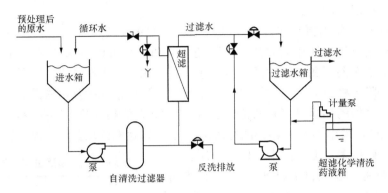

图 2-11　错流过滤超滤系统

超滤的产水除供后续系统使用之外，还兼作超滤自身的清洗用水，一般的运行方式是：超滤每过滤 15～45min 后即反洗 30～60s，超滤每运行若干小时后，进行一次化学加强清洗（50mg/L NaClO 及 pH 值＝2 的酸），除此之外还要定期（如 30～60 天）进行化学清洗。某厂的超滤装置清洗步骤及设计参数见图 2-12。超滤常用的化学清洗药剂见表 2-17。

使用柱式超滤元件时，通常在其前再设置一台自清洗过滤器进行过滤，以减轻超滤的负担。自清洗过滤器是一种可以自动进行反洗的过滤器，过滤精度为 25～3000μm，在超滤前起保护作用的自清洗过滤器过滤精度是 25～200μm。

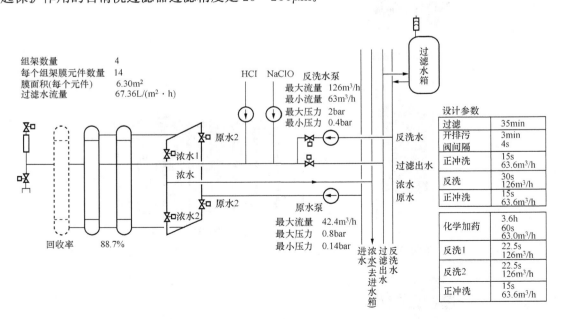

图 2-12　某超滤装置反洗系统及设计参数

表 2 - 17　　　　　　　　　　　　　　　超滤常用的化学清洗剂

污染物质		化学清洗剂	清洗时间与温度
无机污染物	金属氧化物	草酸（0.2%），柠檬酸（1%～3%），EDTA（0.5%），无机酸	
	钙镁水垢	柠檬酸（0.5%），EDTA（0.5%）	
	二氧化硅	NaOH（pH 值＞11）	
有机污染物	脂肪、蛋白、油、多糖、细菌	0.5%～1%NaOH 与 200mg/L 的 Cl_2	30～60min　25～55℃
	DNA	0.1～0.5M 醋酸、草酸、硝酸	30～60min　25～35℃
	脂肪、油、生物高分子、蛋白	0.1%SDS 及 0.1%Tritonx - 100	30min～8h　25～55℃
	细胞碎片、脂肪、油、蛋白	1%蛋白酶，洗涤剂	30min～8h　30～40℃
	DNA	0.5%DNA 酶	30min～8h　30～40℃
	脂肪、油	20%～50%正醇	30～60min　25～50℃

　　自清洗过滤器起过滤作用的是一不锈钢滤网，水中悬浮颗粒在过滤中被截留在不锈钢滤网上，产生压差，当压差上升到一定值时自动进行反洗，运行周期和反洗时间可以人为设定，反洗是利用自身过滤水进行，过程一般持续数十秒钟，冲洗水用量（自用水率）约为 0.2%。

　　自清洗过滤器根据清洗方式分为如下几种：吸污式自清洗过滤器、刷式自清洗过滤器、转臂式自清洗过滤器和刮盘式自清洗过滤器。

　　吸污式自清洗过滤器结构见图 2 - 13（a）。水从进口进入，从里向外通过滤网，颗粒杂质被截留在滤网内表面，当滤饼增多压差达到预定值时，空心丝杆结构和吸污器作螺旋上下移动，吸污器上有若干吸污管从滤网表面吸污，此时排污阀打开，内外压差使水流从滤网外向内冲洗通过吸污管排出，清洗过程大约为 30s，整个过程由程序控制器控制。

　　刷式自清洗过滤器结构见图 2 - 13（b）。水也是从里向外通过滤网，滤网内还安装由电动机带动的不锈钢刷子，当运行压差达到 0.05MPa 时，过滤器端盖上排污阀打开，不锈钢刷子转动，水从外向内将刷下的污物冲走，清洗过程历时约 20s。

　　转臂式自清洗过滤器见图 2 - 13（c）。过滤器内安装多个滤筒，水从内向外流过滤筒，当滤筒内表面污泥增多，压差达到一定值时开始自动反洗，反洗时电机带动冲洗臂与某个滤筒下口相连，并打开排污阀，内外压差使出水侧水从外向内通过滤网将污泥冲走，这样对滤筒进行逐个清洗直至所有滤筒洗净，反洗结束。

　　盘式自清洗过滤器结构见图 2 - 13（d）。水从内向外穿过滤筒，滤筒内有一个带弹簧的清洗圆盘，当需要清洗时，清洗圆盘作上下运动将滤筒内侧的污泥清除下来，由压力的进水将其冲出。

　　相对于超滤来讲，采用二次混凝细砂过滤的方法出水 SDI 较高，一般为 4～5，较难达到 4 以下。当源水为湖水或水库水时，或者高有机物含量时，一般的混凝和过滤方法很难将其 SDI 降至合格，变更混凝剂和添加絮凝剂效果也不显著。此时采用强化混凝的办法可以提高水中有机胶体的去除率，使 SDI 合格。所谓的强化混凝是指强化混凝过程的条件，主要是 pH 值，控制混凝过程水的 pH 值在合适范围，可以改善水中有机胶体的去除效果，达到降低 SDI 的目的。强化混凝时的最佳 pH 值与水中有机胶体种类有关，应通过试验来确定。

　　对于地下水，虽然水的浊度很低，但水中仍含有一定数量的胶体物质（一般最常见的是

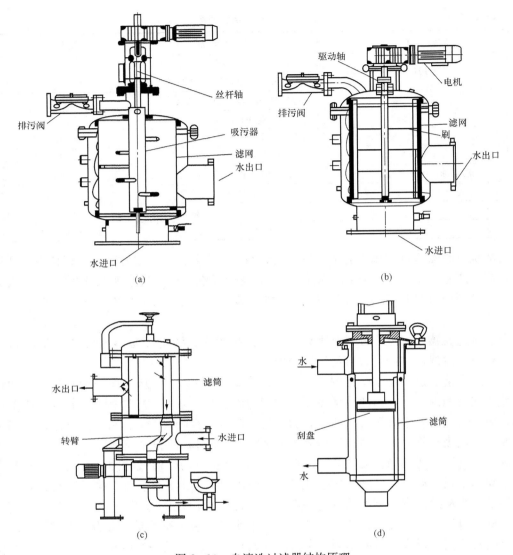

图 2-13　自清洗过滤器结构原理

（a）吸污式自清洗过滤器；（b）刷式自清洗过滤器；（c）转臂式自清洗过滤器；（d）盘式自清洗过滤器

胶体硅），作为反渗透的进水也必须进行处理，采用混凝处理可以使其 SDI 值达到要求。

对海水进行膜法淡化时，对海水必须进行混凝澄清的预处理后才能进入超滤，海水的特征是含盐量高、浊度变化大（尤其是近海地区），对胶体双电层压缩作用强，要选择合适的混凝剂才能达到效果，通常海水混凝推荐的是铁盐混凝剂，首选的是三氯化铁。

2. 降低 COD，减少膜面有机物污染

无论是反渗透膜还是超滤膜，进水中有机物含量高时，都会引起膜面的有机物污染。芳香族聚酰胺复合膜是具有苯环的有机物，带负电荷，水中任何带正电荷的有机物即使在低浓度时，也会被吸附在膜面造成水通量的急剧下降。这些有机物又会使膜面滋生微生物，产生黏泥堵塞膜孔，引起膜压力上升，透水量下降，严重时还会引起脱盐率下降，被生物污染的膜清洗也较困难。

降低进水 COD 是防止膜有机物污染的直接办法，当前水处理中降低 COD 的办法主要是混凝——澄清和吸附处理，混凝澄清可以去除 20%～60%（通常按 40% 计算）的 COD，但需要说明的是，被去除的 COD 主要是水中悬浮态和胶态有机物，水中真正呈溶解态的有机物在混凝澄清过程中去除率极低，甚至为 0。

活性炭吸附可以去除水中部分溶解态有机物，它对水 COD 去除率正常时约 40%～50%，新活性炭使用初期该去除率可达 70%，但末期仅有 20% 左右（见图 2-8）。活性炭使用过程中最大问题是失效后难以再生，再加上吸附容量有限，运行周期不长，造成运行费用较高。

近年开发的一种可再生的丙烯酸系吸附树脂（SD500），它吸附能力与活性炭相当，但可以用 NaCl—NaOH 再生，有很好的应用开发前景。

采用氧化方法来降低进水 COD 也是一个很值得关注的方法，但效果主要与所用的氧化剂的氧化性能有关。由于天然水中有机物多为腐殖质类化合物，分子量大，结构复杂，只有很强的氧化剂才能将其氧化成 CO_2 和水，氧化剂的氧化性能不高时，则往往将其链打断，将大分子有机物氧化成小分子有机物，水的 COD 有时不但不会降低反而会升高。采用氯来氧化水中有机物时，有时就会发生这种情况。其他的氧化方法还有紫外光的光电催化氧化，但工业上尚未广泛应用。

超滤，尤其是反渗透前面采用截留分子量 10 万～20 万的超滤膜，是不能降低水中溶解态有机物的，因为水中天然有机物分子量大部分在 1 万～2 万以下，远小于超滤膜的孔径（见表 2-18），所以水中溶解态有机物大部分会透过超滤膜，随出水带出。超滤膜所能截留的有机物是水中悬浮态和胶态的有机物，由于超滤的进水已经过混凝澄清处理，这部分有机物大部分已在混凝澄清过程中去除，残留量所占有的比例很低，所以超滤对水中有机物去除率很低，甚至为 0（见图 2-14）。那种认为超滤处理可以降低水中有机物，降低 COD，防止反渗透膜有机物污染的观点是错误的。

表 2-18　　　　　　　　天然水中有机物分子量与超滤膜截留分子量比较

天然水水样	目前工业上所用超滤膜截留分子量约为 10 万～20 万								
	水中溶解态有机物分子量及所占%								
	>7 万	5 万～7 万	3 万～5 万	2 万～3 万	1 万～2 万	0.4 万～1 万	0.2 万～0.4 万	0.1 万～0.2 万	<0.1 万
黄浦江（上海）	20.7	0	1.5	10.8	1.5	13.1	0.8	8.4	43.1
蕴藻滨（上海）	10.6	1.6	0	12.7	3.2	14.9	2.7	1.06	53.2
南京某水样	6.38	0	0	13.48	7.8	6.4	2.13	<0.2 万 66.0	
射阳港某水样	5.8	2.5	1.67	11.6	0	13.3	10.8	10.8	43.3

3. 杀菌和降低水的氧化电位

前处理系统的设备、管道中往往会滋生微生物，颗粒状微生物及微生物黏液随水流带入反渗透膜中，除了堵塞膜孔外，微生物在膜面滋生还会造成更大危害，轻则使运行压差上升透水量下降，重则使膜面脱盐层发生不可逆的破坏，脱盐率下降，所以对反渗透进水进行杀菌处理是很必要的。

杀菌通常是向水中添加杀菌剂，杀菌剂分为氧化性杀菌剂和非氧化性杀菌剂二大类，氧化性杀菌剂目前常用的是氯系化合物，主要有氯气、二氧化氯、次氯酸钠和漂白粉。在反渗透前处理中常用的是次氯酸钠，主要因为它是液体，储存、剂量、投加都比较方便。

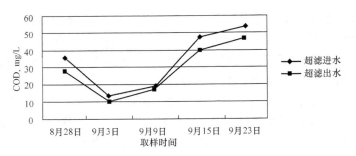

图 2-14　某电厂超滤（加拿大泽能 Zee weed® 500d 膜）进出水 COD 变化

次氯酸钠是连续投加，按反渗透进水水质要求控制水中余氯量。对 CA 膜，控制反渗透进口水中余氯 0.3mg/L（＜1mg/L），可以保证膜面不生长微生物；对于复合膜，控制进水余氯＜0.1mg/L，最好为 0。这主要因为复合膜耐氧化性差，遇到氧化剂时，膜面脱盐后会发生结构改变而失去脱盐性能，比如 FT30 膜与含 1mg/L 余氯的水接触 200h～1000h 即会发生膜的降解（氧化剂会使芳香聚酸胺链断裂）。所以对复合膜来讲，应在其进水前处理系统中加氯杀菌，保持一定的余氯，不让微生物繁殖，但是到达膜进口处时，又要将水中余氯去除，控制膜进口处水的氧化还原电位为＋200（SHE）或略呈还原性，这就要在前处理系统的末端再设置除氯设施。

除氯的方法有两种：活性炭吸附和投加亚硫酸氢钠，活性炭除了能吸附水中有机物外，还能很彻底地吸附水中余氯，活性炭床出口水中余氯基本为 0，所以在复合膜系统中一般都设置有活性炭床。为了进一步确保反渗透进水不具氧化性，还需向保安过滤器进口或出口水中投加还原剂（在出口投加时，还原剂必须经过 5μm 过滤）。常用的还原剂有亚硫酸氢钠、亚硫酸钠、硫代硫酸钠（$Na_2S_2O_3$）、焦亚硫酸钠（$Na_2S_2O_5$）等，原理为

$$Cl_2 + SO_3^{2-} + H_2O \longrightarrow 2Cl^- + SO_4^{2-} + 2H^+$$

焦亚硫酸钠在水中是水解出 SO_3^{2-} 而起还原作用。硫代硫酸钠是早期使用的药剂，每消耗 1mg/L 余氯需投加 20mg/L 硫代硫酸钠（理论量是 0.55mg/L），还要保证 10min 反应时间。由于硫代硫酸钠不具杀菌作用，余氯消除后膜面还会滋生微生物，所以近年硫代硫酸钠被亚硫酸氢钠代替，亚硫酸氢钠不但具有还原作用，而且具有杀菌作用，可以防止膜面细菌生长。亚硫酸氢钠的投加量为余氯浓度的 3～4 倍。

投加亚硫酸氢钠后，要保证药剂与水的充分混合及反应，可以在加药点后设置一台混合器。另外在膜进口处的管道上还应装设氧化还原电位表（ORP），测量膜进水的氧化还原电位，确保膜进口处水的 SHE 电位合格，当发生异常时（水有氧化性）应停掉高压泵，以便保护膜。

在采用超滤作为反渗透前处理时，由于超滤膜多为工程塑料材质（聚砜，聚偏氟乙烯），耐氧化性好，所以加氯点可以在超滤前，以防止超滤膜的微生物污染，但在反渗透进口仍需投加还原剂。

还原剂亚硫酸氢钠在水中溶解后会与空气中的氧发生反应，所以亚硫酸氢钠溶液应在有效期内使用，保存期不应超过有效期（见表 2-19）。

表 2-19　　　　　　　　　　　　亚硫酸氢的溶液保存的有效期

质量百分比浓度（%）	2	10	20	30
有效期	3 天	1 周	1 个月	6 个月

在反渗透前处理系统中，相对于氧化性氯系杀菌剂来讲，使用非氧化性杀菌剂安全和简单得多，但由于非氧化性杀菌剂价格较贵，目前一般多在中小型反渗透系统上使用。

非氧化性杀菌剂是以致毒方式作用于微生物的特殊部位，从而破坏微生物的细胞或其生命关键部位而达到杀菌目的。目前水处理中常用的有如下几类。

氯酚类：一氯酚、双氯酚、三氯酚、五氯酚及五氯酚盐。

季胺盐类：主要有十二烷基二甲基苄基氯化铵（1227）、十六烷基三甲基氯化铵（1631）、十八烷基二甲基苄基氯化铵（1827）、新洁尔灭（溴化十二烷基二甲基苄基胺）等。

季膦盐类：与季胺盐结构相似，如 RP—71 等，应用范围广，适用 pH 值范围宽。

杂环化合物：它是破坏细胞内 DNA 结构而杀死微生物，主要有异噻唑啉酮、聚季噻唑、咪唑啉、三嗪衍生物，吡啶衍生物等，它们杀菌率高，用量低。

有机醛类：如甲醛——丙烯醛共聚物，甲醛、乙二醛等。

其他：氰类化合物，有机锡、铜盐等。

在反渗透中常用的是异噻唑啉酮，又名凯松（kathon），是一种广谱杀菌剂，对藻类、真菌和细菌都有杀灭作用，应用 pH 值范围为 3.5～9.5，用量＞0.5mg/L（正常 1～9mg/L）。

商品异噻唑啉酮中主要含有两种化合物：5—氯—2—甲基—4 异噻唑啉—3 酮和 2—甲基—4 异噻唑啉—3 酮，结构式为

（分子量 149.6）

（分子量 115.16）

商品异噻唑啉酮为淡黄色至浅绿色透明液体，无味或略有气味，与水可以完全混合，含固量大于或等于 1.5%～14%。

在反渗透前处理系统中，非氧化性杀菌剂投加位置应在次氯酸钠后面，投加剂量按说明书要求进行，并注意在使用中调整。

小型反渗透给水常用紫外线进行杀菌，紫外线是由紫外灯管发出的波长为 254mm 的紫外光，照射剂量应大于 25 000μW·s/cm²。

4. 调节 pH 值和防垢处理

对反渗透进水进行 pH 值调节是为了减少膜的水解，延长膜的使用寿命。关于膜进水允许的 pH 值范围，在膜进水水质指标（见表 2-13）中都有说明，CA 膜允许的 pH 值范围较窄（pH 值为 4～6），复合膜允许的 pH 值范围较宽（pH 值为 4～11），调节 pH 值的方法是向水中加入酸（盐酸）和碱。

实际上反渗透进水的 pH 值一般都调节在弱酸性范围（pH 值为 4～7），这非常有利于防止碳酸钙垢的形成。从理论上讲，将水的 pH 值调节到 4.3，由于 HCO_3^- 全部变为 CO_2，则不会形成碳酸钙垢。

　　防止反渗透膜面结垢的办法，除了加酸调节 pH 值外，还有软化和投加阻垢剂方法。对反渗透进水进行钠离子交换处理，可以彻底去除水中结垢的阳离子 Ca^{2+}、Mg^{2+}、Ba^{2+}、Sr^{2+} 等，能有效防止碳酸钙和 $BaSO_4$、$SrSO_4$ 等垢的产生，这方法多用于小型反渗透系统。大型反渗透进水多是用添加阻垢剂的方法来减少膜面结垢。

　　（1）膜面结垢的种类。在反渗透中，进水是含有一定盐分的水，经过膜后获得了纯水，排出的是浓水，如果水回收率是 75%，则浓缩倍率为 4，浓水的浓度则为进水的 4 倍。反渗透进水是经过处理的天然水，水中离子呈溶解状态，经过膜后，发生 4 倍的浓缩，则水中结垢离子浓度有可能超过该物质的溶度积，产生垢析出在膜面上。这种现象主要发生在膜的浓水侧，尤其是浓水侧的末端部位。反渗透中常见的垢有 $CaCO_3$、$CaSO_4$、$BaSO_4$、$SrSO_4$、$BaCO_3$、$SrCO_3$、SiO_2、氢氧化铁等，这些物质的溶度积见表 2-20。

表 2-20　　　　　　　　　　　反渗透中常见的难溶无机化合物溶度积

物质	溶度积	温度（℃）	（−lgK）	物质	溶度积	温度（℃）	（−lgK）
碳酸钙 $CaCO_3$	8.7×10^{-9}	25	8.06	碳酸锶 $SrSO_3$	1.6×10^{-9}	25	8.80
硫酸钙 $CaSO_4$	6.1×10^{-5}	10	4.21	氟化钙 CaF_2	3.95×10^{-11}	26	10.40
硫酸钡 $BaSO_4$	1.08×10^{-10}	25	9.97	氢氧化铁 $Fe(OH)_3$	1.1×10^{-36}	18	35.96
硫酸锶 $SrSO_4$	2.81×10^{-7}	17.4	6.55	碳酸镁 $MgCO_3$	3.5×10^{-8}	25	7.46
碳酸钡 $BaCO_3$	7×10^{-9}	16	8.15	氢氧化镁 $Mg(OH)_2$	1.8×10^{-11}		10.74

　　（2）碳酸钙垢的结垢判断。碳酸钙结垢趋势的判断，可通过朗格利尔指数（Langelier Saturation Index，LSI）和其他有关溶度积资料的计算来进行。在判断海水等高溶解固形物的水结垢趋势时，史蒂夫—戴维斯稳定指数（Stoff and Davis Stability Index，SDSI）更为准确。

　　要防止碳酸钙垢析出，要求朗格利尔指数小于零（浓水），若不能满足，则要采取必要措施，如加酸，加阻垢剂等。若采用加阻垢剂来防止碳酸钙水垢，则朗格利尔指数可放宽至小于 1.0（投加六偏磷酸钠阻垢剂）或小于 1.5（投加聚合物有机阻垢剂）。

　　用于海水淡化的反渗透由于水回收率低（30%～45%），浓缩倍率小，所以相对于苦咸水处理（回收率 75%）来讲，碳酸钙的结垢趋势不会太严重。但若 SDSI 指数不合格，仍需采取必要措施（加酸，投加阻垢剂等）。

$$LSI = pH - pH_s \quad （适用于 TDS < 10\,000mg/L 时） \quad (2-4)$$

$$SDSI = pH - pCa - pA - K \quad （适用于 TDS > 10\,000mg/L 时） \quad (2-5)$$

上两式中　　pH——实际水的 pH 值；

　　　　　　pH_s——水中碳酸钙饱和时的 pH 值；

　　　　　　pCa——水中钙浓度（$mgCaCO_3/L$）的负对数；

　　　　　　pA——水的碱度（$mgCaCO_3/L$）的负对数；

　　　　　　K——系数，和水温及离子强度有关。

　　由于反渗透中水得到浓缩，浓水的 pH 值会高于进水的 pH 值，因此计算上式时需采用浓水的水质，评判是否结垢的方法如下：

$$LSI（SDSI） > 0 会结垢$$

$$LSI（SDSI） \leqslant 0 不会结垢$$

用已知的经验公式可以很方便的计算出 pH_S 和 pH 值。

$$pH_S = (9.3 + a_1 + a_2) - (a_3 + a_4) \tag{2-6}$$

$$pH = \lg\frac{[A]}{[CO_2]} + 6.35 \tag{2-7}$$

$$a_1 = (\lg[TDS] - 1)/10 \tag{2-8}$$

$$a_2 = -13.12 \times \lg(t + 273) + 34.55 \tag{2-9}$$

$$a_3 = \lg[Ca^{2+}] - 0.4 \tag{2-10}$$

$$a_4 = \lg[A] \tag{2-11}$$

上几式中　a_1——与水中溶解固形物（TDS，mg/L）有关的系数；

a_2——与水温度（t，℃）有关的系数；

a_3——与水的钙硬度（mgCaCO$_3$/L）有关的系数；

a_4——与水的碱度（A，mgCaCO$_3$/L）有关的系数。

式（2-7）中各项意义及单位同式（1-34）。

a_1、a_2、a_3、a_4 可由上式计算得出，也可从现成的表中查出（见表 2-21）。K 值可先按下式计算出浓水的离子强度 μ 后，再按图 2-15 求出：

$$\mu = \frac{1}{2}\{[i_1]Z_{i_1}^2 + [i_2]Z_{i_2}^2 + \cdots\} \tag{2-12}$$

式中　$[i_1]$，$[i_2]$——浓水中 i_1，$i_2\cdots$离子浓度，mol/L（C=Na$^+$，Ca^{2+}，Cl$^-$，SO$_4^{2-}\cdots$）

Z_{i_1}，Z_{i_2}——i_1 离子及 i_2 离子价数。

表 2-21　　　　　　　　　　　　计算 pH$_S$ 值的常数

溶解固体 (mg/L)	a_1	温度 (℃)	a_2	钙硬度 (mg CaCO$_3$/L)	a_3	总碱度 (mg CaCO$_3$/L)	a_4
50	0.07	0~2	2.6	10~11	0.6	10~11	1.0
75	0.08	2~6	2.5	12~13	0.7	12~13	1.1
100	0.10	6~9	2.4	14~17	0.8	14~17	1.2
200	0.13	9~14	2.3	18~22	0.9	18~22	1.3
300	0.14	14~17	2.2	23~27	1.0	23~27	1.4
400	0.16	17~22	2.1	28~34	1.1	28~34	1.5
600	0.18	22~27	2.0	35~43	1.2	35~43	1.6
800	0.19	27~32	1.9	44~55	1.3	44~55	1.7
1000	0.20	32~37	1.8	56~69	1.4	56~69	1.8
		37~44	1.7	70~87	1.5	70~87	1.9
		44~51	1.6	88~110	1.6	88~110	2.0
		51~56	1.5	111~138	1.7	111~138	2.1
		56~64	1.4	139~174	1.8	139~174	2.2
		64~72	1.3	175~220	1.9	175~220	2.3
		72~82	1.2	230~270	2.0	230~270	2.4
				280~340	2.1	280~340	2.5
				350~430	2.2	350~430	2.6
				440~550	2.3	440~550	2.7
				560~690	2.4	560~690	2.8
				700~870	2.5	700~870	2.9
				870~1000	2.6	880~1000	3.0

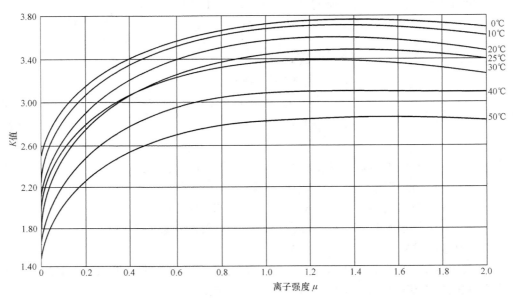

图 2-15　K 值和离子强度与温度的关系

【例题 1】　某反渗透水回收率 70%，进水 pH7.5，［Ca^{2+}］35mgCaCO$_3$/L，碱度 140mgCaCO$_3$/L，总溶解固体（TDS）500mg/L，水温 18℃，若忽略 HCO_3^- 对膜透过率及浓差极化因素，请估算该反渗透浓水侧是否会结碳酸钙垢。

解　该反渗透浓缩倍率＝1/1－70%＝3.33

a_1＝［lg（500×3.33）－1］/10＝0.32

a_2＝－13.12×lg（18＋273.15）＋34.55＝2.22

a_3＝lg（35×3.33）－0.4＝1.67

a_4＝lg（140×3.33）＝2.67

pH_S＝（9.3＋0.32＋2.22）－（1.67＋2.67）＝7.5

为了计算浓水的 pH 值，需要知道浓水中 CO_2 含量。浓水中 CO_2 含量等于进水 CO_2 含量，进水 CO_2 含量可由进水 pH 值及碱度按下式求得：

$$lg［CO_2］＝lg［A］＋6.35－pH＝lg\left(\frac{140}{50}\right)＋6.35－7.5＝\overline{1}.2972$$

浓水的 pH 值：

$$pH＝lg［A_{con}］－lg［CO_2］＋6.35＝lg\left[\frac{140×3.33}{50}\right]－\overline{1}.2972＋6.35＝8.02$$

$$LSI＝pH－pH_S＝8.02－7.5＝0.52$$

由于计算的 LSI 大于 0，该系统会发生结垢现象，可以向水中加酸或投加有机阻垢剂。

（3）$CaSO_4$、$BaSO_4$、$SrSO_4$、CaF_2 垢的结垢判断。对于硫酸钙垢，通常采用硫酸钙溶度积 K_{sp}＝［Ca^{2+}］·［SO_4^{2-}］，当浓水中［Ca^{2+}］和［SO_4^{2-}］浓度乘积大于 $0.8K_{sp}$ 时，预示有可能发生硫酸钙垢，需采取措施，措施包括：降低水回收率、软化、添加阻垢剂等。投加六偏磷酸钠时，［Ca^{2+}］和［SO_4^{2-}］浓度之积可放宽至 $1.5K_{sp}$，投加聚合物有机阻垢剂时，可放宽至 $2K_{sp}$。

　　硫酸钡和硫酸锶水垢也和硫酸钙水垢一样，利用其溶度积 K_{sp} 来判断，浓水中 $[Sr^{2+}]$ 和 $[SO_4^{2-}]$ 之积大于 $0.8K_{sp}$ 时会发生结垢，$[Ba^{2+}]$ 和 $[SO_4^{2-}]$ 乘积大于 $0.8K_{sp}$ 时也会发生结垢，防止措施也与防止 $CaSO_4$ 垢相同。采用添加有机阻垢剂时，$[Sr^{2+}] \cdot [SO_4^{2-}]$ 和 $[Ba^{2+}] \cdot [SO_4^{2-}]$ 均可放宽至 $50K_{sp}$。

　　对 CaF_2 垢，也是当浓水中 $[Ca^{2+}]$ 和 $[F^-]$ 浓度乘积大于 $0.8K_{sp}$ 时会发生结垢，添加阻垢剂可将其放宽至 $50K_{sp}$。

　　对上述结垢判断标准汇总，列于表 2 - 22 中。

表 2 - 22　　　　　　　　$CaSO_4$、$BaSO_4$、$SrSO_4$、CaF_2 垢的结垢判断标准

种　类	未添加阻垢剂	添加三聚磷酸钠	添加有机阻垢剂
浓水中 $[Ca^{2+}]$、$[SO_4^{2-}]$	$0.8K_{sp}$	$1.5K_{sp}$（及 1×10^{-3}）	$2K_{sp}$（或按药剂）说明书取值
浓水中 $[Ba^{2+}]$、$[SO_4^{2-}]$	$0.8K_{sp}$		$50K_{sp}$ 或按药剂说明书取值
浓水中 $[Sr^{2+}]$、$[SO_4^{2-}]$	$0.8K_{sp}$		$50K_{sp}$ 或按药剂说明书取值
浓水中 $[Ca^{2+}]$、$[F^-]^2$	$0.8K_{sp}$	$50K_{sp}$	按药剂说明书取值

　　还要说明的是，结垢物质的 K_{sp} 值除了受温度影响外，还随水的离子强度变化而变化。一般计算可按表 2 - 22 中的值，精确计算还需考虑离子强度影响，首先需按式（2 - 12）计算浓水的离子强度，再按图 2 - 16～图 2 - 19 取值。

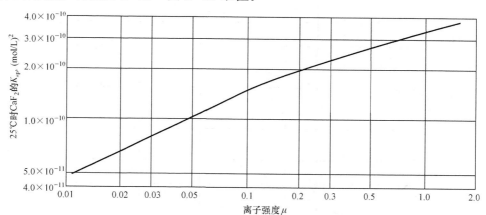

图 2 - 16　25℃时 CaF_2 的 K_{sp} 与离子强度间关系

　　（4）SiO_2 结垢判断。SiO_2 在水中溶解度与温度有关，见图 2 - 20，由于反渗透运行温度一般取 25℃，在 25℃时 SiO_2 在水中溶解度为 120mg/L，为运行安全，运行中反渗透浓水中 SiO_2 浓度应取 100mg/L 作为控制标准。这是指浓水 pH 值为 7 时的值，当浓水 pH 值大于 7 或小于 7 时，SiO_2 在水中溶解度会上升，由图 2 - 20 取得的值再乘以一系数 α。SiO_2 的溶解度与 pH 值的关系见表 2 - 23。

　　SiO_2 不结垢的判断标准是为

$$\alpha \cdot P_{SiO_2} > (SiO_2)_{con} = (SiO_2)_F \frac{1 - y \cdot SP}{1 - y} \qquad (2 - 13)$$

式中　　α——与 pH 值有关的 SiO_2 溶解度系数，见表 2 - 23；

　　　　P_{SiO_2}——由图 2 - 20 取得的 SiO_2 溶解度值，mg/L；

　　$(SiO_2)_{con}$——浓水中 SiO_2 浓度，mg/L；

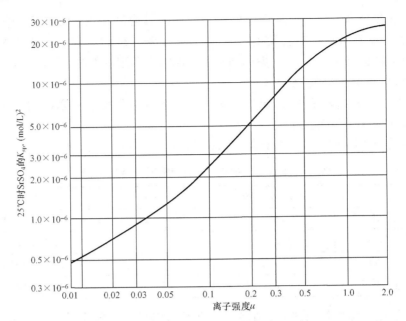

图 2-17　25℃时 SrSO₄ 的 K_{sp} 与离子强度间关系

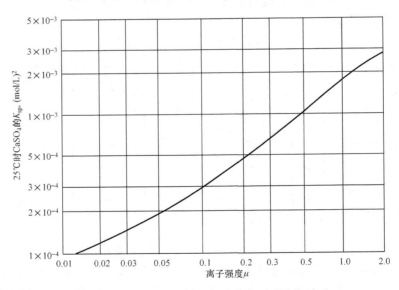

图 2-18　25℃时 CaSO₄ 的 K_{sp} 与离子强度间关系

$(SiO_2)_F$——反渗透给水中 SiO_2 浓度，mg/L；

y——反渗透水回收率，%；

SP——SiO_2 对膜的透过率，可在膜说明书中查找%。

表 2-23　　　　　　　　　　SiO_2 溶解度与 pH 值的关系

pH 值	4	5	5.5	6	6.5	7	7.7	8	8.5	9	9.5	10
α	1.34	1.22	1.17	1.1	1.05	1	1	1.15	1.44	1.95	2.6	3.8

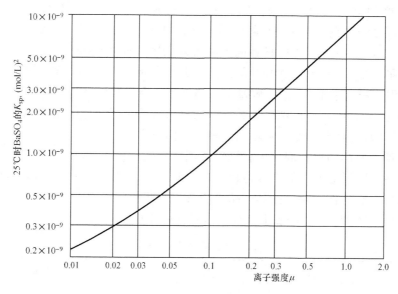

图 2-19 25℃时 BaSO₄ 的 K_{sp} 与离子强度间关系

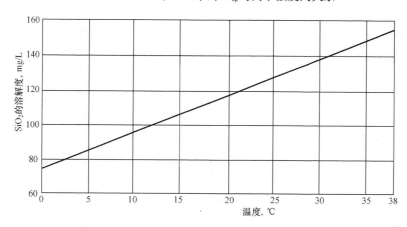

图 2-20 SiO₂ 溶解度与温度的关系

（5）垢的防止。原则上讲，防止反渗透膜膜面结垢的方法有如下几类：

1）降低进水中结垢离子浓度，如软化处理、加酸处理等；

2）提高结垢物质溶解度或过饱和度，如添加阻垢剂，改变温度等；

3）改变反渗透运行条件，如增加浓水排放量，减少水回收率等。

具体工程上是根据水质条件，对可能析出的不同种类垢采取不同措施。首先是对 CaCO₃ 垢进行结垢判断，计算出浓水的 LSI（或 SDSI），判断其结垢趋势并采取相应的处理方法（见表 2-24）。

在确定了防 CaCO₃ 垢的方法后，再依此

表 2-24 浓水结 CaCO₃ 垢与 LSI（SDSI）关系及处理方法

LSI 或 SDSI	处理办法
<−0.2	不会结垢，不处理
−0.2～0.5	添加六偏磷酸钠
0.5～1.8	添加有机阻垢剂
>1.8	加酸（或软化）处理，降至 1.8 后再加有机阻垢剂

处理方法来判断对防止 $CaSO_4$、$BaSO_4$、$SrSO_4$ 等垢是否有效，如无效，则重新审定防 $CaCO_3$ 垢的处理办法，直至对所有结垢物质都能达到有效防止目的。比如，某反渗透计算出的浓水 LSI 为 0.4，按表 2-24 中推荐的方法可以采用添加六偏磷酸钠，但计算 $[Ca^{2+}]$ 和 $[SO_4^{2-}]$ 浓度乘积在 $1.5\sim2K_{sp}$ 之间，故改为添加有机阻垢剂，再核算 $[Ba^{2+}]$、$[Sr^{2+}]$ 与 $[SO_4^{2-}]$ 的乘积，若均小于 $50K_{sp}$，则基本可确定添加有机阻垢剂的处理方法。若按 $CaSO_4$、$BaSO_4$ 或 $SrSO_4$ 溶度积核算仍有不合格时，则要再采取其他办法，这些办法有：软化（或部分软化），选用超标物质的专用阻垢剂，减少水回收率等。

目前反渗透中使用的阻垢剂多为有机阻垢剂，常见品种见表 2-25，以前曾使用三聚磷酸钠，它虽有一定阻垢效果，但因其含磷较多，易引起系统内滋生微生物，近年已不使用。对反渗透阻垢剂种类的选用要根据其产品说明书和长期使用经验，投加量可按产品的说明书中的推荐值，但一般均在 $2\sim4mg/L$（按 8 倍稀释液计）。

表 2-25　　　　　　　　　反渗透常用阻垢剂

品　名	系　列	生产商	备注
三聚磷酸钠 $Na_5P_3O_{10}$ 六偏磷酸钠 $(NaPO_3)_6$			
Flocon	40、100、135、200、260、385	美国大湖化学公司（FMC）	
Hypersperse	MDC120、150、200、220、MSI300	Argo Scientific（美）	
Betz	602、605、606	GE-Betz（美）	
PTP	0100、2000	King Lee Technologies（美）	
Perma Treat	191、391	Housemae（英）	强碱性
Nalco	7295、7306、2843	Nalco	
Tripol	8510、9510	Trisep	
El	4010、5000	Calgon	
AF		BF Good rich	

对于 SiO_2 垢，如浓水中 SiO_2 浓度超过控制标准时，为防止膜面结 SiO_2 垢，可适当提高进水温度，以提高 SiO_2 在水中溶解度，也可以减少水回收率，从而减少浓水中 SiO_2 浓度。另据报道，某些分散剂能将水中 SiO_2 溶解度提高到 $240mg/L$，其作用主要是分散胶体 SiO_2，防止它长大沉积，这属于防止膜面结 SiO_2 垢的专用阻垢剂。

在预处理和前处理系统中降低水中胶体硅和溶解硅浓度，如混凝澄清、镁剂处理、超滤去除胶体硅（与超滤膜截留分子量有关）等方法，都可以减少膜面 SiO_2 垢的生成。

5. 给水加热和保安过滤

水温对反渗透膜的水通量有影响，一般温度上升 1℃，水通量可上升 3%，这主要是温度升高，水黏度降低所致。商品膜给出的水通量是指 25℃ 时的值。膜水通量的温度系数较大，对设计者和使用者都有较大诱惑力，因为稍微提高水温，就可以获得较多的产水。但需要指出的是：水温上升，膜的水解速度加快，膜的强度下降，使膜的使用寿命缩短，脱盐率也会下降。实际控制水温应在最高允许温度之下，一般为 25℃。

给水加热通常使用表面式蒸汽加热器，并对温度进行自动控制。

保安过滤器是保护反渗透设备安全的过滤器，是反渗透进水的最后一道安全屏障，它一般是 5μm 的精密过滤（水中铁、硅、铝较多时可用 1μm 滤芯），安装于反渗透进水高压泵之前，可以滤除水中 5μm 以上的颗粒，保护反渗透不被这些颗粒冲击和划伤。不能将保安过滤器用作滤除水中大量悬浮物和胶体，起降低 SDI 作用的过滤器。保安过滤器属于微孔介质过滤，外壳为不锈钢制成（见图 2-21），其滤元有滤布滤元、烧结滤元和线绕滤元三类，反渗透中常用的是后两种。滤芯为每支长度 10～40in 的滤元，材质多为聚丙烯（pp），喷熔滤芯、折叠滤芯、金属烧结滤芯等。

保安过滤器运行至进出口压差达到一定值时，即表示滤芯污脏需清洗或更换，但目前多采用更换的办法，一次性使用。保安过滤器运行中压差变化规律见图 2-22。

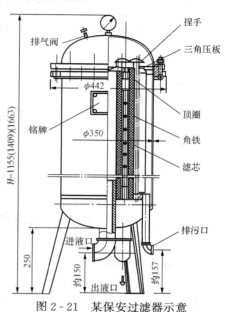

图 2-21 某保安过滤器示意

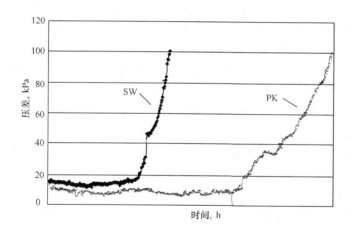

图 2-22 运行中保安过滤器进出口压差变化（PK，SW 为两种不同滤芯）

由于保安过滤器主要是滤芯在起过滤作用，所以选择滤芯非常重要。选择滤芯应尽量选用孔径分布较窄的滤芯，比如标明 5μm 的滤芯，其孔径可能有 3μm，也可能有 8μm，孔径分布情况也反映它对水中微粒的去除效果，比如，某 5μm 滤芯其进出口水中微粒情况列于表 2-26 中。从表中可见，该滤芯对 5μm 以下颗粒有一定去除率，但 5μm 以上颗粒的去除率较高。不同工艺生产出的滤芯，孔径分布不同，可以通过试用决定取舍。

另外，还要注意滤芯泥渣容量的大小，要选用泥渣容量大的。滤芯材质要选用刚性好的材料，因为随着过滤进行，进出口压差增大，弹性大（刚性差）的滤芯孔径会发生变形（孔径变小），在高压差下还会发生击穿现象，即已经被截留的颗粒又穿过滤芯进入给水中。

当然，对非一次性使用的滤芯，其反洗洁净性能也很重要。

表 2 - 26　　　　　　　　　　　　　某 5μm 滤芯进出口水中微粒的变化

粒径（μm）	进水微粒数（个/mL）	出水微粒数（个/mL）	截留率（%）	粒径（μm）	进水微粒数（个/mL）	出水微粒数（个/mL）	截留率（%）
1	97	32	67.0	5	14	2	85.7
2	48	9	81.3	6	8	1	87.5
3	27	6	77.8	7	7	0	100
4	15	3	80	8	19	3	84.2
				总计	235	56	76.2

第四节　凝结水处理及给水和炉水处理系统选择

一、凝结水处理系统的选择

1. 凝结水处理的使用范围

凝结水处理的使用主要与机组参数、锅炉形式、冷却水质、凝汽器管材等情况有关。一般按以下情况选用，特殊情况可以通过技术经济比较后确定。

（1）以海水或苦咸水（含盐量＞2000mg/L）作冷却水的由超高压汽包锅炉供汽的汽轮机组，且凝汽器为铜管时可设凝结水处理装置。担任调峰负荷的超高压机组，可设置供机组启动用的除铁装置，除铁装置不设备用。

（2）由亚临界参数汽包锅炉供汽的汽轮机组，每台机组宜装设一套能处理全部凝结水的除盐装置（即处理量为 100%），不设备用，但设备不少于 2 台。

对 600MW 级汽包炉机组，以海水、苦咸水、再生水冷却的 300MW 亚临界压力机组，或采用加氧处理的亚临界压力汽包炉，凝结水除盐装置应设备用。

（3）由直流锅炉供汽的汽轮机组，每台机组宜装设一套能处理全部凝结水的除盐装置（即处理量为 100%），并设置备用。同时应设置除铁设施，并不少于 2 台。

（4）当机组采用混合式凝汽器的间接空冷系统（海勒式）时，由于汽轮机排汽和冷却水在凝汽器内混合冷凝而带入杂质，所以应对凝结水全部进行除盐处理。此外，还应设置除铁装置。

当机组采用表面式凝汽器的间接空冷系统时，可以仅设除铁装置。

对亚临界压力汽包炉的空冷机组，都应设置以除铁为主并有一定除盐能力的凝结水除盐装置，600MW 及以上机组应设置备用。

2. 常见的凝结水处理系统及其选择

凝结水处理的目的是为了去除系统的腐蚀产物和由凝汽器泄漏而带入的盐类。凝结水处理系统原则上由三部分组成：前置过滤器—除盐装置—后置过滤器。后置过滤器的作用是去除除盐装置漏出的碎树脂，目前多用树脂捕捉器代替；前置过滤器目前使用的有覆盖过滤器、电磁过滤器、阳离子交换器、管式精密过滤器等；除盐装置常用的是体外再生高速混床（按运行方式又分为氢/氢氧型混床、铵型混床），也有采用复床除盐方式的三床式（阳—阴—阳）和三室床（阳—阴—阳），或阳—阴床，还有采用树脂粉末覆盖过滤器等。

凝结水处理系统目前基本上有四种类型。

（1）前置过滤器（除铁用）。

（2）空气擦洗体外再生高速混床（或复床除盐）。

（3）前置过滤器——体外再生高速混床（或复床除盐）。

（4）树脂粉末覆盖过滤器。

凝结水处理系统如果按运行压力分，又可分为低压凝结水处理系统和中压凝结水处理系统两种。低压凝结水处理系统运行压力小于 1.57MPa；中压凝结水处理系统运行压力为 2.45～3.92MPa（设计压力可达 5.0MPa）。中压凝结水处理系统省去了凝结水升压泵及凝结水箱，这对简化热力系统和减小占地面积有利，在亚临界压力以上的机组中采用。

凝结水处理系统与热力系统的连接方式，一般为单元制。当两台机组合用一套凝结水处理系统时，采用扩大单元制，这也包括供机组启动时使用的过滤设备。凝结水处理装置的布置方式目前有四种类型：①过滤及除盐设备布置在汽机房，再生设备在水处理室，再生时树脂来回输送；②过滤、除盐、再生、酸碱剂量设备全部布置在汽机房；③过滤设备布置在汽机房，除盐及再生装置在水处理室；④过滤及除盐设备布置在汽机房，再生装置在汽机房附近的厂房内。这四种布置方式中以②、④为宜，设计时应保证树脂输送管道不宜太长（如小于 200m）。

选用凝结水处理系统时，有以下几个问题需予以说明。

（1）选用凝结水处理系统及设备时，既要考虑满足要求，又要考虑设备少、投资省。比如，无前置过滤的高速空气擦洗混床系统，对一些带基本负荷的亚临界压力汽包炉，已证明是能满足要求的，该系统设备少，投资省，具有一定的优势。该系统如果对启停频繁的机组，可考虑每台机组设置一套前置过滤设备，供启动时用。

（2）由于对给水水质的要求越来越高，国外已提出 $Na^+ < 0.1\mu g/L$，$Cl^- < 0.15\mu g/L$，所以设计凝结水处理系统时应考虑减少树脂的交叉污染、提高混床树脂卸出率（≥99%）、提高树脂再生度、提高出水质量的措施（主要是选择再生装置形式及再生时树脂分离操作，目前采用较多的是高塔分离法和锥体分离法）。

（3）氢/氢氧型混床和铵型混床的选用：氢/氢氧型混床运行周期短，因此对进水含钠量高、中性 pH 值凝结水很适用。若要用于碱性 pH 凝结水，则要防止机组启动时水汽系统中氨量过高。铵型混床运行周期长，适用于碱性 pH 凝结水系统，但由于铵型混床要求树脂再生度高（阳树脂大于 99.5%，阴树脂大于 95%），再生时间长，所以对运行技术水平及再生药剂纯度要求也较高。

直流锅炉和加氧处理的机组不宜采用铵型混床，因其出水水质稍差，宜用氢型混床。

（4）混床中树脂比例的选用：氢/氢氧型混床在 pH 值≥9.1 的高 pH 凝结水处理系统上使用，阳阴树脂比为 2:1；在中性 pH 值凝结水处理系统上使用，阳阴树脂比为 2:3。铵型混床阳阴树脂比一般为 1:1 或 2:3。1:1 主要用于中性 pH 凝结水处理系统、有前置阳床的系统或凝汽器以淡水冷却并有防止泄漏的措施等情况；2:3 主要用于海水冷却、高浓缩倍率的循环水冷却、凝结水系统可能有较多空气漏入的情况，以及凝结水含氨量低（pH 值<9）、凝结水水温高等情况。带有前置阳床的核电站凝结水处理混床，阳阴树脂常用 1:（2～3）的比例。

以空气冷却的凝汽器，要提高混床树脂中阴树脂的比例，最高可达阳阴树脂比为 1:4。

（5）后置过滤器一般采用树脂捕捉器，但也可用其他过滤器，后置过滤器采用孔径小的精密过滤器对防止碎树脂进入锅炉有利。再生装置的排水管道上也应有树脂捕捉器。

（6）混床的再生设备可按两台机组凝结水处理装置共用一套再生设备设计。如果一台机组所设混床超过 3 台，可设专门树脂储存罐并增加备用树脂套数，也可每台机组设一套再生装置。

粉末树脂过滤器铺膜设备宜每台机组一套。

（7）混床树脂用大孔型树脂，中压凝水处理系统用均粒树脂（90％以上的树脂其粒径变化＜±0.1mm）。空冷机组选用的树脂及树脂粉末应有良好耐热性。

（8）凝结水处理系统上要设有 100％流量的旁路管道及可调节的自动旁路阀门，以保证在任何情况下都能送出足够的凝结水，不会影响机炉的运行需要。如当凝结水处理装置运行中压差升高、流量减小时，就要依靠其系统的旁路管道及自动调节的旁路阀门，调节供出的凝结水量。

（9）若采用树脂粉末覆盖过滤器，则可布置在低压加热器和除氧器之间。

（10）凝结水处理中再生用酸碱应采用纯度高的酸碱，碱可用离子膜法生产的碱。

二、炉水和给水处理系统的选择

1. 炉水处理系统的选择

汽包锅炉的炉水一般都采用磷酸盐处理。近年来，为减少磷酸盐暂时消失现象引起的危害，DL/T 805.1—2002 和 DL/T 805.2～4—2004 等标准推荐使用低磷酸盐处理及氢氧化钠处理，所以设计炉水处理系统要保证既有进行磷酸盐处理的设施，又有投加氢氧化钠的条件（即能同时投加两种药液）。

亚临界压力汽包锅炉炉水除了采用磷酸盐处理外，还有采用挥发性处理的可能，此时炉水处理直接使用给水处理设备（投加 NH_3 及 N_2H_4 设备）处理，但磷酸盐处理设备也应予以保留，以便在异常工况时使用。亚临界压力汽包炉也有进行加氧处理的可能，在需要时，也可再增加一套加氧设备。

空冷机组由于没有硬度漏入热力系统的危险，经常使用的是氢氧化钠处理，应设计相应设施。磷酸盐处理设备也可以予以保留。

炉水处理系统用水为除盐水。炉内投加的氢氧化钠最低应为化学纯级药品。

2. 给水处理系统的选择

给水处理一般使用 NH_3—N_2H_4 处理，中压机组可只采用 NH_3 处理，但高压及以上机组都要采用 NH_3—N_2H_4 处理。联氨有毒，投加设备应考虑防护措施，其代用品，如二甲基酮肟、异抗坏血酸、乙醛肟等，目前已不考虑采用。

联氨一般加于除氧器出口，氨可以采用一级加氨（除氧器出口或除盐水母管），也可以采用二级加氨（凝结水处理装置出口和除氧器出口）。二级加氨多用于凝结水处理装置，采用氢/氢氧型混床。给水处理系统用水为除盐水或凝结水。

直流锅炉，特别是超临界压力直流锅炉的水化学工况有三种方式：

（1）全挥发处理，即给水进行 NH_3—N_2H_4 处理；

（2）中性处理，加氧，并用少量氨调节 pH 值为 7～7.5（投加氨和氧）；

（3）联合处理，加氧，用氨调节 pH 值为 8～8.5（投加氨和氧）。

在设计直流锅炉给水处理方式时，三种处理方式都可以考虑采用。采用中性处理和联合处理的基本条件是：给水氢电导率（25℃）小于 0.1～0.2μS/cm；中性处理要求系统无铜；联合处理要求系统无司太立合金（一种钨铬钴的合金）。中性处理和联合处理投加的氧为气态氧，设备很简单，只是一套投加氧气的流量计量装置（包括汇流管，流量调节阀，流量计）和防止水倒入氧气系统及水质恶化时的安全保障装置，高压氧气管（>9.8MPa）要采用铜管，其他可用不锈钢管。加氧位置分为给水加氧和（或）凝结水加氧，给水加氧采用自动加氧，凝结水加氧可采用手动控制，加氧量是根据水流量和含氧量进行调节。

在设计直流锅炉给水中性处理和联合处理时，全挥发处理装置应予以保留，以便在某些情况（如投运初期）和异常工况时（如凝汽器泄漏等），能迅速转变为全挥发处理，提高设备安全性。

要设置专用的热力设备停运保护加药系统，可几台机组共用一套加药设备，该设备包括一台高压力大流量的泵及药箱，用水为除盐水或凝结水，加药点为除氧器出口管（可借用氨、联胺加药管）。目前广泛使用的是成膜胺（纯十八胺）停运保护方法，使用设备是移动式加药装置，在机组停运前将药品加到给水泵进口母管中。

第五节　水处理系统的技术经济比较

前面各节讲述的是如何从技术观点进行水处理系统的选择。在实际设计中，会发现符合技术要求的水处理系统往往不止一个，那么如何对这些水处理系统作最后的选择，其方法就是通过技术经济比较，找出技术先进、运行安全可靠、经济合理的系统。前者称为技术比较，后者称为经济比较。

技术经济比较是水处理系统设计中关键的一步，因为这一步直接决定了将来系统运行的可靠性和经济性。经济性不好的系统，是不能被接受的。

一、技术比较

技术比较是首先从技术上筛选系统，要考虑如下几个方面：

（1）技术上是否先进，是否与当前实际技术水平相适应，换句话说，就是既要先进又不能脱离当时当地的具体技术条件；

（2）出水水质及对机炉安全经济运行的影响；

（3）系统运行可靠性如何；

（4）设备本身的可靠性及维护工作量；

（5）工作条件、劳动强度及安全保障；

（6）设备、材料、药品的供应能否满足；

（7）其他。

根据上述诸方面，对可供选择的系统进行比较，就可以筛去一部分系统。比较时，如果各系统间技术差距较大，筛选则可以很容易地进行，留下一个、二个或三个合乎要求的系统，待进行经济比较后选择其一。应当说明：留下参加经济比较的系统应是技术条件方面基本相似的系统，这主要是指出力相同或相似，出水品质相同或相似，操作条件相当等。技术条件相差悬殊的系统，不能放到经济比较中决定取舍，而应当在技术比较中就决定取舍，否则就有可能得出某些错误的结论。例如补给水处理中的反渗透使用，原来从经济方面考虑，只能在原水含盐量较高（例如 700mg/L 以上）时才使用，在含盐量小于 500～700mg/L

时，还要进行经济比较才能确定，而目前在很多低含盐量原水，甚至高压、超高压机组中都在使用，这主要是技术因素决定的。与离子交换除盐系统相比，膜处理虽然投资费用和膜年更换费用高，但它具有无酸碱排放、操作人员少、自动化程度高、出水有机物含量低等无法比拟的优点。再比如对某些中高压凝汽式机组，从蒸汽品质来看，软化系统和除盐系统都可能合乎要求，其中软化系统经济性好，若让其参加经济比较，则肯定其为首选；但软化系统带来的炉水运行工况却比除盐系统差得多。所以，筛去这些系统方案不应通过经济比较的办法，而应在技术比较中就决定取舍。

技术比较一般可以和系统选择一起进行。

二、经济比较

工程设计必须考虑经济性，经济性的好坏要通过对各种经济指标进行计算和比较才能看出。

1. 经济指标的计算

经济指标包括投资费用和年运行费用两部分。投资费用是以最大出力（最不利情况）时确定的系统设备进行计算；年运行费用是按平均水质、正常出力和年运行 7000h 进行计算。在进行经济比较时，由于还没有编制所有系统的概算，所以可采取简化方式进行比较。

投资费用包括：水处理设备费、管道费、树脂等材料费、仪表及自动化设备费、土建费、安装费等。年运行费用包括：药品费、水费、电费、热费、树脂等材料损耗费、设备土建折旧费、人工费等。这两部分费用可按表 2-27 中各项逐项进行计算。

表 2-27　　　　　　　　　　　　　经 济 指 标 计 算

项　目		说　明	方案 I		方案 II	
			费用（万元）	%	费用（万元）	%
投资费用	土建费	包括厂房及各种混凝土设施（如水箱等）				
	设备及安装费 设备费	按设备明细表逐项计算				
	设备安装费					
	管道及其安装费					
	运杂费及不可预见费					
	树脂及填料费 膜及树脂费	按设计数量计算				
	填料费	按设计数量计算				
	树脂备用费	以树脂用量20%计				
	填料备用费	以填料用量20%计				
	运杂费					
	仪表及自动化设备费	按设计逐项计算				
	其他					
	总投资费 K	上述各项之和				
	单价（元/m³ 水）	K÷系统设计出力				

续表

项 目		说 明	方案 I		方案 II	
			费用（万元）	%	费用（万元）	%
年运行费用	药品费	按酸、碱、盐等年耗量计算				
	水费	按处理水量加自用水量计算				
	热费	按年耗热量计算				
	电费					
	树脂补充费，膜更换费	按规定取值计算				
	折旧维修费	按规定取值计算				
	人工费	按计划的定员数计算				
	其他					
	年总运行费 S	上述各项之和				
	单位（元/m³ 水）	$S \div$ 正常出力下年制水量				

对表 2-27 中还有一些问题予以说明。

（1）费用的计算方法及其价格可参照《电力工程概算指标》中有关规定进行。

（2）为了简化某些费用的计算，本设计中：

设备安装费可按下列数据近似取值，软化系统为设备费的 5%～10%，除盐系统为设备费的 10%～15%；

管道费及管道安装费可近似取设备费及设备安装费总和的 13%；

设备及安装费中的运杂费和不可预见费可按管道及其安装费的 13% 取值；

膜、树脂及填料的运杂费可按其备用量费用的 8% 取值。

（3）运行中树脂和膜耗损补充费，可按下列年损耗率取值计算：

固定床系统：磺化煤 10%，强酸阳树脂 5%，强碱阴树脂 10%～15%；

移动床系统：强酸阳树脂 15%，强碱阴树脂 30%；

凝结水处理：强酸阳树脂 5%，强碱阴树脂 10%。

膜处理时各种膜：按三年更换一次计算。

（4）折旧维修费按表 2-28 中的规定取值。

表 2-28 折 旧 维 修 费

项 目	使用年限（年）	残值（%）	折旧率（%）			维修及小修率（%）	折旧维修率（%）
			基本折旧	大修折旧	年折旧		
房屋、砖石、混凝土结构	40	4	2.4	1.0	3.4	1.6	5
发电及供热设备	25	5	3.8	2.0	5.8	2.2	8
用电设备	15	5	6.3	2.0	8.3		

（5）电费包括照明用电、电热用电、电动机用电等。对连续工作的电动机，负荷系数取 0.75，不经常工作的电动机及其他用电设备可不予计入。照明设备可近似取 $10W/m^2$，平均照明时间，一般取每天 10h，用时率取 80%。

2. 经济指标的比较

经济指标的比较即将参加比较的诸系统，计算出各自的投资费用和年运行费用进行比较。比较的方法有两种。

（1）直接比较法。如有两个方案进行经济比较的系统，第一个方案的投资费用 K_1、年运行费用 S_1，第二个方案的投资费用 K_2、年运行费用 S_2，如果 $K_1 < K_2$、$S_1 < S_2$，显然第一个方案经济上优越，可以将第二个方案淘汰。

进行直接比较的项目，除了上述的投资费用和年运行费用之外，有时还有一些参考项目，如主要材料（钢材、水泥、树脂、占用土地等）的耗用量等。

（2）综合指标比较法。如果上述两个方案比较结果是 $K_1 < K_2$、$S_1 > S_2$，或者 $K_1 > K_2$、$S_1 < S_2$，则此时就不能利用上面的直接比较法，而要设计一个综合指标，来反应各方案不同投资费用和运行费用所带来的经济效益，作为相互比较的依据。这就是综合指标比较法。综合指标比较法有以下几种。

1）偿还年限法（或折返年限法）。该方法是指当 $K_1 > K_2$，且 $S_1 < S_2$ 时，第一方案追加的投资值（$K_1 - K_2$）可以用运行费用节省带来的收益（$S_2 - S_1$）来偿还，其偿还年限 T 为

$$T = \left| \frac{K_1 - K_2}{S_2 - S_1} \right| = \frac{\Delta K}{\Delta S} \ 年 \tag{2-14}$$

将 T 值与国家规定的标准偿还年限 T_b 相比：

$T < T_b$，取投资费用大、运行费用低的方案；

$T > T_b$，取投资费用小、运行费用高的方案；

$T = T_b$，两个方案经济效益相当，再从其他指标进行比较，决定取舍。

T_b 值目前尚无统一规定，不同行业所用 T_b 值也不同，水处理设计中常用的 T_b 值是 6～7 年。

2）回收系数法。回收系数是指第一方案追加投资值（$K_1 - K_2$）用所带来的经济收益（$S_2 - S_1$）偿还时，每年可以偿还的分率，所以回收系数 E 为偿还年限 T 的倒数，即

$$E = \left| \frac{S_2 - S_1}{K_1 - K_2} \right| = \frac{\Delta S}{\Delta K} = \frac{1}{T} \tag{2-15}$$

将求得的 E 与国家规定的标准回收系数 E_b 相比：

$E > E_b$，取投资费用大、运行费用低的方案；

$E < E_b$，取投资费用小、运行费用高的方案；

$E = E_b$，两方案经济效益相当，再从其他指标进行比较，决定取舍。

E_b 值目前也无统一规定，水处理设计中常用的 E_b 值是 0.15。

3）折算费用法。为了更直观地比较方案的优越性，可将投资费及年运行费按一定比例进行折算，直接比较各方案的折算费用，低者为经济上优越者。年折算费用 W 为

$$W = S + E_b K \quad 万元 / 年 \tag{2-16}$$

或
$$W = K + S T_b \quad 万元 \tag{2-17}$$

（3）分期建设时的系统方案经济比较。分期建设的情况比较复杂，分期建设有的采取二期建成，有的采取三期建成，也有的先建成后投产（机炉扩建不同步），还有的分期建设分期投产（机炉扩建同步），以至部分先建成后投产，所以其方案的经济比较也应分不同情况进行。一般的做法是：将费用换算到某一指定年份，然后再进行比较。

先以最简单的二期分期施工、分期投产为例，说明其经济比较方法。

首先计算年折算费用 W：

$$W = (K_1 + \beta K_1') + S'T_b$$

$$\beta = \frac{1}{(1+E_b)^t}$$

$$S' = \frac{S_1 t + S'_1 T_b}{t + T_b}$$

上三式中　　K_1——一期建设时的投资额；

K'_1——二期建设时的投资额；

β——二期投资的远期折算系数；

S'——二期工程建成投产后的年均运行费用；

S_1——一期建成投产后年运行费用；

S'_1——二期建成投产后年运行费用；

t——一期与二期投资间的间隔年限。

所以　　　　　　$$W = \left[K_1 + \frac{K'_1}{(1+E_b)^t} \right] + \frac{S_1 t + S'_1 T_b}{t + T_b} T_b \qquad (2-18)$$

这样，对不同系统方案的年折算费用 W 进行比较，W 值低的为经济上优越者。

第三章　水处理系统工艺计算及设备选择

水处理系统的工艺计算是对所选定的系统，通过工艺计算来确定各种设备的数量、规格、尺寸及其主要的运行参数。本章先以常见的混凝—澄清—过滤—活性炭吸附——级复床除盐—混床系统为例，介绍工艺计算的步骤和设备选择的原则。再对带有弱型树脂的除盐系统、膜处理系统、凝结水处理系统等作以介绍。

第一节　离子交换补给水处理系统工艺计算

补给水处理系统的工艺计算，一般顺序是由后向前逐级进行，即先计算混床，再计算阴床、除 CO_2 器、阳床、活性炭床、过滤设备、澄清设备。采用这样的计算顺序原因有两方面：一是根据锅炉类型确定的补给水水质和水量是指补给水处理系统最后一级出水；二是因为补给水处理系统各级都有自用水，自用水量要由前一级设备提供，不计算后一级，前一级就无法计算。当然，这并不排除在某些特殊情况下（如已知总的自用水率等）从前向后进行计算，虽然带来一些误差，但还是在允许的范围之内。

每一级设备的工艺计算顺序是：计算需要的出力，根据出力和允许流速选择设备规格和台数，核算运行周期，再计算自用水量及药剂耗量。

补给水处理系统的工艺计算及设备选择一般有如下原则。

（1）水处理系统设计出力（设备最大供水量），应能满足发电厂正常汽水损失和因机组启动或事故而需增加的汽水损失量之和，各种药品耗量则按正常供水量计算。

（2）设计水质是采用有代表性的年平均水质进行工艺计算，再以年最差水质对系统设备台数和运行周期进行校核，要保证在最不利的条件下，设计的系统也能满足发电厂正常生产的要求。

（3）澄清池（器）设计不宜少于两台，对凝汽式电厂在有一台检修时，其余的澄清池（器）应能保证正常供水量（不考虑启动用水）。对热电厂澄清池（器）检修可考虑在机组低负荷时进行。若澄清池（器）只用于短期悬浮物含量高的季节性处理时，可只设一台，但应有旁路及接触混凝设施。每台澄清池应单独设置流量测量仪表。

对原水温度较低的北方地区，澄清池进水应设进水加热器，对温度进行自动调节，并监控澄清池内各点的温差。对设有进水加热器的澄清池，进水管上还应有空气分离器。

（4）过滤器（池）设计不应少于两台（格），当有一台（格）检修时，其余过滤器（池）应能保证在正常供水量时滤速不超过规定值的上限。每昼夜每台反洗次数宜按 1～2 次安排。

（5）一级除盐的各类离子交换器设计台数不宜少于两台，其计算出力应包括系统中自用水量。正常再生次数按每台每昼夜 1～2 次考虑。当采用程序控制时，可按 2～3 次考虑。

除盐设备可不设检修备用，当一台（套）检修时，其余设备应能满足全厂正常补给水量的需要。再生时需要的水量，对凝汽式电厂，可由除盐水箱储存，因此设备出力要包括再生时需要的供水量；对向外供热的电厂，当水处理设备出力较小时，可同凝汽式电厂一样设置足够容积的除盐水箱储存再生时需要水量，当水处理设备出力较大时，应设置再生备用设备。

（6）当进水中强、弱酸阴离子浓度变化较大时，以及交换器台数较多时，一级除盐系统可设计为母管制。其余情况可设计为单元制，单元制系统控制简单、自动化程度高，母管制系统中当每种交换器达到 6 台及以上时，可设计为分组母管制。

（7）母管制并联系统的除 CO_2 器，在电厂最终建成时，不应少于两台。当一台设备检修时，其余设备应能满足正常补给水量的要求。单元制串联系统每套设备设除 CO_2 器一台。进水碱度<0.5mmol/L 时，或预处理系统中采用石灰处理时，可不设除 CO_2 器。

大气式除 CO_2 器由室外吸风时，风机吸入口应有除尘装置，除 CO_2 器出风口宜有气水分离装置。

（8）离子交换设备运行及再生时技术数据参阅附录二。

（9）化学除盐系统应考虑交换器检修时装卸与存放树脂设施。双室交换器和浮动床应设阴阳树脂清洗罐各一台，无垫层交换器及混床出口设树脂捕捉器，树脂捕捉器上有反冲洗水管。

一、补给水处理系统出力的计算

补给水处理系统出力的计算见表 3-1。

二、补给水处理混床的计算

补给水处理混床的计算（以体内再生混床为例），列于表 3-2 中。

三、强碱阴交换器的计算

强碱阴交换器的计算见表 3-3。

表 3-1　　　　　　　　　　离子交换补给水处理系统出力的计算

序号	计 算 项 目		公　　式	采用数据	结果	说　　明
1	系统正常供水量 （m³/h）		$Q'_n = D_1 + D_3 + D_4 + D_5 + D_6 + D_7 + D_p$			见式（1-20）
2	系统最大供水量 （m³/h）		$Q'_{max} = D_1 + D_2 + D_3 + D_4 + D_5 + D_6 + D_7 + D_p$			见式（1-21）
3	水处理系统出力 （m³/h）	正常	$Q_n = \dfrac{24}{20} Q'_n a$	自用水全部逐级自供时，$a=1$；部分集中供应时，$a=1.1\sim1.2$，待计算完毕后再返校		交换器不设再生备用时，按每天再生时间 4h 考虑；有再生备用时，$\dfrac{24}{20}$ 一项取消凝结水处理系统自用水也包括在补给水系统出力之内
		最大	$Q_{max} = Q_n + D_2$			

表 3-2　　　　　　　　　　体内再生混床的计算

序号	计 算 项 目		公　　式	采用数据	结果	说　　明
1	总工作面积 （m²）	正常	$A_n = \dfrac{Q_n}{v}$	v 取 40～60m/h		
		最大	$A_{max} = \dfrac{Q_{max}}{v}$			

续表

序号	计算项目		公式	采用数据	结果	说明
2	选择混床台数	正常	$n_n^M = \dfrac{A_n}{A_1} = \dfrac{4A_n}{\pi d^2}$	n 取整数 $n_{max}^M \geqslant n_n^M + 1$		A_1, d—所选用的混床截面积和直径，可根据产品手册选用，m^2，m
		最大	$n_{max}^M = \dfrac{A_{max}}{A_1} = \dfrac{4A_{max}}{\pi d^2}$			
3	校验实际运行流速（m/h）	正常	$v_n = \dfrac{Q_n}{A_1 n_n^M}$			v 不得大于 60m/h。此时，n_{max}^M 为所选用的混床台数（一般不设再生备用，如有再生备用，混床台数为 n_{max}^M＋备用台数）
		最大	$v_{max} = \dfrac{Q_{max}}{A_1 n_{max}^M}$			
4	混床内树脂体积（m³/台）	阳树脂	$V_{RC} = A_1 h_{RC}$			h_{RC}, h_{RA}—混床中阳树脂和阴树脂高度，可按设备设计值选用
		阴树脂	$V_{RA} = A_1 h_{RA}$			
5	混床周期制水时间（h）		$T = \dfrac{(V_{RC} + V_{RA}) \times 8000}{\dfrac{Q_n}{n_n^M}}$	8000 是每立方米树脂周期制水量经验值（m³/m³）		也可按工作交换容量计算，阳树脂可取 800mol/m³，阴树脂取 250mol/m³，进水离子浓度取 0.05～0.1mmol/L。如 T 计算值太大，也可取 T 为 336h（2 周）
6	再生时用酸量 [kg/（台·次）]	100%酸	$m_{a,p} = V_{RC} g$	g 取 75kg/m³ 树脂		也可按酸耗 100～150g/mol 计算
		工业酸	$m_{a,i} = m_{a,p} \dfrac{1}{\varepsilon}$	盐酸 $\varepsilon = 31\%$		ε—工业盐酸浓度，%
		再生酸液	$m_{a,r} = m_{a,p} \dfrac{1}{c}$	c 取 5%		c—再生酸液浓度，%
		稀释用水（m³）	$V_a = \dfrac{m_{a,r} - m_{a,i}}{1000}$			
		进酸时间（min）	$t_a = \dfrac{60 m_{a,r}}{1000 A_1 v_a \rho}$	v_a 取 5m/h		v_a—进酸流速，m/h；ρ—再生酸液密度，g/cm³
7	再生时用碱量 [kg/（台·次）]	100%碱	$m_{s,p} = V_{RA} g$	g 取 70kg/m³ 树脂		也可按碱耗 200～250g/mol 计算
		工业碱	$m_{s,i} = m_{s,p} \dfrac{1}{\varepsilon}$	工业碱液 $\varepsilon = 30\%$		ε—工业碱（纯）浓度，%
		再生用碱液	$m_{s,r} = m_{s,p} \dfrac{1}{c}$	c 取 4%		c—再生碱液浓度，%
		稀释用水（m³）	$V_s = \dfrac{m_{s,r} - m_{s,i}}{1000}$			
		进碱时间（min）	$t_s = \dfrac{60 m_{s,r}}{1000 A_1 v_s \rho}$	v_s 取 5m/h		v_s—再生碱液流速，m/h；ρ—再生碱液密度，g/cm³

续表

序号	计　算　项　目		公　　式	采用数据	结果	说　　明
8	再生时自用水量 [m³/(台·次)]	反洗用水	$V_b = \dfrac{vA_1t}{60}$	v 取 10m/h, t 取 15min		v—反洗流速，m/h; t—反洗时间，min
		置换用水	$V_d = (V_{RC} + V_{RA})\alpha_d$	α_d 取 2m³/m³		α_d—置换时水的比耗，m³/m³
		正洗用水	$V_f = V_{RC}\alpha_c + V_{RA}\alpha_a$	α_c 取 6m³/m³, α_a 取 12m³/m³		α_c—阳树脂正洗水比耗，m³/m³; α_a—阴树脂正洗水比耗，m³/m³
		部分集中供应自用水	例如：$V_2 = V_s + V_a + V_d + V_b$			根据集中供应自用水的范围决定
		总自用水	例如：$V_t = V_f + V_d + V_b + V_s + V_a$			
9	再生用压缩空气量 [m³/(台·次)]		$V_{ai}^M = qA_1t$	q 取 2~3m³/(m²·min)，t 取 0.5~1min		q—树脂混合用压缩空气比耗，m³/(m²·min); t—混合时间，min 压缩空气压力为 0.1~0.15MPa
10	每天耗工业酸量 (t)		$m_a^M = 24\dfrac{m_{a,i}n_n^M}{1000T}$			
11	每天耗工业碱量 (t)		$m_s^M = 24\dfrac{m_{s,i}n_n^M}{1000T}$			
12	年耗酸量 (t)		$m_{a,a}^M = m_a^M \times \dfrac{7000}{24}$			以年运行 7000h 计
13	年耗碱量 (t)		$m_{s,a}^M = m_s^M \times \dfrac{7000}{24}$			以年运行 7000h 计
14	每小时自用水量 (m³/h)	由前级提供自用水	例如：$V_1^M = \dfrac{V_f}{T}n_n^M$			根据集中自用水供应范围来确定
		集中供应自用水	例如：$V_2^M = \dfrac{V_2}{T}n_n^M$			
		总自用水	$V_t^M = \dfrac{V_t}{T}n_n^M$			

表 3-3　　　　　　　　　　　　　　　　强碱阴交换器的计算

序号	计　算　项　目		公　　式	采用数据	结果	说　　明
1	阴床设计出力 (m³/h)	正常	$Q_n^A = Q_n + V_1^M$（或 V_t^M）			根据自用水集中供应范围确定
		最大	$Q_{max}^A = Q_{max} + V_1^M$（或 V_t^M）			

续表

序号	计 算 项 目		公　式	采用数据	结果	说　明
2	总工作面积（m²）	正常	$A_n = \dfrac{Q_n^A}{v}$	流速 v 按附录二中推荐值选用		
		最大	$A_{max} = \dfrac{Q_{max}^A}{v}$			
3	选择阴交换器运行台数	正常	$n_n^A = \dfrac{A_n}{A_1} = \dfrac{4A_n}{\pi d^2}$	n 为整数，一般选用 n_{max}^A $\geqslant n_n^A + 1$		A_1，d—选用的阴床截面积和直径，m²，m
		最大	$n_{max}^A = \dfrac{A_{max}}{A_1} = \dfrac{4A_{max}}{\pi d^2}$			
4	校验实际运行流速（m/h）	正常	$v_n = \dfrac{Q_n^A}{A_1 n_n^A}$			流速不能超过规定值。此时，n_{max}^A 为确定的阴床台数（一般 $n_{max}^A > n_n^A$ 时，不设再生备用，如设再生备用，阴床台数为 $n_{max}^A +$ 备用台数）
		最大	$v_{max} = \dfrac{Q_{max}^A}{A_1 n_{max}^A}$			
5	进水中阴离子含量（mmol/L）	强酸阴离子	$\sum A_s = [SO_4^{2-}] + [Cl^-] + [NO_3^-] \cdots + D_N$	D_N 可取 0.35mmol/L，或根据试验决定		D_N—由混凝剂带入的强酸阴离子量，mmol/L $[SO_4^{2-}]$，$[Cl^-]$ …为原水中相应离子浓度 $\left[mmol/L \left(C = \dfrac{1}{2}SO_4^{2-}, \right. \right.$ $Cl^- \cdots \left. \left. \right) \right]$
		弱酸阴离子	$\sum A_w = \dfrac{CO_2}{44} + \dfrac{SiO_2}{60}$	脱 CO₂ 器出口 CO₂ 取 5mg/L		SiO_2 为进水中可溶性 SiO_2 含量（mg/L）当系统中有石灰处理及预脱盐时，应按阳床进水水质取值
		总阴离子	$\sum A = \sum A_s + \sum A_w$			
6	一台阴床内树脂体积（m³）		$V_{RA} = A_1 h_{RA}$			h_{RA}—阴床树脂装载高度，m
7	正常出力时周期制水时间（h）		$T = \dfrac{V_{RA} E_A}{\dfrac{Q_n^A}{n_n^A} \sum A}$			E_A—阴树脂工作交换容量，mol/m³ 如设计为单元制，则要保证阴床运行周期比阳床富裕 10%～15%
8	正常出力时每台每昼夜再生次数		$R = \dfrac{24}{T}$			R 不得超过规定值
9	每台再生用碱量 [kg/(台·次)]	100%碱	$m_{s,p} = \dfrac{V_{RA} E_A g_A}{1000}$			g_A—阴树脂再生碱耗，g/mol
		工业碱	$m_{s,i} = m_{s,p} \dfrac{1}{\varepsilon}$	工业碱液 $\varepsilon = 30\%$		ε—工业碱浓（纯）度，%
		再生用碱液	$m_{s,r} = m_{s,p} \dfrac{1}{c}$			c—再生碱液浓度，%

序号	计 算 项 目		公　　式	采用数据	结果	说　　明
9	每台再生用碱量 [kg/(台·次)]	稀释用水 (m³)	$V_s = (m_{s,r} - m_{s,i}) \dfrac{1}{1000}$			v—再生碱液流速，m/h ρ—再生碱液密度，g/cm³
		进碱时间 (min)	$t_s = \dfrac{60 m_{s,r}}{1000 A_1 v \rho}$			
10	每台再生用水量 [m³/(台·次)]	小反洗 (反洗) 用水	$V_b = \dfrac{v A_1 t}{60}$			v—反洗水流速，m/h t—反洗时间，min
		置换用水	$V_d = \dfrac{v A_1 t}{60}$			v—置换水流速，m/h t—置换时间，min
		小正洗 用水	$V_{fl} = \dfrac{v A_1 t}{60}$			v—小正洗流速，m/h t—小正洗时间，min
		正洗用水	$V_f = V_{RA} \alpha_A$			α_A—阴树脂正洗水比耗，m³/m³
		集中供应 自用水	例如： $V_2 = V_s + V_d + V_b$			根据集中自用水供应范围确定
		总自用水	$V_t = V_s + V_b + V_d + V_{fl} + V_f$			
11	每台再生用压缩空气量 [m³/(台·次)]		$V_{ai}^A = q A_1 t_s$	q 为 0.2～ 0.3m³/ (m²· min)		q—逆流再生顶压用压缩空气量，m³/ (m²·min) t_s—顶压时间，min 压缩空气压力 0.03～0.05MPa
12	每天耗碱量 (t)		$m_s^A = \dfrac{m_{s,i} R n_n^A}{1000}$			
13	年耗碱量 (t)		$m_{s,a}^A = m_s^A \times \dfrac{7000}{24}$			以年运行 7000h 计
14	每小时自用水量 (m³/h)	由前级供的自用水	例如： $V_1^A = \dfrac{(V_f + V_{fl}) R n_n^A}{24}$			根据自用水集中供应范围确定
		由集中供应的自用水	例如： $V_2^A = \dfrac{V_2 R n_n^A}{24}$			
		总自用水	$V_t^A = \dfrac{V_t R n_n^A}{24}$			

四、除 CO₂ 器的计算

除 CO_2 器设计方法有两种：一种是根据处理水量和水质逐项进行设备尺寸的设计计算；另一种是根据已定型生产的系列设备进行选择。一般情况可按第二种方法进行设计，某些情况需按第一种方法进行设计，其设计方法可参考有关书籍。

除 CO_2 器有大气式除 CO_2 器和真空式除 CO_2 器两种。大气式除 CO_2 器由室外吸风时，吸风口应有滤尘装置，除 CO_2 器排风口应有汽水分离装置。除 CO_2 器中填料有拉西瓷环、多面空心塑料球、鲍尔环等多种。常用的各种填料技术性能见表 3-4。

表 3-4　　　　　　　　　　　　　　　除 CO_2 器常用填料技术性能

名　　称	规　　格 (mm)	填料个数 （只/m³）	密　　度 （kg/m³）	空隙率 （m³/m³）	比表面积 （m²/m³）
拉西瓷环	25×25×3	排列时　52300	532	0.74	204
	25×25×2.5	乱堆　49000		0.78	190
鲍尔环	$\phi 25$	53500	101	0.87	194
	$\phi 38$	15800	98	0.89	155
	$\phi 50$	7000	87.5	0.90	106.4
多面空心塑料球	$\phi 25$	85000	145（180）	0.84	460（500）
	$\phi 50$	11500	105（95）	0.90	236（220）
阶梯环	$\phi 25$	81500	97.8	0.90	228
	$\phi 50$	9980	76.8	0.915	121.8

1. 除 CO_2 器设备出力

正常出力 $\qquad\qquad Q_n^D = Q_n^A + V_1^A（或 V_t^A）\quad m^3/h$

最大出力 $\qquad\qquad Q_{max}^D = Q_{max}^A + V_1^A（或 V_t^A）\quad m^3/h$

2. 除 CO_2 器台数选择

对单元制系统，每套系统设除 CO_2 器 1 台，则水处理系统中除 CO_2 器总台数与阴交换器台数相等，即 $n_{max}^D = n_{max}^A$，每台出力为

$$Q \geqslant \frac{Q_{max}^D}{n_{max}^D}\quad m^3/h$$

此时 n_{max}^D 为所确定的台数。

对母管制系统，选择台数 n_{max}^D 不少于 2 台，每台出力为

$$Q \geqslant \frac{Q_{max}^D}{n_{max}^D}\quad m^3/h$$

且满足 $Q(n_{max}^D - 1) \geqslant Q_n^D$。

3. 校验除 CO_2 器喷淋密度

$$q = \frac{Q}{A_1} = \frac{4Q}{\pi d^2}$$

式中　q——喷淋密度，$m^3/(m^2 \cdot h)$；

$\quad A_1$——选择的除 CO_2 器截面积，m^2；

$\quad d$——选择的除 CO_2 器直径，m。

对大气式除 CO_2 器，q 应小于或等于 $60 m^3/(m^2 \cdot h)$；对真空式除 CO_2 器，q 小于或等于 $40 \sim 60 m^3/(m^2 \cdot h)$。

4. 除 CO_2 器进出水中 CO_2 的计算

进水中 CO_2

$$c_1 = 44[HCO_3^-] + 22[CO_3^{2-}] + [CO_2] \quad mg/L$$

式中 $[HCO_3^-]$，$[CO_3^{2-}]$——阳床进水中相应物质浓度，mmol/L($C=HCO_3^-$，$\frac{1}{2}CO_3^{2-}$)；

$[CO_2]$——阳床进水中 CO_2 浓度，mg/L，其值可通过测定求得或由下式估算：$[CO_2] = 0.268[HCO_3^-]^3$

出水中 CO_2（c_2）一般为 5mg/L。真空式除 CO_2 器除了能去除水中 CO_2 之外，还能去除水中溶解氧和其他气体，出水中氧含量一般可达到 0.3mg/L 以下。

5. 大气式除 CO_2 器填料高度的确定

根据进水中 CO_2 含量及进水水温，对使用 $25 \times 25 \times 3$ 拉西瓷环的除 CO_2 器，可从表 3-5 中选择填料高度。

表 3-5   **大气式除 CO_2 器的填料高度**   （m）

进水温度 （℃）	进水中 CO_2 含量（mg/L）						
	67	114	165	222	287	360	443
15	2.5	3.15	3.15	4.0	4.0	4.0	4.0
20	2.0	2.5	3.15	3.15	3.15	4.0	4.0
25	2.0	2.5	2.5	3.15	3.15	3.15	3.15
30	1.6	2.0	2.5	2.5	2.5	3.15	3.15
35	1.6	2.0	2.0	2.5	2.5	2.5	2.5
40	1.6	1.6	2.0	2.0	2.0	2.5	2.5

也可按下列步骤计算填料高度，首先计算所需的解析面积 A：

$$A = \frac{Q(c_1 - c_2) \times 10^{-3}}{K \Delta c} \quad m^2$$

$$\Delta c = \frac{c_1 - c_2}{2.44 \lg \frac{c_1}{c_2}} \times 10^{-3}$$

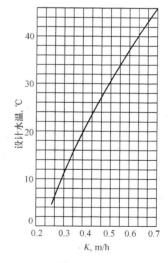

上两式中 Q——单台除 CO_2 器设计出力，m^3/h；

Δc——对数平均浓度差，kg/m^3；

K——解析系数，m/h，与水温及喷淋密度等有关的系数，对于拉西瓷环可按图 3-1 取值，对多面空心球，可按表 3-6 取值。

填料充填高度 H：

$$H = \frac{A}{A_1 S} \quad m$$

式中 S——填料比表面积，m^2/m^3；

A_1——除 CO_2 器截面积，m^2。

图 3-1 除 CO_2 器解析系数 K
适用条件：填料 $25 \times 25 \times 3mm$ 拉西瓷环；喷淋密度 $q = 60m^3/(m^2 \cdot h)$

6. 大气式除 CO_2 器的风机校核

根据上述计算结果，可以从定型的系列产品中选择除 CO_2 器的规格尺寸及配套风机的型号。对风机的风量和风压，还可以进行如下校核。

　　风量　$Q' = iQ$　m^3/h

　　风压　$p = rH + (295 \sim 392)$　Pa

式中　i——气水比，对上述填料，i 值为 $20 \sim 30 m^3/m^3$；

　　　　r——单位填料高度的空气阻力，该值与填料种类、喷淋密度、气水比等有关，r 一般为 $200 \sim 500 Pa/m$。

表 3-6　　　　　　　　　　　$\phi 50$ 多面空心球解析系数 K

喷淋密度 $[m^3/(m^2 \cdot h)]$	61.5		42.6		33.1	
水温（℃）	22	13	22	13	22	13
K（m/h）	0.555	0.450	0.470	0.355	0.375	0.295

　　7. 真空式除 CO_2 器的设备计算

　　真空式除 CO_2 器设计包括本体设计和真空系统设计两部分。由于真空式除 CO_2 器无定型产品，所以对它的设备设计计算作一介绍。

　　（1）本体部分的设计。除 CO_2 器截面积 A_1 和直径 d 为

$$A_1 = \frac{Q}{q}　m^2$$

$$d = 1.13 \sqrt{A_1}　m$$

式中　Q——确定的单台除 CO_2 器出力，m^3/h；

　　　　q——喷淋密度，一般为 $40 \sim 60 m^3/(m^2 \cdot h)$。

　　常用的填料及其高度计算与大气式除 CO_2 器相同，即

$$A = \frac{Q(c_1 - c_2) \times 10^{-3}}{K \Delta c}　m^2$$

$$H = \frac{A}{A_1 S}　m$$

　　式中各符号的意义与大气式除 CO_2 器相同，只是其中 c_1、c_2、Δc 要根据设备的设计目的不同而不同。当设备用于除氧时，c_1 为处理水温下的氧浓度（见表 3-7），c_2 可取 $0.05 \sim 0.3 mg/L$，K 和 Δc 值按图 3-2 和图 3-4 取值；当设备用于除 CO_2 时（同时也除氧），c_1 与 c_2 取值与大气式除 CO_2 器的相同，K 和 Δc 值可按图 3-3 和图 3-5 取值。

表 3-7　　　　　　　　不同温度及压力下水中含氧量　　　　　　　　（mg/L）

空气压力（$\times 10^5 Pa$） ＼ 水温（℃）	0	10	20	30	40	50	60	70	80	90	100
1.013	14.5	11.3	9.1	7.5	6.5	5.6	4.8	3.9	2.9	1.6	0
0.811	11	8.5	7.0	5.7	5.0	4.2	3.4	2.6	1.6	0.5	0
0.608	8.3	6.4	5.3	4.3	3.7	3.0	2.3	1.7	0.8	0	0
0.405	5.7	4.2	3.5	2.7	2.2	1.7	1.1	0.4	0	0	0
0.203	2.8	2.0	1.6	1.4	1.2	1.0	0.4	0	0	0	0
0.1013	1.2	0.9	0.8	0.5	0.2	0	0	0	0	0	0

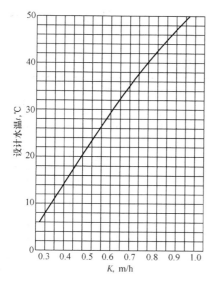

图 3-2　真空式除 CO_2 器除氧时的解析
系数 K 曲线

适用条件：填料 25mm×25mm×3mm 拉西瓷环；
喷淋密度 50m³/（m²·h）

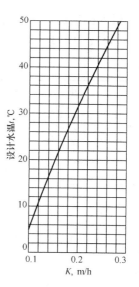

图 3-3　真空式除 CO_2 器除 CO_2 时的
解析系数 K 曲线

适用条件：填料 25mm×25mm×3mm 拉西瓷环；
喷淋密度 50m³/（m²·h）

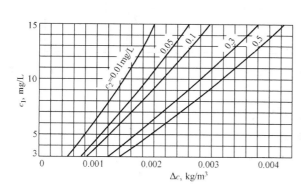

图 3-4　真空式除 CO_2 器除氧时
对数平均浓度差 Δc

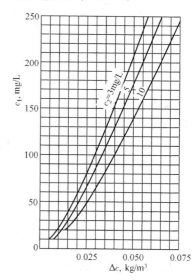

图 3-5　真空式除 CO_2 器除 CO_2 时
对数平均浓度差 Δc

（2）真空系统的设计。

1）设计压力。按设计的进水温度或运行时最低水温降低 3~4℃，求此温度下水沸腾时对应的压力，即为真空式除 CO_2 器的设计压力。其值可由表 3-8 中选取，一般真空度要达到 750mmHg 以上。

2）抽气量。抽气量（通常指不可凝结气体）包括下列几个部分：除 CO_2 器中放出的不可凝结气体（CO_2、空气等）；设备与管道不严密处漏入的空气；对采用蒸汽喷射器的真空系统，第 2、3 级抽气量还要包括其前级冷凝器中冷却水放出的空气量。

除 CO_2 器中放出的 CO_2 量，其计算方法与大气式除 CO_2 器的相同，其量 $g_1 = Q(c_1 - c_2) \times 10^{-3}$（kg/h）。

除 CO_2 器中放出的空气量 g_2(kg/h)，可按处理水中空气含量（见表 3-9）计算，出水中残余空气量，在 $10\sim20℃$ 时，可近似取 $0.3\sim0.5$mg/L。

表 3-8　　　　　　　　　　　　水 沸 点 与 压 力 关 系

温度 （℃）	压力 （kPa）	温度 （℃）	压力 （kPa）	温度 （℃）	压力 （kPa）
0	0.613	16	1.813	32	4.760
2	0.707	18	2.066	34	5.320
4	0.813	20	2.333	36	5.946
6	0.933	22	2.640	38	6.626
8	1.067	24	2.986	40	7.373
10	1.227	26	3.360	44	9.106
12	1.400	28	3.773	48	11.159
14	1.600	30	4.240	50	12.332

表 3-9　　　　　　不同温度时水中溶解气体量（气体压力 0.1MPa 时）

温 度（℃）		0	10	20	30	40	50	60
空气量	L/L	0.0288	0.0226	0.0187	0.0161	0.0142	0.0130	0.0122
	mg/L	37.2	29.2	24.2	20.8	18.4	16.8	15.77
CO_2（mg/L）		3350	2310	1690	1260	970	760	580
O_2（mg/L）		69.5	53.7	43.4	35.9	30.8	26.6	22.8

设备与管道不严密处漏入的空气量 g_3(kg/h)，可按真空系统连接缝长度确定，单位长度漏气量可取 0.07kg/(m·h)。

冷却水中放出的空气量 g_4(kg/h)，根据冷却水流量和冷却水中空气含量计算。

以质量表示的总抽气量（g_4 值仅在计算第二、三级蒸汽喷射器抽气量时加入）：

$$g = g_1 + g_2 + g_3 + g_4 \quad kg/h$$

以体积表示的总抽气量：

$$V'_s = \frac{g_1(273+t)}{520 p_{CO_2}} + \frac{(g_2+g_3)(273+t)}{340 p_{amb}} \quad m^3/h$$

换算成标准状况下体积：

$$V_s = \frac{V'_s p}{1 + 0.00366t} \quad m^3/h（标态下）$$

上两式中　　p_{CO_2}——出水中残余 CO_2 含量（$c_2$mg/L）对应的水面上 CO_2 分压力，$p_{CO_2}=c_2/\beta_2$〔β_2 为在设计水温下，水面 CO_2 压力为 0.1MPa 时水中 CO_2 的溶解量，mg/L（见表 3-9）〕；

　　　　　　p_{amb}——可取 $p_{amb}=p-p_{CO_2}$；

　　　　　　p——除 CO_2 器中混合气体压力，即进水温度为沸点时水面对应的空气压力；

　　　　　　t——设计的进水温度，℃。

3）真空设备选择。常用的真空设备有蒸汽喷射器、水力喷射器、真空泵等。真空泵可凭设计计算的设计压力和气体抽气量选择设备；喷射器可根据设计压力和抽气量进行设备设计[1]。

五、强酸阳交换器的计算

强酸阳交换器的计算见表 3 - 10。

表 3 - 10　　　　　　　　　　强酸阳交换器的计算

序号	计 算 项 目		公 式	采用数据	结果	说 明
1	阴床设计出力（m³/h）	正常	$Q_{\mathrm{n}}^{\mathrm{C}}=Q_{\mathrm{n}}^{\mathrm{D}}$			
		最大	$Q_{\max}^{\mathrm{C}}=Q_{\max}^{\mathrm{D}}$			
2	总工作面积（m²）	正常	$A_{\mathrm{n}}=\dfrac{Q_{\mathrm{n}}^{\mathrm{C}}}{v}$	流速 v 按附录二中推荐值选用		
		最大	$A_{\max}=\dfrac{Q_{\max}^{\mathrm{C}}}{v}$			
3	选择阳交换器运行台数	正常	$n_{\mathrm{n}}^{\mathrm{C}}=\dfrac{A_{\mathrm{n}}}{A_1}=\dfrac{4A_{\mathrm{n}}}{\pi d^2}$	n 为整数，一般选用 $n_{\max}^{\mathrm{C}}$ $\geqslant n_{\mathrm{n}}^{\mathrm{C}}+1$		A_1，d—所选用的阳交换器截面积和直径，m²，m
		最大	$n_{\max}^{\mathrm{C}}=\dfrac{A_{\max}}{A_1}=\dfrac{4A_{\max}}{\pi d^2}$			
4	校验实际运行流速（m/h）	正常	$v_{\mathrm{n}}=\dfrac{Q_{\mathrm{n}}^{\mathrm{C}}}{A_1 n_{\mathrm{n}}^{\mathrm{C}}}$			流速不得超过规定的上限值。此时 $n_{\max}^{\mathrm{C}}$ 为确定的阳床台数（一般 $n_{\max}^{\mathrm{C}}>n_{\mathrm{n}}^{\mathrm{C}}$ 时不设再生备用，如设再生备用，阳床台数为 $n_{\max}^{\mathrm{C}}$ ＋备用台数）
		最大	$v_{\max}=\dfrac{Q_{\max}^{\mathrm{C}}}{A_1 n_{\max}^{\mathrm{C}}}$			
5	进水中阳离子含量（mmol/L）	碳酸盐硬度	$\mathrm{H_T}$			根据原水水质及预处理方式决定　必要时还要考虑铁、铵等离子
		非碳酸盐硬度	$\mathrm{H_F}$			
		钠，钾	$\mathrm{Na^+ + K^+}$			
		总阳离子	$\sum C = \mathrm{H_T + H_F + Na^+ + K^+}$			
6	一台阳床内树脂体积（m³）		$V_{\mathrm{RC}}=A_1 h_{\mathrm{RC}}$			h_{RC}—阳床树脂装载高度，m
7	正常出力时周期制水时间（h）		$T=\dfrac{V_{\mathrm{RC}}E_{\mathrm{C}}}{\dfrac{Q_{\mathrm{n}}^{\mathrm{C}}}{n_{\mathrm{n}}^{\mathrm{C}}}\sum C}$			E_{C}—阳树脂工作交换容量，mol/m³　如设计为单元制，则要保证阳床运行周期比阴床的少 10%～15%
8	正常出力时每昼夜每台再生次数		$R=\dfrac{24}{T}$			R 不得超过规定值

[1]　设计方法可参阅《水处理设备技术》1988 年第一期。

序号	计算项目		公　式	采用数据	结果	说　明
9	每台再生用酸量 [kg/(台·次)]	100%酸	$m_{a,p}=\dfrac{V_{RC}E_Cg_C}{1000}$			g_C—阳树脂再生酸耗，g/mol
		工业酸	$m_{a,i}=m_{a,p}\dfrac{1}{\varepsilon}$	对工业盐酸 $\varepsilon=31\%$		ε—工业酸浓（纯）度，% c—再生酸液浓度，% ρ—再生酸液密度，g/cm³ v—再生酸液流速，m/h
		再生用酸液	$m_{a,r}=m_{a,p}\dfrac{1}{c}$			
		稀释用水 (m³)	$V_a=(m_{a,r}-m_{a,i})\dfrac{1}{1000}$			
		进酸时间 (min)	$t_a=\dfrac{60m_{a,r}}{1000A_1v\rho}$			
10	每台再生自用水量 [m³/(台·次)]	小反洗（反洗）用水	$V_b=\dfrac{vA_1t}{60}$			v—反洗水流速，m/h t—反洗时间，min
		置换用水	$V_d=\dfrac{vA_1t}{60}$			v—置换水流速，m/h t—置换时间，min
		小正洗用水	$V_{f1}=\dfrac{vA_1t}{60}$			v—小正洗流速，m/h t—小正洗时间，min
		正洗用水	$V_f=V_{RC}\alpha_C$			α_C—阳树脂正洗水比耗，m³/m³
		集中供应自用水	例如： $V_2=V_a+V_d$			根据集中自用水供应范围确定
		总自用水	$V_t=V_a+V_b+V_{f1}+V_f+V_d$			
11	每台再生压缩空气用量 [m³/(台·次)]		$V_{ai}^C=qA_1t_a$	q 为 0.2～0.3m³/（m²·min)		q—逆流再生顶压用压缩空气量，m³/(m²·min) 压缩空气压力0.03～0.05MPa t_a—顶压时间，min
12	每天耗酸量 (t)		$m_a^C=\dfrac{m_{a,i}Rn_n^C}{1000}$			
13	每年耗酸量 (t)		$m_{a,a}^C=m_a^C\dfrac{7000}{24}$			以年运行7000h计
14	每小时自用水量 (m³/h)	由前级供的自用水	例如： $V_1^C=\dfrac{(V_b+V_{f1}+V_f)\,Rn_n^C}{24}$			根据自用水集中供应范围确定
		由集中供应的自用水	例如： $V_2^C=\dfrac{V_2Rn_n^C}{24}$			
		总自用水	$V_t^C=\dfrac{V_tRn_n^C}{24}$			

六、活性炭床的计算

1. 设计出力

正常出力时，活性炭床放在阳床之前 $Q_n^{AC} = Q_n^C + V_1^c$（或 V_t^c）；若活性炭放在阳床之后，$Q_n^{AC} = Q_n^D$。

最大出力时，活性炭床放在阳床之前 $Q_{max}^{AC} = Q_{max}^C + V_1^c$（或 V_t^c）；若活性炭床放在阳床之后，$Q_{max}^{AC} = Q_{max}^D$。

2. 设备台数

$$n = \frac{4Q_{max}^{AC}}{\pi d^2 v}$$

式中　v——活性炭床的运行流速，去除水中有机物时一般 $5 \sim 10 \text{m/h}$（放在阳床之后流速可适当提高至 15m/h），去除水中游离氯时，可取 20m/h；

　　　d——所选择的活性炭床直径，m。

活性炭床一般不考虑备用，但要求 $n \geqslant 2$，且取整数，当一台检修时，其余台数（$n-1$）一般能满足正常供水量 Q_n^{AC} 的需要。

3. 运行周期

$$T = \frac{\frac{\pi}{4} d^2 h n \rho q}{Q_n^{AC}(c_1 - c_2)} \times 10^3 \quad \text{h}$$

式中　q——活性炭吸附容量，应按 Cl_2 和 COD_{Mn} 分别计算，有人推荐某活性炭对 Cl_2 吸附容量为 3000g/kg，对 COD_{Mn} 的吸附容量为 200g/kg；

　　　h——活性炭床装载高度，吸附有机物时应 $\geqslant 2\text{m}$，去除余氯时，可 $\geqslant 1.5\text{m}$，m；

　　　ρ——活性炭视密度，g/cm^3；

　　　c_1——进水中被吸附物质浓度，mg/L；

　　　c_2——出水中被吸附物质残余浓度，对 Cl_2 可取 0.1mg/L，对 COD_{Mn} 可取进水值的一半。

也可以根据需要的运行周期 T，按上式求装载高度 h。

4. 反洗水量

一般每周反洗一次，由于反洗周期长，反洗水量可忽略不计。

七、滤池及澄清池的计算

过滤及混凝澄清设备的设计也有两种方法，一是根据出力对设备规范、结构尺寸作详细的设计计算，二是按现有的定型设计选用定型设备。一般情况可按第二种方法进行，某些情况需要自行设计澄清和过滤设备时，其设计计算方法可参考有关书籍。

1. 滤池的选择和计算

过滤设备有压力式过滤器和重力式滤池两类，目前广泛使用的是滤池。滤池常用的有无阀滤池、虹吸滤池、重力式空气擦洗滤池等，也有使用压力式过滤器和纤维过滤器。现以滤池为例进行设计，过滤器设计与此相同。

（1）滤池设计出力。

正常时　　　　　　$Q_n^F = 1.04[Q_n^C + V_1^c(\text{或} V_t^c) + b] \quad \text{m}^3/\text{h}$

最大时　　　　　　$Q_{max}^F = 1.04[Q_{max}^C + V_1^c(\text{或} V_t^c) + b] \quad \text{m}^3/\text{h}$

当系统设计有反渗透及前处理装置时：

$$Q_{max}^F = 1.04(1.05Q^{RO,P} + b) \quad m^3/h$$

（式中 $Q^{RO,P}$ 意义请参见本章膜法补给水前处理系统计算部分）

上述各式中 1.04 是考虑滤池反洗自用水而增加的系数，称自用水率。自用水率与水的处理方式有关，当混凝澄清处理时，该值取 4%；如果是压力式过滤器的直流混凝过滤，则该值可高达 20%。1.05 是考虑反渗透前处理中细砂过滤器的反洗用水，如前处理中有混凝过滤（直流混凝）时，该系数增大至 1.1~1.2。b 值为滤池出水的其他自用水量（如混凝剂配制用水，冲洗用水，活性炭床反洗水等）。

（2）滤池的选择。根据设计出力从滤池定型规格中进行选择，如选择的单台（格）出力为 $Q(m^3/h)$，则再按下列关系确定台数 n_{max}^F：

$$n_{max}^F = \frac{Q_{max}^F}{Q}$$

n_{max}^F 取整数，但不得少于 2 台（格），且 $(n_{max}^F - 1)Q \geqslant Q_n^F$。

（3）校验运行流速：

$$v_n = \frac{Q_n^F}{(n_{max}^F - 1)A_1}$$

$$v_{max} = \frac{Q_{max}^F}{n_{max}^F A_1}$$

式中　A_1——每台（格）滤池工作面积，m^2。

计算所得流速要符合附录四中规定，否则要重新进行选择。如合格，则 n_{max}^F 为确定的设备台（格）数。

（4）周期制水时间为

$$T = \frac{n_{max}^F V_F x}{Q_n^F(c_1 - c_2)} \quad h$$

式中　V_F——每台（格）滤池的滤料体积，m^3；

　　　x——滤料泥渣容量，在采用粒径为 0.5~1mm 大理石和石英砂单层滤料时，水经澄清处理时的 x 值约为 1250g/m^3，水经直流混凝时的 x 值约为 1500g/m^3；对粒径为 0.5~1mm 单层无烟煤滤料的 x 值约为 1500g/m^3；双层滤料的 x 值约为单层滤料的 2 倍；

　　　c_1——滤池进水中悬浮物含量（或浊度），对经混凝澄清处理的水，可取 10mg/L（或 10NTU）；

　　　c_2——滤池出水中悬浮物含量（或浊度），一般约 2~5mg/L（或 2~5NTU）。

（5）每昼夜每台（格）滤池反洗次数

$$R = \frac{24}{T}$$

R 不得超过规定值。

（6）反洗用压缩空气量

$$V_{ai}^F = \frac{60qA_1t}{1000} \quad m^3/(台 \cdot 次)$$

式中　q——空气擦洗强度，L/($m^2 \cdot s$)，按附录四中数据取值；

　　　t——空气擦洗时间，一般为 2~5min，压缩空气压力一般为 0.05MPa。

（7）自用水率校核

$$自用水率 = \frac{V}{\dfrac{Q_n^F}{n_{max}^F}T} \times 100\%$$

式中　V——选用的滤池一次反洗水量，可按反洗水箱容积取值，或按下式进行计算：

$$V = \frac{60qA_1t}{1000} \quad m^3$$

式中　q——反洗强度，可按附录四取值，$L/(m^2 \cdot s)$；

　　　t——反洗时间，可按附录四取值，min。

计算所得自用水率，如与事先假设的 4%（或其他值）相差甚远，则应重新进行计算。

2. 澄清池选择计算

混凝澄清设备目前常用的有机械搅拌加速澄清池、水力循环加速澄清池及接触絮凝沉淀池，沉淀池和直流混凝设备用得较少。机械搅拌加速澄清池适用于进水悬浮物含量小于5000mg/L 的源水（短时间可允许达到 10 000mg/L）；水力加速澄清池适用于进水悬浮物含量小于 2000mg/L 的源水（短时间可允许达到 5000mg/L）。水力循环加速澄清池多为中小型出力设备（一般 50～400m³/h），机械搅拌澄清池单台出力则可以更大些。它们的出水悬浮物含量一般都可以达到 10mg/L（浊度 10NTU）以下。

（1）澄清池设计出力：

正常时　　　　　　　　　$Q_n^{Cl} = Q_n^F \quad m^3/h$

最大时　　　　　　　　　$Q_{max}^{Cl} = Q_{max}^F \quad m^3/h$

（2）澄清池的选择。可根据计算的出力从澄清池定型规格中进行选择，如选用的澄清池单台出力为 $Q(m^3/h)$，则按下面关系确定台数 n_{max}^{Cl}：

$$n_{max}^{Cl} = \frac{Q_{max}^{Cl}}{Q}$$

Q_{max}^{Cl} 取整数，但不得少于 2 台，且 $(n_{max}^{Cl}-1)Q \geqslant Q_n^{Cl}$。

另外，还要说明，根据现有运行经验，目前定型设计的澄清池（见附录三）采用的清水区上升流速偏高，使设备运行时难以达到设计出力。因此，当选择单台出力 Q 值时，建议按下述清水区上升流速重新核算单台设备出力（接触絮凝沉淀池除外）：对常温常浊水不大于 0.8mm/s，对低温低浊水不大于 0.7mm/s。若所选择的澄清设备还要进行石灰处理，则必须对澄清池出力、容积、排污斗数量等再进行核算。

（3）加药系统计算。混凝时，投加的混凝剂剂量 D_N 可通过试验确定，也可按表 3 - 11 中的经验值选用。

表 3 - 11　　　　　　　　　　　常用混凝剂及其剂量

混　凝　剂	剂量（mg/L）	混　凝　剂	剂量（mg/L）
硫酸亚铁（以 $FeSO_4 \cdot 7H_2O$ 作剂量物质）	40～100	聚合铝（以 Al_2O_3 作剂量物质）	4～13
三氯化铁（以 $FeCl_3 \cdot 6H_2O$ 作剂量物质）	25～65	聚合铁（以含 Fe^{3+}16% 液体作剂量物质）	25～50
硫酸铝［以 $Al_2(SO_4)_3 \cdot 18H_2O$ 作剂量物质］	30～80	聚合铁（以 Fe^{3+} 作剂量物质）	4～13

每小时混凝剂加药量为

$$m_i^{Cl} = \frac{1.1Q_n^{Cl}D_N}{1000\varepsilon} \quad kg$$

每天加药量：

$$m_d^{Cl} = 24 m_i^{Cl} \quad kg$$

每年加药量：

$$m_a^{Cl} = \frac{7000 m_i^{Cl}}{1000} \quad t$$

每小时投加药液量：

$$V^{Cl} = \frac{m_i^{Cl}}{1000 c} \quad m^3$$

上四式中　1.1——澄清池自用水率按 10% 考虑；

　　　　　c——投加的混凝剂浓度，固体药剂一般配成 5%～10% 溶液投加，%；

　　　　　ε——药品纯度（指混凝剂中含有的剂量物质的百分数），%。

如果原水碱度很低，加入混凝剂后出水碱度低于 0.4mmol/L 时，则还应考虑加碱措施。加碱量按保证出水碱度为 0.4mmol/L 进行计算。澄清池加药系统还可以设置投加絮凝剂（如 PAM）及投加泥浆的设施。

（4）排污量计算　正常运行时排污量为

$$B_n = \frac{Q_n^{Cl}(c_1 + c_3 - c_2)}{25\,000} \quad m^3/h$$

最大出力时排污量为

$$B_{max} = \frac{Q_{max}^{Cl}(c_1 + c_3 - c_2)}{25\,000}$$

上二式中　c_1——澄清池进水中悬浮物含量，mg/L，或浊度，NTU；

　　　　　c_2——澄清池出水中悬浮物含量，mg/L，或浊度，NTU；

　　　　　c_3——每升水中因投加药剂而产生的沉淀物数量，可根据反应式计算，mg/L；

　　25 000——排泥浓度，mg/L。

（5）澄清池设计进水流量为

$$Q' = Q_{max}^{Cl} + B_{max} + b \approx 1.1 Q_{max}^{Cl} \quad m^3/h$$

式中　b——取样等自用水量（不包括排污），m³/h。

第二节　带有弱型树脂的交换器工艺计算

带有弱型树脂的离子交换器，下面列出复床、双层床及双室双层床（含双室双层浮动床）的工艺计算。

一、弱碱—强碱阴床系统的计算

1. 弱碱—强碱复床工艺计算

弱碱—强碱复床工艺计算见表 3 - 12。

2. 弱碱—强碱双层床及双室双层床工艺计算

弱碱—强碱双层床及双室双层床（含双室双层浮动床）工艺计算见表 3 - 13。

二、弱酸—强酸阳床系统的计算

1. 弱酸—强酸复床工艺计算

弱酸—强酸复床工艺计算见表 3 - 14。

2. 弱酸—强酸双层床及双室双层床工艺计算

弱酸—强酸双层床及双室双层床工艺计算见表 3 - 15。

表 3 - 12 　　　　　　　　　　　　　　　　　　弱碱—强碱复床工艺计算

序号	计　算　项　目			公　式	采用数据	结果	说　　明
1	设计出力 (m³/h)		正常	Q_n^A			同表 3 - 3 序号 1
			最大	Q_{max}^A			
2	总工作面积 (m²)	弱碱阴床	正常	$A_{n,w}=\dfrac{Q_n^A}{v}$	流速 v 按附录二中推荐值选用		强碱阴床一般为顺流再生，特殊情况也可采用逆流再生（水顶压）和浮床式运行，弱碱阴床一般都为顺流再生强碱阴床和弱碱阴床串联运行和串联再生
			最大	$A_{max,w}=\dfrac{Q_{max}^A}{v}$			
		强碱阴床	正常	$A_{n,s}=\dfrac{Q_n^A}{v}$			
			最大	$A_{max,s}=\dfrac{Q_{max}^A}{v}$			
3	选择交换器台数	弱碱阴床	正常	$n_{n,w}^{A(ws)}=\dfrac{A_{n,w}}{A_1}=\dfrac{4A_{n,w}}{\pi d^2}$	n 值取整数，一般选用要保证 $n_{max}\geqslant n_n+1$		d，A_1—选用的弱碱阴床及强碱阴床直径和截面积（弱碱阴床和强碱阴床直径可以相同，也可以不同），m，m² 复床系统一般考虑串联再生，要求弱碱阴床台数和强碱阴床台数相等
			最大	$n_{max,w}^{A(ws)}=\dfrac{A_{max,w}}{A_1}=\dfrac{4A_{max,w}}{\pi d^2}$			
		强碱阴床	正常	$n_{n,s}^{A(ws)}=\dfrac{A_{n,s}}{A_1}=\dfrac{4A_{n,s}}{\pi d^2}$			
			最大	$n_{max,s}^{A(ws)}=\dfrac{A_{max,s}}{A_1}=\dfrac{4A_{max,s}}{\pi d^2}$			
4	校验实际运行流速 (m/h)	弱碱阴床	正常	$v_{n,w}=\dfrac{Q_n^A}{A_1 n_{n,w}^{A(ws)}}$			流速不得大于规定值的上限，此时 $n_{max,s}^{A(ws)}$，$n_{max,w}^{A(ws)}$ 为确定的强碱阴床及弱碱阴床台数（一般 $n_{max}\geqslant n_n+1$ 时不设再生备用，如设再生备用，设备台数为 $n_{max}+$ 备用台数）
			最大	$v_{max,w}=\dfrac{Q_n^A}{A_1 n_{max,w}^{A(ws)}}$			
		强碱阴床	正常	$v_{n,s}=\dfrac{Q_n^A}{A_1 n_{n,s}^{A(wA)}}$			
			最大	$v_{max,s}=\dfrac{Q_{max}^A}{A_1 n_{max,s}^{A(wA)}}$			
5	进水中阴离子含量 (mmol/L)	强酸阴离力		$\sum A_S$			同表 3 - 3 序号 5
		弱酸阴离子		$\sum A_w$			
		总阴离子		$\sum A$			
6	一台交换器内树脂体积 (m³)	弱碱阴床		$V_{R,A_w}=A_1 h_{R,Aw}$	$h_{R,A_w}\geqslant 0.8m$		h_{R,A_s}，h_{R,A_w}—强碱及弱碱阴床内树脂装载高度，m
		强碱阴床		$V_{R,As}=A_1 h_{R,A_s}$	$h_{R,A_s}\geqslant 0.8m$		

续表

序号	计 算 项 目		公　　式	采用数据	结果	说　　明
7	正常出力时周期制水时间（h）	弱碱阴床	$T_w=\dfrac{V_{R,Aw}E_{Aw}}{\dfrac{Q_n^A}{n_{n,w}^{A(ws)}}\ (\sum A_s-\alpha)}$	α—运行泄漏量，根据树脂特性和运行终点来确定，一般可取0.15mmol/L		E_{As}，E_{Aw}—强碱及弱碱阴树脂工作交换容量，mol/m^3 设计为单元制系统，T_s应比阳床周期富裕 $10\%\sim15\%$ 串联运行和再生时，$T_s\approx T_w$，若需要减轻强碱阴树脂有机物污染，T_w应比 T_s 富裕 $10\%\sim20\%$ 在确定了弱碱和强碱树脂比例之后，运行周期也可按二种树脂进行混合计算：$T=\dfrac{E_{As}V_{R,As}+V_{R,Aw}E_{Aw}}{\dfrac{Q_n^A}{n_{n,s}^{A(ws)}}\sum A}$
		强碱阴床	$T_s=\dfrac{V_{R,As}E_{As}}{\dfrac{Q_n^A}{n_{n,s}^{A(ws)}}\ (\sum A_w+\alpha)}$			
8	串联运行和再生时，正常出力下每昼夜每套再生次数		$R=\dfrac{24}{T_s}$ 或 $R=\dfrac{24}{T}$			R 不得超过规定值
9	每套阴床串联再生用碱量［kg/（套·次）］	100%碱	$m_{s,p}=\dfrac{(V_{R,Aw}E_{Aw}+V_{R,As}E_{As})\ \alpha}{1000}$ $\left(m'_{s,p}=\dfrac{V_{R,As}E_{As}g_s}{1000}\right)$			g_s—强碱阴树脂再生碱耗，g/mol α—在 $40\sim60$g/mol 之间取值，要保证 $m_{s,p}\geqslant m'_{s,p}$
		工业碱	$m_{s,i}=m_{s,p}\dfrac{1}{\varepsilon}$	工业碱液 $\varepsilon=30\%$		ε—工业碱液纯（浓）度，% c—再生碱液浓度，% v—再生碱液流速，m/h ρ—再生碱液密度，g/cm^3
		再生碱液	$m_{s,r}=m_{s,p}\dfrac{1}{c}$			
		稀释用水（m³）	$V_s=\dfrac{m_{s,r}-m_{s,i}}{1000}$			
		进碱时间（min）	$t_s=\dfrac{60m_{s,r}}{1000A_1v\rho}$			
10	串联再生阴床每套再生时自用水量［m³/（套·次）］	小反洗（反洗）用水	$V_b=\left(\dfrac{vA_1t}{60}\right)_s+\left(\dfrac{vA_1t}{60}\right)_w$			v—反洗流速，m/h t—反洗时间，min s，w—强碱阴床和弱碱阴床
		置换用水	$V_d=\dfrac{vA_1t}{60}$			v—置换流速，m/h t—置换时间，min
		小正洗用水	$V_{fl}=\dfrac{vA_1t}{60}$			v—采用对流再生时强碱阴床小正洗流速，m/h t—小正洗时间，min

续表

序号	计 算 项 目		公　　式	采用数据	结果	说　　明
10	串联再生阴床每套再生时自用水量 [m³/（套·次）]	正洗用水	$V_f = V_{R,As} \alpha_{As} + V_{R,Aw} \alpha_{Aw}$			α_{As}，α_{Aw}—强碱阴床和弱碱阴床正洗水比耗，m³/m³
		集中供应自用水	例如：$V_2 = V_s + V_b + V_d$			根据自用水集中供应范围确定
		总自用水	$V_t = V_s + V_b + V_d + V_{fl} + V_f$			强碱阴床采用顺流再生时，V_d，V_{fl}项为 0
11	每天耗碱量（t）		$m_s^{A(ws)} = \dfrac{m_{s,i} R n_{n,s}^{A(ws)}}{1000}$			
12	每年耗碱量（t）		$m_{s,a}^{A(ws)} = \dfrac{7000}{24} m_s^{A(ws)}$			以年运行 7000h 计
13	每小时自用水量（m³）	由前级提供自用水	例如：$V_1^{A(ws)} = \dfrac{(V_f + V_{fl}) R n_{n,s}^{A(ws)}}{24}$			根据自用水集中供应范围确定
		集中供应自用水	例如：$V_2^{A(ws)} = \dfrac{V_2 R n_{n,s}^{A(ws)}}{24}$			
		总自用水	$V_t^{A(ws)} = \dfrac{V_t R n_{n,s}^{A(ws)}}{24}$			

表 3 - 13　　　弱碱—强碱双层床、双室双层床（含双室双层浮动床）工艺计算

序号	计 算 项 目		公　　式	采用数据	结果	说　　明
1~5	设计出力 总工作面积 交换器运行台数 校验实际运行流速 进水中阴离子含量		Q_n^A，Q_{max}^A A_n，A_{max} $n_n^{A(ws)}$，$n_{max}^{A(ws)}$ v_n，v_{max} $\sum A_s$，$\sum A_w$，$\sum A$			同表 3 - 3 序号 1~5
6	一台阴床内树脂计算体积（m³）	总体积	$V_{RA} = A_1 h_{RA} = V_{R,Aw} + V_{R,As} = A_1 (h_{R,Aw} + h_{R,As})$			$h_{R,Aw}$，$h_{R,As}$—交换器中弱碱树脂和强碱树脂装载高度，m h_{RA}—交换器中强弱树脂装载总高度，m
		弱碱树脂	$V_{R,Aw} = 1.05 V_{RA} \{ E_{As}(\sum A_s - 0.15)/[E_{Aw}(\sum A_w + 0.15) + E_{As}(\sum A_s - 0.15)] \}$			E_{Aw}—弱碱树脂工作交换容量，mol/m³
		强碱树脂	$V_{R,As} = 0.95 V_{RA} \{ E_{Aw}(\sum A_w + 0.15)/[E_{Aw}(\sum A_w + 0.15) + E_{As}(\sum A_s - 0.15)] \}$			E_{As}—强碱树脂工作交换容量，mol/m³ 若不考虑弱碱阴树脂对强碱阴树脂有机物污染的保护作用，则 1.05 和 0.95 项可以取 1

序号	计　算　项　目		公　　式	采用数据	结果	说　　明
7	弱碱树脂和强碱树脂装载高度（m）	弱碱树脂	$h_{R,Aw}=\dfrac{V_{R,Aw}}{A_1}$	$h_{R,Aw}\geqslant0.8m$		设计双室双层床时，若 $h_{R,As}$ 计算高度太低，则可考虑设计变径双室床
		强碱树脂	$h_{R,As}=\dfrac{V_{R,As}}{A_1}$	$h_{R,As}\geqslant0.8m$		
8	正常出力时周期制水时间（h）		$T=\dfrac{V_{R,As}E_{As}}{\dfrac{Q_n^A}{n_n^{A(ws)}}(\sum A_w+\alpha)}$	α 同表 3 - 12 序号 7		单元系统中 T 应比阳床多 10%～15% T 值还可根据两种树脂进行混合计算： $T=\dfrac{V_{R,As}E_{As}+V_{R,Aw}E_{Aw}}{\dfrac{Q_n^A}{n_n^{A(ws)}}\sum A}$
9	每昼夜每台再生次数		$R=\dfrac{24}{T}$			R 不得超过规定值
10	每台阴床再生用碱量 [kg/（台·次）]		100%碱 $m_{s,p}$ 工业碱 $m_{s,i}$ 再生用碱液 $m_{s,r}$ 稀释用水 V_s 进碱时间 t_s	再生碱液浓度 c 取 1%～2%，进碱速度 v 一般为 6～12m/h		同表 3 - 12 序号 9
11	每台阴床再生自用水量 [m³/（台·次）]		小反洗（反洗）用水 V_b 置换用水 V_d 小正洗用水 V_{fl} 正洗用水 V_f 集中供应自用水 V_2 总自用水 V_t			同表 3 - 3 序号 10 表中各项 v，t，α 取强碱树脂和弱碱树脂数值中较大者
12	逆流再生时压缩空气用量 [m³/（台·次）]		V_{ai}^A			同表 3 - 3 序号 11
13	每天耗碱量（t）		$m_s^{A(ws)}$			同表 3 - 12 序号 11
14	每年耗碱量（t）		$m_{s,a}^{A(ws)}$			同表 3 - 12 序号 12
15	每小时自用水量（m³/h）		由前级提供自用水 $V_1^{A(ws)}$ 由集中供应来的自用水 $V_2^{A(ws)}$ 总自用水 $V_t^{A(ws)}$			同表 3 - 12 序号 13

注　设计双层床时，按本表顺序进行计算。设计双室双层床或双室双层浮动床时，按本表 1～5 项确定交换器直径及该交换器中强弱树脂装载总体积 V_{RA} 计算，再用 6、7 两项计算值重新分配，选用设备的树脂装载量和高度，作为实际装载高度。也可按 6、7 两项计算值设计设备。

表 3 - 14　　　　　　　　　　　弱酸—强酸复床工艺计算

序号	计 算 项 目			公 式	采用数据	结果	说 明
1	设计出力 （m³/h）		正常	Q_n^C			同表 3 - 10 序号 1
			最大	Q_{max}^C			
2	总工作面积 （m²）	弱酸 阳床	正常	$A_{n,w}=\dfrac{Q_n^C}{v}$	v 按附录二 中推荐值取值		强酸阳床一般为顺流再生，特殊情况也可采用逆流再生（水顶压）和浮床式运行，弱酸阳床一般为顺流再生 强酸阳床和弱酸阳床串联运行和串联再生
			最大	$A_{max,w}=\dfrac{Q_{max}^C}{v}$			
		强酸 阳床	正常	$A_{n,s}=\dfrac{Q_n^C}{v}$			
			最大	$A_{max,s}=\dfrac{Q_{max}^C}{v}$			
3	选择交换 器台数	弱酸 阳床	正常	$n_{n,w}^{C(ws)}=\dfrac{A_{n,w}}{A_1}=\dfrac{4A_{n,w}}{\pi d^2}$	n 值取整数， 一般选用要使 $n_{max}\geqslant n_n+1$		d，A_1—选用的交换器直径和截面积，m，m² 弱酸阳床和强酸阳床一般考虑串联再生，此时强酸阳床和弱酸阳床台数相等
			最大	$n_{max,w}^{C(ws)}=\dfrac{A_{max,w}}{A_1}=\dfrac{4A_{max,w}}{\pi d^2}$			
		强酸 阳床	正常	$n_{n,s}^{C(ws)}=\dfrac{A_{n,s}}{A_1}=\dfrac{4A_{n,s}}{\pi d^2}$			
			最大	$n_{max,s}^{C(WS)}=\dfrac{A_{max,s}}{A_1}=\dfrac{4A_{max,s}}{\pi d^2}$			
4	校验实际 运行流速 （m/h）	弱酸 阳床	正常	$v_{n,w}=\dfrac{Q_n^C}{A_1 n_{n,w}^{C(ws)}}$			流速不得大于规定值上限，此时 $n_{max,s}^{C(ws)}$，$n_{max,w}^{C(ws)}$ 为确定的强酸阳床和弱酸阳床台数（一般 $n_{max}\geqslant n_n+1$ 时，不设再生备用，如设再生备用，台数为 $n_{max}+$ 备用台数）
			最大	$v_{max,w}=\dfrac{Q_{max}^C}{A_1 n_{max,w}^{C(ws)}}$			
		强酸 阳床	正常	$v_{n,s}=\dfrac{Q_n^C}{A_1 n_{n,s}^{C(ws)}}$			
			最大	$v_{max,s}=\dfrac{Q_{max}^C}{A_1 n_{max,s}^{C(ws)}}$			
5	进水中阳离子含量 （mmol/L）		碳酸盐硬度	H_T			同表 3 - 10 序号 5
			非碳酸盐硬度	H_F			
			钾，钠	K^++Na^+			
			总阳离子	$\sum C=H_T+H_F+K^++Na^+$			

序号	计　算　项　目		公　　式	采用数据	结果	说　　明
6	一台交换器内树脂体积（m³）	弱酸阳床	$V_{R,Cw}=A_1 h_{R,Cw}$	$h_{R,Cw}\geqslant 0.8\mathrm{m}$		$h_{R,Cw}$，$h_{R,Cs}$ 为弱酸阳床和强酸阳床内树脂装载高度，m
		强酸阳床	$V_{R,Cs}=A_1 h_{R,Cs}$	$h_{R,Cs}\geqslant 0.8\mathrm{m}$		
7	正常出力时周期制水时间（h）	弱酸阳床	$T_w=\dfrac{V_{R,Cw}E_{Cw}}{\dfrac{Q_n^C}{n_{n,w}^{C(ws)}}}(H_T-\alpha)$	α 与树脂性能、水质及运行终点控制有关，一般可按下表取值：当硬度/碱度 = 1.0 ～ 1.49时 H_T ＜2 ＞2 α 0.15～0.2 0.2／0.3		E_{Cs}—强酸阳树脂工作交换容量，mol/m³ E_{Cw}—弱酸阳树脂工作交换容量，mol/m³ 若设计为单元制系统，T_s 应比阴床运行周期少10%～15% 强酸和弱酸阳床串联再生时，T_s 应比 T_w 富裕10%～15% 在确定了弱酸和强酸二种树脂比例之后，运行周期还可以按二种树脂混合进行计算： $T=\dfrac{V_{R,Cs}E_{Cs}+V_{R,Cw}E_{Cw}}{\dfrac{Q_n^C}{n_{n,s}^{C(ws)}}}\sum C$
		强酸阳床	$T_s=\dfrac{V_{R,Cs}E_{Cs}}{\dfrac{Q_n^C}{n_{n,w}^{C(ws)}}}(\sum C-H_T+\alpha)$	当硬度/碱度 = 1.5 ～ 2.0时 H_T ＜3 ＞3 α 0.1～0.2 0.3～0.4		
8	弱酸和强酸阳床串联再生时，正常出力下每昼夜再生套数		$R=\dfrac{24}{T_w}$ 或 $R=\dfrac{24}{T}$			R 不得超过规定值
9	每套阳床串联再生用酸量[kg/（套·次）]	100%酸	$m_{a,p}=\dfrac{\alpha\,(V_{R,Cw}E_{Cw}+V_{R,Cs}E_{Cs})}{1000}$ $\left(m'_{a,p}=\dfrac{V_{R,Cs}E_{Cs}g_s}{1000}\right)$			g_s—强酸阳树脂再生酸耗，g/mol α 一般在 40～50g/mol 之间取值，但要保证 $m_{a,p}\geqslant m'_{a,p}$
		工业酸	$m_{a,i}=m_{a,p}\dfrac{1}{\varepsilon}$	对工业盐酸 $\varepsilon=31\%$		ε—工业酸浓（纯）度，%
		再生酸液	$m_{a,r}=m_{a,p}\dfrac{1}{c}$			c—再生酸液浓度，%
		稀释用水（m³）	$V_a=\dfrac{m_{a,r}-m_{a,i}}{1000}$			
		进酸时间（min）	$t_a=\dfrac{60m_{a,r}}{1000A_1 v\rho}$			v—再生酸液流速，m/h ρ—再生酸液密度，g/cm³

续表

序号	计　算　项　目		公　　式	采用数据	结果	说　　　明
10	每套再生自用水量 [m³/（套·次）]	小反洗 （反洗） 用水	$V_b=\left(\dfrac{vA_1t}{60}\right)_w+\left(\dfrac{vA_1t}{60}\right)_s$			v—反洗流速，m/h t—反洗时间，min w，s 分别指弱酸阳床和强酸阳床
		置换用水	$V_d=\dfrac{vA_1t}{60}$			v—置换流速，m/h t—置换时间，min
		小正洗用水	$V_{fl}=\dfrac{vA_1t}{60}$			v—强酸阳床小正洗流速，m/h t—强酸阳床小正洗时间，min
		正洗用水	$V_f=V_{R,Cs}\,\alpha_{Cs}+V_{R,Cw}\,\alpha_{Cw}$			α_{Cs}，α_{Cw}—强酸树脂和弱酸树脂正洗水比耗，m³/m³
		集中供应 自用水	例如： $V_2=V_a+V_d$			根据集中自用水供应范围确定
		总自用水	$V_t=V_a+V_b+V_d+V_{fl}+V_f$			强酸阳床采用顺流再生时 V_d，V_{fl} 项为 0
11	每天耗酸量 （t）		$m_a^{C(ws)}=\dfrac{m_{a,i}Rn_{n,s}^{C(ws)}}{1000}$			
12	每年耗酸量 （t）		$m_{a,a}^{C(ws)}=\dfrac{7000}{24}m_a^{C(ws)}$			以年运行 7000h 计
13	每小时自用水量 （m³）	由前级提供自用水	例如： $V_1^{C(ws)}=\dfrac{(V_b+V_{fl}+V_f)\,Rn_{n,s}^{C(ws)}}{24}$			
		集中供应 自用水	例如： $V_2^{C(ws)}=\dfrac{V_2Rn_{n,s}^{C(ws)}}{24}$			
		总自用水	$V_t^{C(ws)}=\dfrac{V_tRn_{n,s}^{C(ws)}}{24}$			

表 3-15　　　　　　　　　　弱酸—强酸双层床及双室双层床工艺计算

序号	计　算　项　目	公　　式	采用数据	结果	说　　　明
1～5	设计出力 总工作面积 交换器运行台数 校验实际运行流速 进水中阳离子含量	Q_n^C，Q_{max}^C A_n，A_{max} $n_n^{C(ws)}$，$n_{max}^{C(ws)}$ v_n，v_{max} H_T，H_F，Na^++K^+，$\sum C$			同表 3-10 序号 1～5

续表

序号	计算项目		公式	采用数据	结果	说明
6	一台阳床内树脂计算体积（m³）	总体积	$V_{RC} = A_1 h_{RC} = A_1 (h_{R,Cw} + h_{R,Cs})$			h_{RC}—阳床中树脂装载高度，m E_{Cs}—强酸阳树脂工作交换容量，mol/m³ E_{Cw}—弱酸阳树脂工作交换容量，mol/m³ α 值同表 3 - 14 序号 7
		弱酸树脂	$V_{R,Cw} = 0.95 V_{RC} \{ E_{Cs} (H_T - \alpha) / [E_{Cs} (H_T - \alpha) + E_{Cw} (\sum C - H_T + \alpha)] \}$			
		强酸树脂	$V_{R,Cs} = 1.05 V_{RC} \{ E_{Cw} (\sum C - H_T + \alpha) / [E_{Cs} (H_T - \alpha) + E_{Cw} (\sum C - H_T + \alpha)] \}$			
7	弱酸和强酸树脂装载高度（m）	弱酸树脂	$h_{R,Cw} = \dfrac{V_{R,Cw}}{A_1}$	$h_{R,Cw} \geqslant 0.8m$		也可考虑设计变径双室双层床
		强酸树脂	$h_{R,Cs} = \dfrac{V_{R,Cs}}{A_1}$	$h_{R,Cs} \geqslant 0.8m$		
8	正常出力时周期制水时间（h）		$T = \dfrac{V_{R,Cw} E_{Cw}}{\dfrac{Q_n^C}{n_n^{C(ws)}} (H_T - \alpha)}$			在单元制系统中，T 应比阴床少 10%～15% T 还可以通过对两种树脂进行混合计算： $T = \dfrac{V_{R,Cw} E_{Cw} + V_{R,Cs} E_{Cs}}{\dfrac{Q_n^C}{n_n^{C(ws)}} \sum C}$
9	每昼夜每台再生次数		$R = \dfrac{24}{T}$			R 不得超过规定值
10	每台阳床再生用酸量 [kg/（台·次）]		100%酸 $m_{a,p}$ 工业酸 $m_{a,i}$ 再生用酸液 $m_{a,r}$ 稀释用水 V_a 进酸时间 t_a			同表 3 - 14 序号 9
11	每台阳床再生用水量 [m³/（台·次）]		小反洗（反洗）用水 V_b 置换用水 V_d 小正洗用水 V_{f1} 正洗用水 V_f 集中供应自用水 V_2 总自用水 V_t			同表 3 - 10 序号 10 表中各项 v, t, α 取强酸树脂和弱酸树脂中较大者
12	逆流再生时压缩空气用量 [m³/（台·次）]		V_{ai}^C			同表 3 - 10 序号 11
13	每天耗酸量（t）		$m_a^{C(ws)}$			同表 3 - 14 序号 11
14	每年耗酸量（t）		$m_{a,\Sigma}^{C(ws)}$			同表 3 - 14 序号 12
15	每小时自用水量（m³/h）		由前级供自用水 $V_1^{C(ws)}$ 集中供自用水 $V_2^{C(ws)}$ 总自用水 $V_\Sigma^{C(ws)}$			同表 3 - 14 序号 13

注　设计双层床时，按本表顺序计算。设计双室双层床时，按本表 1～5 项确定交换器直径及该交换器中强弱树脂装载总体积 V_{RC}，再用 6、7 两项计算值重新分配选用设备的树脂装载量及装载高度，作为实际装载高度，也可以按 6、7 两项计算值重新设计设备。

第三节　膜法补给水处理系统工艺计算

采用膜法来为锅炉提供合格的补给水，是近年开始采用的方法，膜法补给水处理系统一般包括如下几个部分：

$$\left\{\begin{array}{l}\text{反渗透出水的后处理}\left\{\begin{array}{l}\text{离子交换法}\left\{\begin{array}{l}\text{混床（一级或二级）}\\\text{一级除盐加混床}\end{array}\right.\\\text{EDI}\end{array}\right.\\\text{反渗透}\\\text{反渗透进水前处理}\left\{\begin{array}{l}\text{超（微）滤}\\\text{常规的二次混凝细砂（多介质）过滤}\end{array}\right.\\\text{原水预处理}\end{array}\right.$$

其中预处理与本章第一节相同，不再叙述。膜处理系统的设计原则基本上与前述相同，但有一些特殊点。

（1）由于膜处理装置是连续运行，无法超出力制水，因机组启动或事故需增加的供水量，采取在按正常汽水损失来设计水处理装置出力的基础上再增大 30%～50% 的设计出力，并采用大容量除盐水箱来给予保证。所以膜法补给水处理系统的设计出力应为发电厂正常汽水损失的 1.3～1.5 倍。

该值除满足全厂正常补给水量外，还能保证在 7～10 天内储满全部除盐水箱，以确保事故状态或机组启动时用水。对除盐水箱容积要求见第一章第二节。

（2）反渗透装置设计不应少于两套，每套包括膜装置、高压泵、保安过滤器（单元制）。

（3）单级反渗透水回收率，对苦咸水可取 75%～85%，对海水取 30%～45%，第二级反渗透水回收率可采用较高值，EDR 水回收率应大于 90%。

（4）对苦咸水，反渗透排出的浓水宜考虑回用措施，第二级反渗透的浓水可回收到第一级进水中。

（5）海水淡化的反渗透系统要考虑设置能量回收装置。

（6）采用二级反渗透时，第一级反渗透出水中应进行自动加碱。

（7）反渗透系统应有停运时自动冲洗设施，反渗透各级有清洗接口，并设计清洗系统。

（8）反渗透产水的背压不得超过膜元件说明书规定值。浓水排放管要保证系统停运时最高一层膜组件不会被排空。

（9）由于进水水质好，反渗透后处理的离子交换设备可以不设再生备用和检修备用，一级复床除盐可以为顺流再生，不使用弱型树脂，系统设计可以为单元制，也可以为母管制。

（10）反渗透后处理的一级除盐系统中设不设置除 CO_2 器要根据反渗透出水中 CO_2 含量来决定，如果反渗透出水中 CO_2 含量小于 5～10mg/L，则不设除 CO_2 器，除 CO_2 器可以采用鼓风式，也可以采用真空式除 CO_2 器，还可以用除气膜。

一、膜法补给水处理系统出力计算

膜法补给水处理系统出力计算见表 3 - 16。

表 3 - 16 膜法补给水系统出力计算

序号	计算项目		公 式	采用数据	结果	说 明
1	水处理设备正常产水量（m³/h）		$Q'_n = D_1 + D_3 + D_4 + D_5 + D_6 + D_7 + D_p$			见式（1 - 20）
2	水处理设备最大产水量（m³/h）		$Q'_{max} = (1.3 \sim 1.5)\,D'_n$			
3	水处理设备设计出力（m³/h）	正常	$Q_n = \alpha Q'_n$	考虑自用水的系数，α 取 1.02~1.05		由于自用水量很少，全部按自用水集中供应处理，自用水包括反渗透后处理、反渗透、凝结水处理的自用水
		最大	$Q_{max} = \alpha Q'_{max}$			

二、反渗透出水的后处理系统计算

1. 末级混床计算

末级混床计算见表 3 - 17。

表 3 - 17 末级混床的计算

序号	计算项目		公 式	采用数据	结果	说 明
1	总工作面积（m²）	正常	$A_n = \dfrac{Q_n}{v}$	v 取 40~60m/h		
		最大	$A_{max} = \dfrac{Q_{max}}{v}$			
2	选择混床台数	正常	$n_n^{M2} = \dfrac{A_n}{A_1} = \dfrac{4A_n}{\pi d^2}$	n 取整数，$n \geqslant 2$，n_{max}^{M2}（也可写成 n^{M2}）为初选的混床台数		A_1，d—所选用的混床截面积和直径，可根据产品手册选用，m²，m
		最大	$n_{max}^{M2} = \dfrac{A_{max}}{A_1} = \dfrac{4A_{max}}{\pi d^2}$			
3	校验实际运行流速（m/h）	正常	$v_n = \dfrac{Q_n}{A_1 n^{M2}}$			v 应为 40~60m/h。此时，n^{M2} 为所选用的混床台数，一般不设再生备用。但当流速取最大允许值时，$(n^{M2}-1)$ 台混床的流量能达到 Q_n 要求
		最大	$v_{max} = \dfrac{Q_{max}}{A_1 n^{M2}}$			
4	混床内树脂体积（m³/台）	阳树脂	$V_{RC} = A_1 h_{RC}$			h_{RC}，h_{RA}—混床中阳树脂和阴树脂高度，可按设备设计值选用
		阴树脂	$V_{RA} = A_1 h_{RA}$			
5	混床周期制水时间（h）		$T = \dfrac{(V_{RC} + V_{RA}) \times 24\,000}{\dfrac{Q_n}{n^{M2}}}$	24 000—每立方米树脂周期制水量经验值，m³/m³		如 T 计算值太大，也可取 T 为 45 天

序号	计 算 项 目		公　　式	采用数据	结果	说　　明
6	再生时用酸量 [kg/（台·次）]	100%酸	$m_{a,p}=V_{RC}\,g$	g 取 75kg/ m³ 树脂		也可按酸耗 100～150g/ mol 计算
		工业酸	$m_{a,i}=m_{a,p}\dfrac{1}{\varepsilon}$	盐酸 $\varepsilon=$ 31%		ε—工业盐酸浓度，%
		再生用酸液	$m_{a,r}=m_{a,p}\dfrac{1}{c}$	c 取 5%		c—再生酸液浓度，%
		稀释用水 （m³）	$V_a=\dfrac{m_{a,r}-m_{a,i}}{1000}$			
		进酸时间 （min）	$t_a=\dfrac{60m_{s,r}}{1000A_1v_a\rho}$	v_a 取 5m/h		v_a—进酸流速，m/h ρ—再生酸液密度， g/cm³
7	再生时用碱量 [kg/（台·次）]	100%碱	$m_{s,p}=V_{RA}\,g$	g 取 70kg/ m³ 树脂		也可按碱耗 200～250g/ mol 计算
		工业碱	$m_{s,i}=m_{s,p}\dfrac{1}{\varepsilon}$	工业碱液 ε ＝30%		ε—工业碱浓（纯） 度，%
		再生用碱液	$m_{s,r}=m_{s,p}\dfrac{1}{c}$	c 取 4%		c—再生碱液浓度，%
		稀释用水 （m³）	$V_s=\dfrac{m_{s,r}-m_{s,i}}{1000}$			
		进碱时间 （min）	$t_s=\dfrac{60m_{s,r}}{1000A_1v_s\rho}$	v_s 取 5m/h		v_s—再生碱液流速， m/h ρ—再生碱液密度， g/cm³
8	再生时自用水量 [m³/（台·次）]	反洗用水	$V_b=\dfrac{vA_1t}{60}$	v 取 10m/h, t 取 15min		v—反洗流速，m/h t—反洗时间，min
		置换用水	$V_d=(V_{RC}+V_{RA})\,\alpha_d$	α_d 取 2m³/m³		α_d—置换时水的比耗， m³/m³
		正洗用水	$V_f=V_{RC}\,\alpha_c+V_{RA}\,\alpha_a$	α_c 取 6m³/m³, α_a 取 12m³/m³		α_c—阳树脂正洗水比耗， m³/m³ α_a—阴树脂正洗水比耗， m³/m³
		集中供 应自用水	例如： $V_2=V_s+V_a+V_d+V_b$			正洗水由上级出水供应
		总自用水	例如： $V_t=V_f+V_d+V_b+V_s+V_a$			
9	再生用压 缩空气量 [m³/（台·次）]		$V_{ai}^{M2}=qA_1t$	q 取 2～ 3m³/（m²· min），t 取 0.5 ～1min		q—树脂混合用压缩空 气比耗，m³/（m²·min) t—混合时间，min 压缩空气压力 0.1～ 0.15MPa

续表

序号	计 算 项 目		公 式	采用数据	结果	说 明
10	每天耗工业酸量（t）		$m_a^{M2}=24\dfrac{m_{a,i}n^{M2}}{1000T}$			
11	每天耗工业碱量（t）		$m_s^{M2}=24\dfrac{m_{s,i}n^{M2}}{1000T}$			
12	年耗酸量（t）		$m_{a,a}^{M2}=m_a^{M2}\times\dfrac{7000}{24}$			以年运行7000h计
13	年耗碱量（t）		$m_{s,a}^{M2}=m_s^{M2}\times\dfrac{7000}{24}$			以年运行7000h计
14	每小时自用水量（m³/h）	由前级提供自用水	例如：$V_1^{M2}=\dfrac{V_f}{T}\times n^{M2}$			根据集中自用水供应范围来确定
		集中供应自用水	例如：$V_2^{M2}=\dfrac{V_2}{T}\times n^{M2}$			
		总自用水	$V_t^{M2}=\dfrac{V_t}{T}\times n^{M2}$			

2. 第一级混床的计算

在一级反渗透带二级混床的系统中，第一级混床计算见表 3 - 18。

表 3 - 18　　　　　第 一 级 混 床 的 计 算

序号	计 算 项 目		公 式	采用数据	结果	说 明
1～4	总工作面积（m²） 混床台数选择（台） 校验实际流速（m/h） 混床内树脂体积（m³/台）		A_n，A_{max} n_{min}^{M1}，n_{max}^{M1} v，v_n，v_{max} V_{RC}，V_{RA}			与表 3 - 17 中1—4项相同
5	混床运行周期（h）	进水中阳离子浓度（mmol/L）	①根据膜厂商提供的计算软件算得的反渗透出水中阳离子总和 ②根据本节3的方法计算反渗透出水中阳离子总和 $\sum C_p^{Ro}=\sum C_F^{Ro}\dfrac{2-y}{2(1-y)}(1-SR)$	$\sum C_p^{Ro}$，$\sum C_F^{Ro}$，$\sum A_{p,S}^{Ro}$，$\sum A_{F,S}^{Ro}$ 分别为反渗透产水和进水中阳离子及强酸阴离子浓度之和，mmol/L，SR为膜脱盐率，在产品说明书中查找		y—反渗透装置水回收率，%
		进水中强酸阴离子浓度（mmol/L）（不包括 CO_2 和 SiO_2）	①根据膜厂商提供的计算软件算得的反渗透出水中阴离子总和 ②根据本节3的方法计算反渗透出水中强酸阴离子浓度总和 $\sum A_{p,S}^{Ro}=\sum A_{F,S}^{Ro}\dfrac{2-y}{2(1-y)}(1-SR)$			
		混床运行周期（h）	$T_C=\dfrac{n^{M1}\cdot V_{RC}\cdot 800}{Q_n\sum C_p^{Ro}}$ $T_A=$ $\dfrac{n^{M1}\cdot V_{RA}\cdot 250}{Q_n\left[\sum A_S+\dfrac{CO_2}{44}+\dfrac{SiO_2\cdot\dfrac{2-y}{2(1-y)}\cdot SP}{60}\right]}$	取 T_C 及 T_A 中低者为 T CO_2，SiO_2 为反渗透进水中 CO_2 及 SiO_2 浓度（mg/L），SP 为 SiO_2 透过率		阳树脂工交取800mol/m³ 阴树脂工交取250mol/m³

续表

序号	计算项目	公式	采用数据	结果	说明
6～8	再生时用酸量〔kg/（台·次）〕 再生时用碱量〔kg/（台·次）〕 再生时自用水量〔m³/（台·次）〕				与表 3 - 17 中6～8项相同
9～14	再生用压缩空气量〔m³/（台·次）〕 每天耗工业酸量（t） 每天耗工业碱量（t） 年耗酸量（t） 年耗碱量（t） 每小时自用水量（m³/h）	V_{ai}^{M1} m_a^{M1} m_s^{M1} $m_{a,a}^{M1}$ $m_{s,a}^{M1}$ V_1^{M1}，V_2^{M1}，V_t^{M1}			与表 3 - 17 中 9～14 项 相同

3. 一级复床除盐计算

由于反渗透出水水质很好，反渗透出水再进行一级除盐，可以只选用强酸—强碱顺流式离子交换，不需要弱型树脂，也可以不选用其他床型。至于一级除盐系统，由于运行周期很长，可以设计为单元制，也可以设计为母管制，除 CO_2 器设计同本章第一节，设计处理水量为 Q_{max}。

一级除盐中强碱阴交换器计算见表 3 - 19，强酸阳交换器计算见表 3 - 20。

表 3 - 19　　　　　　　　　　强碱阴交换器的计算

序号	计算项目		公式	采用数据	结果	说明
1	阴床设计出力 （m³/h）	正常	Q_n			
		最大	Q_{max}			
2	总工作面积 （m²）	正常	$A_n = \dfrac{Q_n}{v}$	流速 v 取 20～30m/h		
		最大	$A_{max} = \dfrac{Q_{max}}{v}$			
3	选择阴交换器运行台数	正常	$n_n^A = \dfrac{A_n}{A_1} = \dfrac{4A_n}{\pi d^2}$	n 取整数，$n^A \geqslant 2$，n_{max}^A 为初选的阴床台数		A_1，d—选用的阴床截面积和直径，m²，m n_{max}^A 简写为 n^A
		最大	$n_{max}^A = \dfrac{A_{max}}{A_1} = \dfrac{4A_{max}}{\pi d^2}$			
4	校验实际运行流速 （m/h）	正常	$v_n = \dfrac{Q_n}{A_1 n^A}$			流速不得超过规定值。此时，n^A 为确定的阴床台数。但当流速取最大允许值时，(n^A-1) 台阴床产水量能达到 Q_n 要求
		最大	$v_{max} = \dfrac{Q_{max}}{A_1 n^A}$			
5	进水中阴离子含量 （mmol/L）	强酸阴离子	①根据膜厂商提供的计算软件算得的反渗透出水中强酸阳离子总和 ②根据本节的方法计算反渗透出水中强酸阴离子总和 $\sum A_{p,s}^{Ro} = \sum A_{F,s}^{Ro} \dfrac{2-y}{2(1-y)} (1-SR)$	$\sum A_{p,s}^{Ro}$、$\sum A_{F,s}^{Ro}$ 为反渗透产水和进水中各强酸阴离子浓度之和（不含 CO_2，SiO_2）mmol/L，SR 为膜脱盐率，在产品说明书中查找		y—反渗透装置水回收率，%

续表

序号	计 算 项 目		公　　式	采用数据	结果	说　　明
5	进水中阴离子含量（mmol/L）	弱酸阴离子	$\sum A_w = \dfrac{CO_2}{44} + \dfrac{SiO_2 \cdot \frac{2-y}{2(1-y)} \cdot SP}{60}$	CO_2，SiO_2 为反渗透进水中 CO_2 及 SiO_2 浓度（mg/L），SP 为 SiO_2 透过率（见表 3-27）		
		总阴离子	$\sum A = \sum A_s + \sum A_w$			
6	一台阴床内树脂体积（m^3）		$V_{RA} = A_1 h_{RA}$			h_{RA}—阴床树脂装载高度，m
7	正常出力时周期制水时间（h）		$T = \dfrac{V_{RA} E_A}{\frac{Q_n}{n^A} \sum A}$			E_A—阴树脂工作交换容量，mol/m^3 如设计为单元制，则要保证阴床运行周期比阳床的富余 $10\% \sim 15\%$。
8	正常出力时每台每昼夜再生次数		$R = \dfrac{24}{T}$			R 不得超过规定值
9	每台再生用碱量［kg/（台·次）］	100%碱	$m_{s,p} = \dfrac{V_{RA} E_A g_A}{1000}$			g_A—阴树脂再生碱耗，g/mol ε—工业碱浓（纯）度，% c—再生碱液浓度，% v—再生碱液流速，m/h ρ—再生碱液密度，g/cm^3
		工业碱	$m_{s,i} = m_{s,p} \dfrac{1}{\varepsilon}$	工业碱液 ε = 30%		
		再生用碱液	$m_{s,r} = m_{s,p} \dfrac{1}{c}$			
		稀释用水（m^3）	$V_s = (m_{s,r} - m_{s,i}) \dfrac{1}{1000}$			
		进碱时间（min）	$t_s = \dfrac{60 m_{s,r}}{1000 A_1 v \rho}$			
10	每台再生用水量［m^3/（台·次）］	反洗用水	$V_b = \dfrac{v A_1 t}{60}$			v—反洗水流速，m/h t—反洗时间，min
		正洗用水	$V_f = V_{RA} \alpha_A$			α_A—阴树脂正洗水比耗，m^3/m^3
		集中供应自用水	例如： $V_2 = V_s + V_b$			正洗用水一般为上级出水
		总自用水	$V_t = V_s + V_b + V_f$			
11	每天耗碱量（t）		$m_s^A = \dfrac{m_{s,i} R n^A}{1000}$			

续表

序号	计 算 项 目		公 式	采用数据	结果	说 明
12	年耗碱量 （t）		$m_{s,a}^A = m_s^A \times \dfrac{7000}{24}$			以年运行 7000h 计
13	每小时自用水量 （m³/h）	由前级供的自用水	例如： $V_1^A = \dfrac{V_f R n^A}{24}$			根据自用水集中供应范围确定
		由集中供应的自用水	例如： $V_2^A = \dfrac{V_2 R n^A}{24}$			
		总自用水	$V_t^A = \dfrac{V_t R n^A}{24}$			

表 3 - 20 **强酸阳交换器的计算**

序号	计 算 项 目		公 式	采用数据	结果	说 明
1	阳床设计出力 （m³/h）	正常	Q_n			
		最大	Q_{max}			
2	总工作面积 （m²）	正常	$A_n = \dfrac{Q_n}{v}$	流速 v 取 20~30m/h		
		最大	$A_{max} = \dfrac{Q_{max}}{v}$			
3	选择阳交换器运行台数	正常	$n_n^C = \dfrac{A_n}{A_1} = \dfrac{4A_n}{\pi d^2}$	n 为整数，$n^C \geqslant 2$，n_{max}^C 为初选的阳床台数		A_1，d—所选用的阳交换器截面积和直径，m²，m n_{max}^C 简写为 n^C
		最大	$n_{max}^C = \dfrac{A_{max}}{A_1} = \dfrac{4A_{max}}{\pi d^2}$			
4	校验实际运行流速 （m/h）	正常	$v_n = \dfrac{Q_n}{A_1 n^C}$			流速不得超过 20~30m/h，此时 n^C 为确定的阳床台数，但当流速取最大允许值时，(n^C-1) 台阳床产水量能达到 Q_n 要求
		最大	$v_{max} = \dfrac{Q_{max}}{A_1 n^C}$			
5	进水中阳离子含量 （mmol/L）		①根据膜厂商提供的计算软件算得的反渗透出水中阳离子总和 ②根据本节 3 的方法计算反渗透出水中阳离子总和 ③近似估算 $\sum C_P^{Ro} = \sum C_F^{Ro} \cdot \dfrac{2-y}{2(1-y)} \cdot (1-SR)$	$\sum C_P^{Ro}$、$\sum C_F^{Ro}$ 分别为反渗透产水和进水中阳离子浓度之和，mmol/L SR 为膜脱盐率，可取 0.96~0.98		y—反渗透装置的水回收率，%
6	一台阳床内树脂体积 （m³）		$V_{RC} = A_1 h_{RC}$			h_{RC}—阳床树脂装载高度，m

序号	计 算 项 目		公　　式	采用数据	结果	说　　明
7	正常出力时周期制水时间（h）		$T=\dfrac{V_{RC}E_C}{\dfrac{Q_n}{n^C}\sum C_p^{Ro}}$			E_C—阳树脂工作交换容量，mol/L 　如设计为单元制，则要保证阳床运行周期比阴床的少 10%～15%
8	正常出力时每昼夜每台再生次数		$R=\dfrac{24}{T}$			R 不得超过规定值
9	每台再生用酸量[kg/(台·次)]	100%酸	$m_{a,p}=\dfrac{V_{RC}E_C\,g_C}{1000}$			g_C—阳树脂再生酸耗，g/mol 　ε—工业酸浓（纯）度，% 　c—再生酸液浓度，% 　ρ—再生酸液密度，g/cm³ 　υ—再生酸液流速，m/h
		工业酸	$m_{a,i}=m_{a,p}\dfrac{1}{\varepsilon}$	对工业盐酸 $\varepsilon=31\%$		
		再生用酸液	$m_{a,r}=m_{a,p}\dfrac{1}{C}$			
		稀释用水（m³）	$V_a=(m_{a,r}-m_{a,i})\dfrac{1}{1000}$			
		进酸时间（min）	$t_a=\dfrac{60m_{a,r}}{1000A_1\upsilon\rho}$			
10	每台再生自用水量[m³/(台·次)]	反洗用水	$V_b=\dfrac{vA_1t}{60}$			v—反洗水流速，m/h t—反洗时间，min 　α_C—阳树脂正洗水比耗，m³/m³ 　正洗用水一般为上级出水
		正洗用水	$V_f=V_{RC}\,\alpha_C$			
		集中供应自用水	例如： $V_2=V_a+V_b$			
		总自用水	$V_t=V_a+V_b+V_f$			
11	每天耗酸量（t）		$m_a^C=\dfrac{m_{a,i}Rn^C}{1000}$			
12	每年耗酸量（t）		$m_{a,a}^C=m_a^C\dfrac{7000}{24}$			以年运行 7000h 计
13	每小时自用水量（m³/h）	由前级供的自用水	例如： $V_1^C=\dfrac{V_fRn^C}{24}$			
		由集中供应的自用水	例如： $V_2^C=\dfrac{V_2Rn^C}{24}$			
		总自用水	$V_t^C=\dfrac{V_tRn^C}{24}$			

4. 电除盐的计算

由于电除盐装置是将多个电除盐（EDI）单元膜块并联连接，电除盐装置的总进水量 Q_F^{EDI} 即二级反渗透产水量 Q^{ROII}，电除盐装置产水量 Q^{EDI} 即为水处理系统最大出力 Q_{max}。

$$Q_F^{EDI} = Q^{ROII} = \frac{Q_{max}}{y^{EDI}} = \frac{Q^{EDI}}{y^{EDI}}$$

电除盐台数按下式确定：

$$n^{EDI} = \frac{Q_{max}}{Q} = \frac{Q^{EDI}}{Q}$$

上式中　n^{EDI}——所需电除盐单元设备台数，取整数；

　　　　　Q——电除盐单元设备的出力，m^3/h；

　　　　　Q^{ROII}——二级反渗透产水量，m^3/h；

　　　　　y^{EDI}——电除盐水回收率，一般约 $85\% \sim 95\%$。

电除盐膜块种类选择和单台出力，可参阅附录 7 的附表 14。要选用同一厂家同一规格的膜块，以保证并联连接时，水流阻力相同，达到水力学均匀的目的。如果计算得到的 n^{EDI} 太多，可以选择单台出力大的电除盐膜块。电除盐膜块要分组连接，分组原则是要确保每组内并联连接的各单元膜块前的压力差小于 15%。分组数应等于或大于 2 组。有一组停运时其余各组产水量应能满足 Q_n 要求。

电除盐处理装置配备直流整流电源，直流电源的电压等于单台电除盐膜块的最大工作电压，直流电源的电流为 n^{EDI} 台电除盐膜块最大工作电流之和。直流电源除了功率上要满足上述需要外，还对恒压、恒流、限流、过流保护、热保护等方面提出要求，比如，每台电除盐膜块都应有独立调节手段，当发生进水压力低、极水流量小、浓水流量小等情况时要自动切掉电源以保护设备。为防止漏电，给水、供出纯水、浓水、极水出入口都应接地。

对加盐的浓水系统，加盐量按下式计算：

每小时加的 NaCl 量：

$$m_{sa,p} = (1 - y^{EDI} - 0.01) Q_{max} \frac{DD}{2135} \quad kg$$

每小时投加 10% 盐溶液体积：

$$V_{sa} = \frac{m_{sa,p}}{10\%} \quad L$$

盐溶液箱体积（以每三天配一次药计）：

$$V_{sa}^{EDI} = \frac{V_{sa} \times 24 \times 3}{1000} \quad m^3$$

每年用盐量：

$$m_{sa,a}^{EDI} = \frac{7000 \cdot m_{sa,p}}{1000} \quad t$$

上式中　y^{EDI}——电除盐的水回收率，一般约 90% 左右；

　　0.01——极水排水量占总进水量的比率；

　　　DD——浓水控制的电导率，一般为 $50 \sim 600\mu S/cm$；

　　2135——浓度为 1g/L 的 NaCl 溶液电导率值（25℃），$\mu S/cm$。

三、一级反渗透计算

膜厂商一般均提供反渗透设计软件，输入待处理的水质及相关资料后由计算机进行计算。在设计软件中，对最大给水压力、最高给水温度、回收率、水通量、最大给水流量、最小浓水流量等多个设计指标均设定了限定报警。在确定给水水质、给水温度、膜品种、膜元件数、压力容器数、排列方式之后，为了获得最佳工况，可上机调整排列、回收率及其特性间关系，计算出给水压力、系统产品水的水质和其他数据。在计算机上能很容易的改变膜元件的数量、种类及排列，以使系统设计达到最佳状态。但是，膜厂商一般只提供自己生产的膜元件的设计软件，不同膜厂商的设计软件互不通用。

为了便于学生掌握反渗透部分计算原则，本书介绍人工计算方法。

1. 反渗透设计必备的资料

反渗透设计必须准备以下资料。

（1）水质资料包括原水水质及反渗透要求的给水水质，依此确定要采用的预处理和前处理方式，以及经预处理和前处理后水质改变情况。

（2）膜种类。根据工程条件（如水质、处理水量、经济费用等）及使用经验，确定所用反渗透的膜种类和生产厂家，比如是使用 CA 膜还是复合膜，是使用 8in 膜还是 4in 膜，膜长度是 40in 还是更长，是用常规低压膜（1.2～1.6MPa）还是用超低压膜（0.8～1.2MPa）及是否采用低污染膜等。

（3）被选用的膜技术参数包括膜面积、脱盐率、水通量、温度校正系统、最大给水流量、最小浓水流量、不同水质下单个膜元件的水回收率等，这些设计参数可以从所选用膜的说明书（或本书附录六和附录九）中查找。

（4）膜处理系统的水回收率要根据当地水资源等条件确定。

（5）膜元件测试条件及测试结果，比如测试压力、温度、测试用氯化钠浓度等，以及测得的脱盐率、水通量等。

2. 反渗透处理水量的计算

（1）当设计二级反渗透，其后处理为电除盐或离子交换时：

二级反渗透后为电除盐时，二级反渗透产水量 $Q^{\text{RO}\text{II}}$ 为

$$Q^{\text{RO}\text{II}} = \frac{Q_{\max}}{y^{\text{EDI}}} \quad \text{m}^3/\text{h}$$

二级反渗透后为离子交换除盐时：

$$Q^{\text{RO}\text{II}} = Q_{\max} \quad \text{m}^3/\text{h}$$

二级反渗透进水水量 $Q_{\text{F}}^{\text{RO}\text{II}}$，即一级反渗透产水水量 $Q^{\text{RO}\text{I}}$ 为

$$Q_{\text{F}}^{\text{RO}\text{II}} = Q^{\text{RO}\text{I}} = \frac{Q^{\text{RO}\text{II}}}{y^{\text{RO}\text{II}}} \quad \text{m}^3/\text{h}$$

二级反渗透浓水水质很好，可以回收进入一级反渗透给水中，其流量为

$$Q_{\text{con}}^{\text{RO}\text{II}} = Q_{\text{F}}^{\text{RO}\text{II}} - Q^{\text{RO}\text{II}} = Q^{\text{RO}\text{I}} - Q^{\text{RO}\text{II}} = Q^{\text{RO}\text{I}} \ (1 - y^{\text{RO}\text{II}}) \quad \text{m}^3/\text{h}$$

此时一级反渗透进水流量 $Q_{\text{F}}^{\text{RO}\text{I}}$ 和反渗透前处理产水量 $Q^{\text{RO,p}}$ 为

$$Q_{\text{F}}^{\text{RO}\text{I}} = Q^{\text{RO,p}} + Q_{\text{con}}^{\text{RO}\text{II}} = Q^{\text{RO,p}} + Q^{\text{RO}\text{I}} \ (1 - y^{\text{RO}\text{II}})$$
$$= Q^{\text{RO,p}} + Q_{\text{F}}^{\text{RO}\text{I}} \cdot y \ (1 - y^{\text{RO}\text{II}}) \quad \text{m}^3/\text{h}$$
$$Q^{\text{RO,p}} = [1 - y \ (1 - y^{\text{RO}\text{II}})] \ Q_{\text{F}}^{\text{RO}\text{I}} \quad \text{m}^3/\text{h}$$

（2）当设计一级反渗透，其后面为离子交换除盐时：

一级反渗透产水水量 $Q^{\text{RO}\text{I}}$ 为

$$Q^{RO I} = Q_{max} \quad m^3/h$$

一级反渗透进水水量（即反渗透前处理系统产水量）：

$$Q_F^{RO I} = Q^{RO,p} = \frac{Q^{RO I}}{y} \quad m^3/h$$

上几式中　$Q^{RO I}$，$Q^{RO II}$，Q^{EDI}——一级反渗透、二级反渗透、电除盐产水量，m^3/h；

$Q^{RO,p}$——反渗透前处理系统产水量，m^3/h；

$Q_F^{RO I}$，$Q_F^{RO II}$——一级反渗透和二级反渗透给水流量，m^3/h；

$Q_{con}^{RO II}$——二级反渗透浓水流量，m^3/h；

y，$y^{RO II}$，y^{EDI}——一级反渗透、二级反渗透和电除盐的水回收率，%。

3. 一级反渗透给水和浓水渗透压计算

给水中各物质浓度按下式计算：

$$\sum C_F^{RO I} = (Na^+)_F + (K^+)_F + (Ca^{2+})_F + (Mg^{2+})_F + \cdots \quad mmol/L(C = Na^+, Ca^{2+}, \cdots 下同)$$

$$\sum A_F^{RO I} = (Cl^-)_F + (SO_4^{2-})_F + (HCO_3^-)_F + \cdots \quad mmol/L \ (C = Cl^-, SO_4^{2-}, \cdots 下同)$$

$$\sum N_F^{RO I} = \frac{(SiO_2)_F}{60} + \frac{(CO_2)_F}{44} + \cdots \quad mmol/L$$

$$(Na^+)_F = [Na^+] + 2[Ca^{2+} + Mg^{2+}]\alpha + (Na^+)_{re} \quad mmol/L$$

$$(Ca^{2+})_F = [Ca^{2+}](1-\alpha) \quad mmol/L$$

$$(Mg^{2+})_F = [Mg^{2+}](1-\alpha) \quad mmol/L$$

$$(Cl^-)_F = [Cl^-] + (Cl^-)_{coa} + (Cl^-)_{pH} + (Cl^-)_O \quad mmol/L$$

$$(SO_4^{2-})_F = [SO_4^{2-}] + (SO_4^{2-})_{coa} + (SO_4^{2-})_{pH} + (SO_4^{2-})_{re} \quad mmol/L$$

$$(HCO_3^-)_F = [HCO_3^-] - D_N - A_{pH} \quad mmol/L$$

$$(CO_2)_F = [CO_2] + 44(D_N + A_{pH}) \quad mg/L$$

式中　　　　　$\sum C_F^{RO I}$，$\sum A_F^{RO I}$，$\sum N_F^{RO I}$——一级反渗透给水中阳离子、阴离子、非离子浓度之和，$mmol/L$；

$(Na^+)_F$，$(K^+)_F$，$(Cl^-)_F$，$(SO_4^{2-})_F\cdots$——一级反渗透给水中相应离子浓度，$mmol/L$；

$(SiO_2)_F$、$(CO_2)_F$——一级反渗透给水中相应物质的浓度，mg/L；

$[Na^+]$，$[Mg^{2+}]$，$[Cl^-]$，$[SO_4^{2-}]\cdots$——反渗透前处理进水中相应物质浓度，$mmol/L$；

$[CO_2]$——反渗透前处理进水中 CO_2 浓度，mg/L；

α——前处理中若设置软化器，进行软化处理水的比率，%；

$(Na^+)_{re}$，$(SO_4^{2-})_{re}$——前处理中，由于加入还原剂（如 $NaHSO_3$ 等）及阻垢剂而使水中相应物质增加的量，$mmol/L$；

$(Cl^-)_{coa}$，$(SO_4^{2-})_{coa}$——前处理中，由于二次混凝而带入水中相应物质的量，$mmol/L$；

$(Cl^-)_{pH}$，$(SO_4^{2-})_{pH}$——前处理中，由于调节 pH 而带入水中的相应物质的量，$mmol/L$；

$(Cl^-)_O$——反渗透前处理中投加氯系杀菌剂而增加的

Cl⁻量，mmol/L；

D_N——前处理中二次混凝的混凝剂剂量，mmol/L

$$（C=\frac{1}{3}Fe^{3+}，\frac{1}{3}Al^{3+}\cdots）；$$

A_{pH}——前处理中调节 pH 的加酸量，mmol/L（$C=$ $H^+\cdots$）。

当设计二级反渗透，且第二级反渗透浓水回收进入第一级给水中，此时第一级给水中各物质浓度可以近似的用上述$\sum C_F^{ROI}$，$\sum A_F^{ROI}\cdots$计算值再乘以系数 $[1-y（1-y^{ROII}）]$ 来表示。

一级反渗透浓水中各物质浓度按下式计算：

$$\sum C_{con}^{ROI}=\sum C_F^{ROI}\cdot\frac{1}{1-y}=\sum C_F^{ROI}\cdot CF \quad mmol/L$$

$$\sum A_{con}^{ROI}=\sum A_{con}^{ROI}\cdot\frac{1}{1-y}=\sum A_{con}^{ROI}\cdot CF \quad mmol/L$$

$$\sum N_{con}^{ROI}=\frac{(CO_2)_{con}}{44}+\frac{(SiO_2)_{con}}{60}+\cdots=\frac{(CO_2)_F}{44}+\frac{(SiO_2)_F}{60}\frac{(1-y\cdot SP)}{(1-y)}+\cdots \quad mmol/L$$

式中　$\sum C_{con}^{ROI}$，$\sum A_{con}^{ROI}$，$\sum N_{con}^{ROI}$——浓水中阳、阴及非离子的浓度之和，mmol/L；

CF——第一级反渗透浓水浓缩倍率。

给水和浓水渗透压 π_F、π_{con} 按下式计算：

$$\pi_F=0.101 33RT（\sum C_F^{ROI}+\sum A_F^{ROI}+\sum N_F^{ROI}）\times10^{-3} \quad MPa$$

$$\pi_{con}=\pi_F\frac{1}{1-y}=0.0133RT（\sum C_{con}^{ROI}+\sum A_{con}^{ROI}+\sum N_{con}^{ROI}）\times10^{-3} \quad MPa$$

式中　R——常数，取 0.082 atm·L/（mol·K）；

T——热力学温度，K°；

0.101 33——将 atm 换算成 MPa 的系数；

$\sum C_F^{ROI}$、$\sum C_{con}^{ROI}$、$\sum A_F^{ROI}$、$\sum A_{con}^{ROI}$、$\sum N_F^{ROI}$、$\sum N_{con}^{ROI}$——反渗透给水和浓水中相应物质的浓度，mmol/L；

SP——SiO_2 对膜透过率；

一级反渗透进水——浓水侧平均渗透压 π_{F-con}：

$$\pi_{F-con}=\frac{\pi_F+\pi_{con}}{2} \quad MPa$$

海水渗透压可以用海水中 NaCl 浓度（mg/L）乘以系数 0.0793×10^{-3} MPa/（mg/L）来近似估算。

4. 一级反渗透膜元件、膜组件及排列方式

所需膜元件数 n_{el} 按下式计算：

$$n_{el}=\frac{Q^{ROI}}{\alpha\cdot Q'_{el}}$$

式中　Q'_{el}——膜厂商提供的单支膜元件在该水质条件下产水量设计值，m³/h；

α——考虑污堵等原因使膜透水量下降的系数，它与进水 SDI 有关，一般膜使用寿命为三年，α 值取 0.75～0.85（见表 3 - 21）。

表 3-21　　　　　　　　由于污堵造成膜产水量逐年下降的系数（海德能膜）

反渗透进水水源	SDI	每年透水量下降（%）	运行三年膜透水量保留值（%）
地表水	2～4	7.3～9.9	70.3～78.1
井水	<2	4.4～7.3	78.1～86.8
RO 渗透水（二级 RO）	<1	2.3～4.4	86.8～93.1

压力容器长度工业上用得最多的是 6m 和 4m 长二种。压力容器（膜组件）个数 n_p 按下式计算，式中每个压力容器内装填的膜元件数 N 要根据选用的膜元件长度（目前用得较多的 8in 膜长度有 40in 和 60in 两种，即 1016mm 和 1524mm）和水回收率来决定（见表 3-22）。

$$n_p = \frac{n_{el}}{N} \quad 取整数$$

表 3-22　　压力容器（膜组件）内填装的膜元件数与水回收率间关系（适用于苦咸水含盐量及以下水质）

压力容器长度（m）		1	2	4	6	1.5	3	4.5	6
内装长 40in 膜元件	膜元件数	1	2	3	4	5	6		
	最大水回收率（%）	16	29	38	44	49	53		
内装长 60in 膜元件	膜元件数					1	2	3	4
	最大小回收率（%）					20	36	47	55

根据表 3-22 数据，6m 长膜组件（内装 6 支长 40in 膜元件或 4 支长 60in 膜元件）水回收率约 50%，二个 6m 长膜组件串联连接时（即二段排列，水通过 12m 长膜元件），水回收率为

$$50\% + (1-50\%) \times 50\% = 75\%$$

三个 6m 长膜组件串联连接时（即三段排列，水通过 18m 长膜元件），水回收率为

$$50\% + (1-50\%) \times 50\% + [1-50\% - (1-50\%) \times 50\%] \times 50\% = 87.5\%$$

对 4m 长膜组件水回收率为 40%；二个 4m 长膜组件串联连接成两段，水回收率为 64%；三个 4m 长膜组件串联成三段，水回收率为 78.4%。

根据对水回收率的要求，一级反渗透可以分段，一般分为二段或三段，每段内压力容器（膜组件）数量可以按下表（见表 3-23）中的系数排列，再进行校核计算。每段的压力容器（膜组件）数为

第一段　$n_{p,1} = r_1 \cdot n_p$　取整数；

第二段　$n_{p,2} = r_2 \cdot n_p$　取整数；

第三段　$n_{p,3} = r_3 \cdot n_p$　取整数。

实际使用的膜组件（压力容器）数为

$$n_p^{RO\,I} = n_{p,1} + n_{p,2} + n_{p,3}$$

实际使用的膜元件数为

$$n_{el}^{RO\,I} = N \cdot n_p^{RO\,I}$$

一级反渗透要分组运行，分组数≥2，并且考虑当其中一组停运时，其余各组的产水量要能达到 Q_n 的要求。

平均每个膜元件的产水量为

$$Q_{el}=\frac{Q^{RO\,I}}{n_{el}^{RO\,I}}\quad m^3/h$$

一级反渗透第一段每支膜组件进水量为

$$Q_{in,el}=\frac{Q_F^{RO\,I}}{n_{p,1}}=\frac{Q^{RO\,I}}{y\,n_{p,1}}$$

表 3-23　　分段排列时每段压力容器数量的系数（适用于苦咸水含盐量及以下水质）

水回收率		第一段压力容器数量系数（r_1）	第二段压力容器数量系数（r_2）	第三段压力容器数量系数（r_3）
6m 长压力容器	水回收率 50%	1	0	0
	水回收率 75%	0.667	0.333	0
	水回收率 87%	0.572	0.296	0.142
4m 长压力容器	水回收率 40%	1	0	0
	水回收率 64%	0.625	0.375	0
	水回收率 75%	0.5102	0.3061	0.1837

5. 一级反渗透给水压力计算

反渗透装量进口所需压力 p_F 为

$$p_F\geqslant\beta\pi_{con}+p_P+\frac{1}{2}p_{el}+p_o-\pi_p\quad MPa$$

高压泵需具备的出口压力 $p_{pu}^{RO\,I}$ 为

$$p_{pu}^{RO\,I}\geqslant p_F+p_{pi}\quad MPa$$

上两式中　　π_{con}——浓水侧水的渗透压，严格讲，应该是浓水侧膜面处水的渗透压，由于膜面处存在浓差极化，膜面处水中盐浓度上升，使膜面处水渗透压增大，浓水侧膜面处水渗透压应为浓水侧水渗透压值再乘以浓差极化系数 β，对一级反渗透 β 值为 1.13~1.2，对二级反渗透 β 值为 1.4~1.7，MPa；

　　　　　　p_p——反渗透产水所需克服的压力（背压），比如送入反渗透产水水箱高度等，MPa；

　　　　　　p_{el}——反渗透装置给水与浓水压力差，即水在膜中流动的阻力，其值可取膜厂商提供的单支膜水流阻力乘以水流经的膜元件数，MPa；

　　　　　　π_p——产水的渗透压，对苦咸水反渗透处理，该值很小可近似为 0；

　　　　　　p_{pi}——高压泵出口至反渗透进口的管道、设备的阻力，MPa；

　　　　　　p_o——流速头，即达到额定流量必须的压头，该值随膜内水通道的流速（即进水流量）增大而增大，该值可由标准测试数据算出，MPa。

p_o 与流速或流量存在正比函数关系：

$$p_o=f(v)=f(Q)=KQ$$

K 为单位流量所需的流速头，对于同一型号的膜，该值应该近似为常数，即

$$K=\frac{p_o}{Q}=\frac{p_{o,s}}{Q_s}$$

$$p_o=\frac{p_{o,s}Q}{Q_s}$$

$$p_o = \frac{\left(p_{F,s} - \beta\pi_{F-con,s} - p_{p,s} - \frac{1}{2}p_{el,s}\right) Q\, T_{CF}}{Q_s \cdot T_{CF,s}}$$

式中　s——下标中 s 代表标准测试时各参数，无 s 代表所设计的反渗透装置的参数；

　　　T_{CF}——温度校正系数，25℃时为 1；

　　　$\pi_{F-con,s}$——标准测试时给水—浓水侧平均渗透压。

6. 结果校核

对上面计算所得的一级反渗透段数及每段内膜元件安排需进行校核，核算每段内各膜元件的进水流量、产水流量、浓水流量（浓淡水之比）等是否符合膜厂商提出的技术要求。校核的基本公式为

$$Q_s = \frac{\left(p_{F,s} - \frac{1}{2}p_{el,s} - p_{p,s} + \beta\pi_{p,s} - \pi_{F-con,s}\right) Q_i\, T_{CF,i}}{\left(p_{F,i} - \frac{1}{2}p_{el,i} - p_{p,i} + \pi_{p,i} - \beta\pi_{F-con,i}\right) T_{CF,s}}$$

式中　Q_s——膜标准测试条件下产品水流量，m^3/h；

　　　Q_i——从前向后第 i 支膜的产品水流量，m^3/h；

　　　$p_{F,s}$——膜标准测试状态下进水压力，MPa；

　　　$p_{F,i}$——延水流方向从前向后第 i 支膜实际操作状态下进水的压力，MPa；

　　　$p_{el,s}$——标准测试状态下膜装置压力降，MPa；

　　　$p_{el,i}$——延水流方向从前向后第 i 支膜压力降，MPa；

　　　$\pi_{p,s}$——标准测试时，产品水的渗透压，MPa；

　　　$\pi_{p,i}$——延水流方向从前向后第 i 支膜产品水渗透压，MPa；

　　$\pi_{F-con,s}$——标准测试时，给水—浓水平均渗透压，严格讲，该值也应为膜面处平均渗透压，即为给水—浓水平均渗透压再乘以浓差极化系数 β，MPa；

　　$\pi_{F-con,i}$——延水流方向从前向后第 i 支膜的给水—浓水平均渗透压，与标准测试值一样，严格讲该值也应乘以浓差极化系数 β，MPa；

　　　$T_{CF,s}$——标准测试时水的温度校正系数，25℃时为 1；

　　　$T_{CF,i}$——实际操作状态下水温度校正系数，25℃时为 1，如非 25℃，要查阅膜说明书中提供的温度系数，一般的膜温度系数见表 3-24，温度每变动 1℃，产水量变化约 3%；

　　　$p_{p,s}$——标准测试时产品水背压，MPa；

　　　$p_{p,i}$——实际操作状态下，第 i 支膜产品水背压，MPa。

表 3-24　　　　　　　　　　　　膜 的 温 度 校 正 系 数

温度(℃)	10	11	12	13	14	15	16	17	18	19	20	21	22	23	24	25
CA膜	1.46	1.418	1.379	1.342	1.307	1.272	1.241	1.209	1.179	1.150	1.124	1.096	1.071	1.046	1.022	1.000
陶氏复合膜	1.711	1.648	1.588	1.530	1.475	1.422	1.371	1.323	1.276	1.232	1.189	1.148	1.109	1.071	1.035	1.000
海德能复合膜	1.616	1.563	1.512	1.436	1.415	1.370	1.326	1.284	1.244	1.205	1.167	1.131	1.097	1.063	1.031	1.000

温度(℃)	26	27	28	29	30	31	32	33	34	35	36	37	38	39	40	
CA膜	0.977	0.956	0.936	0.916	0.897	0.878	0.861	0.843	0.826	0.810	0.794	0.778	0.762	0.747	0.732	
陶氏复合膜	0.967	0.935	0.904	0.874	0.846											
海德能复合膜	0.970	0.941	0.914	0.887	0.861	0.836	0.812	0.789	0.767	0.745	0.724	0.704	0.685	0.666	0.648	

对苦咸水的反渗透处理，产品水含盐量很低，上式中 $\pi_{p,s}$、$\pi_{p,i}$ 可以近似为 0，标准测试时 $p_{p,s}$ 也为 0，水温一般均为 25℃，再考虑工程设计的实际情况，上式可以简化为

$$Q_{el,i} = \frac{\alpha Q_s \left(p_{F,i} - \frac{1}{2}p_{el,i} - p_{p,i} - \beta\pi_{F-con,i} \right) T_{CF,s}}{\left(p_{F,s} - \frac{1}{2}p_{el,s} - \beta\pi_{F-con,s} \right) T_{CF,i}} \quad m^3/h$$

式中　$Q_{el,i}$——延水流方向，第 i 支膜产水量，m^3/h。

可以按该式计算每支膜元件的进水压力、进水流量、产品水流量、浓水流量、浓淡水比，如符合膜厂商提出的技术要求，则设计合理，否则要对设计参数重新安排，反复核算，直至完成优化组合。在需要修改时可供考虑的修改内容有：每个压力容器膜元件数，膜组件的排列方式，是否将第一支膜换成假膜，增设增压泵，增加产水背压，采用浓水循环，等等，设计中常见的问题及解决方向列于表 3-25 中。

表 3-25　　　　　　　　　　设计中常见的问题及解决方向

设计参数	错误	解决方向
平均水通量	超过正常设计范围	增加膜元件数量
单支压力容器进水流量	超过正常进水流量范围	增加排列数量
单支压力容器浓水流量	低于最小浓水流量	减少排列数量
进水压力	进水压力过高	增加膜元件数量
难溶盐含量	难溶盐含量超过溶解度饱和极限值	降低回收率或添加阻垢剂
LSI 或 SDSI	超过极限值有结垢危险	加酸调低 pH 或添加阻垢剂

【例题 1】　建一级反渗透水处理车间，供水量 90m³/h，水回收率 75%，已知原水为地表水，经混凝、澄清、过滤处理后再经反渗透前处理系统处理，反渗透装置进口的水质为：$\sum C_F = 15mmol/L$，$\sum A_F = 15mmol/L$，非离子成分（主要是 SiO_2 和 CO_2）0.4mmol/L（$C = Na^+$，Ca^{2+}，$SO_4^{2-}\cdots$），水温 25℃，反渗透产水送入 6m 高预脱盐水箱。计算该反渗透装置的主要配置。

解　根据使用经验，选用海德能公司生产的直径 8in 长 40in CPA3 复合膜，单支膜面积 37.2m²，该膜测试条件为：1500mg/L NaCl，1.55MPa，25℃，15% 水回收率，产水量 41.6m³/d。使用地表水平均产水通量（设计值）16GFD，脱盐率为 99.6%～99.7%，每支膜允许最大压降 0.07MPa。

该水渗透压：　$\pi_F = 0.101\ 33RT(\sum C_F + \sum A_F + \sum N_F) \times 10^{-3}$

$= 0.101\ 33 \times 0.082 \times (273+25) \times (15+15+0.4) \times 10^{-3}$

$$=0.075\ 3\ (\text{MPa})$$

浓水渗透压: $$\pi_{con}=\pi_F \cdot \frac{1}{1-y}=0.301\ (\text{MPa})$$

按地表水设计的平均产水通量计算单支膜水通量，及所需膜元件数：

$$n_{el}=\frac{Q^{RO\,I}}{\alpha Q'_{el}}=\frac{90}{0.75\ [16\ (\text{GFD})\times1.7\times37.2\times10^{-3}]}=-\frac{90}{0.75\times1.012}=118.6$$

选用 6m 长压力容器，需要的压力容器数为

$$n_p=\frac{n_{el}}{N}=\frac{118.6}{6}=19.7 \quad \text{取 18 只}$$

分为两组，每组 9 支膜组件，按 2∶1 分二段排列，第一段 6 个压力容器，第二段 3 个压力容器，实际使用的膜元件数：18×6＝108 支，平均每支膜元件产水量为

$$Q_{el}=\frac{90}{108}=0.83\ (\text{m}^3/\text{h})$$

给水流量为

$$Q_F^{RO\,I}=\frac{Q^{RO\,I}}{y}=\frac{90}{0.75}=120\ (\text{m}^3/\text{h})$$

每组反渗透装量给水流量为

$$120/2=60\ (\text{m}^3/\text{h})$$

第一段压力容器进口每支膜元件给水流量为

$$Q_{in,el}=\frac{Q_F^{RO\,I}}{n_{p1}}=\frac{120}{6\times2}=10\ (\text{m}^3/\text{h})$$

进水压力为

$$p_F\geqslant\beta\pi_{con}+p_p+\frac{1}{2}p_{el}+p_o$$

$$p_o=\frac{(p_{F,s}-\beta\pi_{F-con,s}-p_{p,s}-\frac{1}{2}p_{el,s})\,QT_{CF}}{Q_s \cdot T_{CF,s}}=\frac{1.55-0.1658-0-\dfrac{0.07}{2}}{41.6/24}\times0.83=0.65\ (\text{MPa})$$

$$p_F\geqslant1.20\times0.3010+0.0588+0.035\times12+0.65=1.49\ (\text{MPa})$$

取 $p_F=1.5\text{MPa}$

按下式计算水流程中各膜元件（$i=1\sim12$）的各种运行数据，计算结果见表3-26。

$$Q_{el,i}=\frac{\alpha Q_s\left(P_{F,i}-p_p-\dfrac{p_{el,i}}{2}-\beta\pi_{F-con,i}\right)T_{CF,s}}{\left(p_{F,s}-\beta\pi_{F-con,s}-\dfrac{p_{el}}{2}\right)T_{CF,i}}\quad \text{m}^3/\text{h}$$

$$p_{F,i}=p_{F,i-1}-p_{el,i-1}\quad \text{MPa}$$

$$\pi_{F-con,i}=\pi_{F,i}+\frac{\pi_{con}-\pi_F}{2\times12}\quad \text{MPa}$$

$$\pi_{F,i}=\pi_{F-con,i-1}+\frac{\pi_{con}-\pi_F}{2\times12}\quad \text{MPa}$$

上式中，标准测试状态所用 1500mg/L NaCl 的渗透压为 0.1270MPa，它的给水——浓水平均渗透压在水回收率为 15% 时，$\pi_{F-con}=1.088\times0.1270=0.1382\text{MPa}$，$\beta$ 取 1.2。

表 3－26 **例题 1 中一级反渗透计算结果**

段	延水流方向膜元件序号	进水压力（MPa）	进水渗透压（MPa）	给水—浓水平均渗透压（MPa）	$\beta \cdot \pi_{F-con}$ [1]	给水流量（m³/h）	产品水流量（m³/h）	浓水流量（m³/h）	浓产水比
第一段	1	1.5	0.075 3	0.084 7	0.102	10	1.23	8.77	7.13
	2	1.43	0.094 1	0.103 5	0.124	8.77	1.144	7.63	6.67
	3	1.36	0.112 9	0.122 3	0.147	7.63	1.056	6.57	6.22
	4	1.29	0.131 7	0.141 1	0.169	6.57	0.97	5.6	5.77
	5	1.22	0.150 5	0.159 9	0.191	5.6	0.892	4.71	5.28
	6	1.15	0.169 4	0.178 8	0.215	4.71	0.804	3.91	4.85
第二段	7	1.08	0.1882	0.1976	0.237	3.906×2=7.812	0.717	7.1	9.9
	8	1.01	0.2070	0.2164	0.260	7.10	0.629	6.47	10
	9	0.94	0.2258	0.2352	0.282	6.47	0.542	5.93	10.9
	10	0.87	0.2446	0.2540	0.305	5.93	0.454	5.48	12
	11	0.80	0.2634	0.2728	0.327	5.48	0.366	5.11	14
	12	0.73	0.2822	0.2916	0.350	5.11	0.279	4.84	17.3
浓排水		渗透压 0.3010MPa				4.84×3×2=29（m³/h）			
总产水量		（第一段产品水流量之和×6＋第二段产品水流量之和×3）×2=91（m³/h）							

①β取 1.2。

根据上表计算结果，总产水量 91m³/h，符合设计要求；最大给水流量 10m³/h，符合膜说明书小于 17m³/h 要求；最低浓水流量 3.91m³/h，符合膜说明书大于 2.73m³/h 要求。

最后确定本反渗透装置用海德能 CPA3 复合膜 108 支，装入 18 只压力容器，分成两组，每组按二段排列，第一段 6 只压力容器，第二段 3 只压力容器；反渗透装置进口压力 1.5MPa；给水流量 120m³/h，产水 90m³/h，水回收率 75%。

7. 产水水质

一级反渗透装置产水水质可按下式计算：

$$C_p = \frac{C_F + C_F \dfrac{1}{1-y}}{2} SP = \frac{C_F (2-y)}{2 (1-y)} SP$$

$$SP = 1 - SR$$

式中　C_p——产水含盐量（TDS）或某种物质的含量，mg/L 或 mmol/L；

C_F——给水含盐量（TDS）或某种物质的含量，mg/L 或 mmol/L；

SP——膜的盐（或某种物质）透过率，%；

SR——膜的脱盐（或某种物质）率，%。

由于膜的盐透过率 SP 是在标准测试条件下取得的，反渗透产水水质还可以计算成标准化产水水质为

$$C_p = \frac{C_F (2-y)}{2 (1-y)} SP_s \frac{p_{F,s} - \dfrac{p_{el}}{2} - \beta \pi_{F-con,s}}{p_F - \dfrac{p_{el}}{2} - p_p - \beta \pi_{F-con}}$$

式中 SP_s 是标准测试条件下的盐（或某种物质）透过率，其余各项意义同前。式中 C_F 可以用含盐量代入，也可用给水中某种物质代入，由于反渗透膜对水中不同物质的去除率不同，故 SP 应代入该物质对膜的透过率。陶氏膜对某些物质脱除率举例列于表 3-27 中。该表中溶质是以分子形式表示，在计算时需先对水质分析中各离子进行组合，计算分子形式物质的浓度，按上式计算产品水中该物质浓度后，再换算成各离子浓度。表 3-28 是海德能公司提供的膜对各种离子脱除率。

表 3-27　陶氏膜对各种物质脱除率（测试条件：2000mg/L，1.6MPa，25℃，除标注外其余 pH 值＝7）

物　质	分子量	脱除率（%）		
		BW 级膜	SW 海水膜	SWHR 海水膜
CO_2	44	0	0	0
NaF	42	99	＞99	＞99
NaCN（pH11）	49	97	98	99
NaCl	58	99	＞99	＞99
SiO_2（50mg/L）	60	98	99	＞99
$NaHCO_3$	84	99	98	99
$NaNO_3$	85	97	96	98
$MgCl_2$	95	99	＞99	＞99
$CaCl_2$	111	99	＞99	＞99
$MgSO_4$	120	＞99	＞99	＞99
$NiSO_4$	155	＞99	＞99	＞99
$CuSO_4$	160	＞99	＞99	＞99
HCHO	30	35	50	60
甲醇	32	25	35	40
乙醇	46	70	80	85
异丙醇	60	90	95	97
尿素	60	70	80	85
乳酸（pH2）	90	94	97	98
乳酸（pH5）	90	99	＞99	＞99
葡萄糖	180	98	99	＞99
蔗糖	342	99	＞99	＞99
微量含氯杀虫剂	—	＞99	＞99	＞99

表 3-28　　　　　　　　海德能 ESPA1 膜对水中离子脱除率

离子	Cl^-	SO_4^{2-}	HCO_3^-	Na^+	Ca^{2+}	Mg^{2+}	CO_2
离子透过率（%）	1.0	0.1	4.1	2.7	0.4	0.2	100

四、一级反渗透出水 pH 值调节

由于 CO_2 能全部透过反渗透膜，透过率为 100%，也即是说产水中 CO_2 浓度等于给水中的 CO_2 浓度，存在下面等式

$$SP_{CO_2} = \frac{[CO_2]_P}{[CO_2]_F} = 1$$

$$[CO_2]_F = [CO_2]_p$$

$$[CO_2]_F \cdot Q_F = [CO_2]_p \cdot Q_p + [CO_2]_{con} \cdot Q_{con}$$

$$[CO_2]_{con} = \frac{[CO_2]_F \cdot Q_F - [CO_2]_p \cdot Q_p}{Q_{con}} = \frac{[CO_2]_F (Q_F - Q_p)}{Q_{con}} = [CO_2]_F$$

式中　　$[CO_2]_F$、$[CO_2]_p$、$[CO_2]_{con}$——分别为给水、产水、浓水中 CO_2 浓度；

　　　　　　Q_F、Q_p、Q_{con}——分别为给水、产水、浓水流量。

　　由上式可知，反渗透产水及浓水中 CO_2 浓度均和给水中相同。对产水来讲，由于水质纯，缓冲性小，CO_2 的进入会造成一级反渗透出水 pH 低。如果一级反渗透后面是二级反渗透，这些 CO_2 同样可进入二级反渗透产水中，使二级反渗透产水电导率升高，水质下降。处理对策是向一级反渗透出水中加碱，将水中 CO_2 中和成 HCO_3^-，pH 值上升至 8.0～8.3，HCO_3^- 很容易被二级反渗透膜去除；这就保证了二级反渗透出水水质。如果一级反渗透出水再经离子交换处理，水中 CO_2 同样会影响离子交换运行，处理方法是增设除 CO_2 器（当水中 $CO_2 > 5～10mg/L$ 时）。

　　水中 $[HCO_3^-]$，$[CO_2]$ 浓度与水 pH 值的关系见图 3-6，加碱量可以按下式计算。

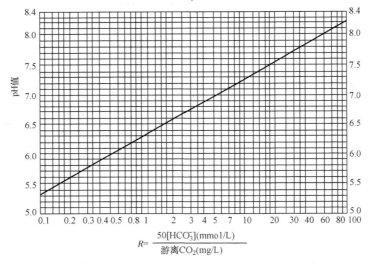

图 3-6　水中 $[HCO_3^-]$，CO_2 和 pH 值关系

　　当将水的 pH 值调节至 8.0 时，需加入的碱量：

$$S = \frac{0.6 \, [CO_2] - 50 \, [HCO_3^-]}{1.91} \quad mg/L$$

　　当将水的 pH 值调节至 8.3 时，需加入的碱量：

$$S = \frac{[CO_2] - 50 \, [HCO_3^-]}{2.35} \quad mg/L$$

式中　　S——调节 pH 值需加入的纯 NaOH 量，mg/L；

　　$[HCO_3^-]$——一级反渗透出水中 HCO_3^- 浓度（按一级反渗透出水水质计算），mmol/L；

　　$[CO_2]$——一级反渗透出水中 CO_2 浓度，它等于反渗透进水中 CO_2 浓度，mg/L；

　　ε——NaOH 纯度，%。

　　每小时加入的 0.1%NaOH 体积为

$$V = \frac{S \cdot Q^{\mathrm{RO\,I}}}{1000 \times 0.1\% \times \varepsilon} \quad \mathrm{L/h}$$

每天用 NaOH 量为

$$m_{\mathrm{s}} = \frac{S \cdot Q^{\mathrm{RO\,I}}}{\varepsilon} \times \frac{24}{1000} \quad \mathrm{kg}$$

每年耗 NaOH 量为

$$m_{\mathrm{s,a}}^{\mathrm{RO\,I}} = m_{\mathrm{s}} \frac{7000}{24} \quad \mathrm{kg}$$

五、二级反渗透计算

（1）给水和浓水渗透压。二级反渗透给水为一级反渗透出水，根据前面按离子计算的一级反渗透出水水质，并考虑投加 NaOH 后水中 Na^+ 和 HCO_3^- 浓度的变化，计算二级反渗透进水的 $\sum C_{\mathrm{F}}^{\mathrm{RO\,II}}$ 和 $\sum A_{\mathrm{F}}^{\mathrm{RO\,II}}$ 以及 $\sum N_{\mathrm{F}}^{\mathrm{RO\,II}}$，并按下式计算其给水渗透压和浓水渗透压：

$$\pi_{\mathrm{F}} = 0.101\,33RT \left(\sum C_{\mathrm{F}}^{\mathrm{RO\,II}} + \sum A_{\mathrm{F}}^{\mathrm{RO\,II}} + \sum N_{\mathrm{F}}^{\mathrm{RO\,II}} \right) \times 10^{-3} \quad \mathrm{MPa}$$

$$\pi_{\mathrm{con}} = \pi_{\mathrm{F}} \frac{1}{1 - y^{\mathrm{RO\,II}}} = 0.101\,33RT \left(\sum C_{\mathrm{con}}^{\mathrm{RO\,II}} + \sum A_{\mathrm{con}}^{\mathrm{RO\,II}} + \sum N_{\mathrm{F}}^{\mathrm{RO\,II}} \right) \times 10^{-3} \quad \mathrm{MPa}$$

$$\sum C_{\mathrm{con}}^{\mathrm{RO\,II}} = \sum C_{\mathrm{F}}^{\mathrm{RO\,II}} \frac{1}{1 - y^{\mathrm{RO\,II}}}$$

以此类推。

当原水为苦咸水且含盐量不高时，二级反渗透给水和浓水含盐量很低，渗透压可以忽略不计。但海水淡化时，海水淡化的一级反渗透出水水质与一般天然水相近，所以仍需计算其渗透压。

（2）膜元件、膜组件及排列。第二级反渗透只安排一段，水回收率在 85%～90% 之间。这样高的水回收率，当采用 1m×6 膜组件时，单支膜元件的水回收率平均值也高达 30%（见表 3-29）

表 3-29　　　　　　　1m×6 膜组件水回收率与单支膜元件平均水回收率

膜组件（1m×6）水回收率（%）	53.6	62.2	73.8	78	81.3	88.2
膜组件中单支膜元件平均水回收率（%）	12	15	20	22.5	25	30

所需膜元件数：

$$n_{\mathrm{el}} = \frac{Q^{\mathrm{RO\,II}}}{\alpha Q'_{\mathrm{el}}}$$

式中　Q_{el}'——膜厂商提供的由一级 RO 出水作为给水的单支膜产水量设计值，$\mathrm{m^3/h}$；

　　　α——考虑三年运行透水量下降的系数，一般取 0.85～0.9。

所需膜组件（压力容器）数 $n_{\mathrm{p}}^{\mathrm{RO\,II}}$：

$$n_{\mathrm{p}}^{\mathrm{RO\,II}} = \frac{n_{\mathrm{el}}}{N} \quad \text{取整数}$$

N 为每个压力容器内填装的膜元件数，对采用 1m×6 的膜组件，该值为 6。

二级反渗透可以分组运行，也可以不分组，分组时分组数要 ≥2。

实际使用的膜元件数 $n_{\mathrm{el}}^{\mathrm{RO\,II}}$：

$$n_{\mathrm{el}}^{\mathrm{RO\,II}} = N n_{\mathrm{p}}^{\mathrm{RO\,II}}$$

每支膜元件平均产水量 Q_{el}:

$$Q_{el} = \frac{Q^{RO\,II}}{n_{el}^{RO\,II}} \quad m^3/h$$

二级反渗透进水水量：

$$Q_F^{RO\,II} = \frac{Q^{RO\,II}}{y^{RO\,II}} \quad m^3/h$$

按水流方向第一支膜进水量：

$$Q_{in,el} = \frac{Q_F^{RO\,II}}{n_p^{RO\,II}} \quad m^3/h$$

（3）二级反渗透给水压力计算式为

$$p_F \geqslant \beta\pi_{con} + p_p + \frac{1}{2}p_{el} + p_0 \quad MPa$$

$$p_0 = \frac{\left(p_{F,s} - \beta\pi_{F-con,s} - p_{p,s} - \frac{1}{2}p_{el,s}\right)QT_{CF}}{Q_s \cdot T_{CF,s}} \quad MPa$$

二级反渗透高压泵出口压力 $p_{pu}^{RO\,II}$:

$$p_{pu}^{RO\,II} \geqslant p_F + p_{pi} \quad MPa$$

式中　p_F——二级反渗透装置进口需要的压力，MPa；

　　π_{con}——二级反渗透浓水渗透压，严格讲还应乘以一浓差极化系数 β，β 值为 $1.4\sim$
　　　　　　 1.7，MPa；

　　p_p——二级反渗透产水需克服的压力（背压），MPa；

　　p_{el}——水通过膜时给水与浓水压力差，为膜厂商提供的单支膜阻力乘以水流经的膜
　　　　　　 元件数，MPa；

　　p_0——流速头，有的书上称为净运行压力，MPa；

　　p_{pi}——高压泵出口至膜组件进口的管道、设备阻力，MPa；

　　s——标准状态测试时的数据；

　　T_{CF}——温度校正系数，25℃时为1。

（4）结果校核。要对延水流方向的每一支（i）膜进行校核，计算它的进水压力，给水—浓水平均渗透压，给水流量，产水流量，浓水流量，浓产水比值，水回收率等，并与设计要求值对比，直到符合要求。计算方法与一级反渗透相同，计算公式为

$$Q_{el,i} = \frac{\alpha \cdot Q_s \cdot \left(p_{F,i} - p_P - \frac{1}{2}p_{el,i} - \beta\pi_{F-con,i}\right)T_{CF,s}}{\left(p_{F,s} - \beta\pi_{F-con,s} - \frac{1}{2}p_{el,s}\right)T_{CF,i}} \quad m^3/h$$

式中各项意义同前（α 为二级反渗透透水量三年下降系数，取 $0.85\sim0.9$）。

【例题2】　在例题1中设计的一级反渗透，如果其出水再经过二级反渗透处理，处理后水送入 6m 高反渗透水箱，选择二级反渗透处理装置。

解　该二级反渗透进水水量为 90m³/h，水回收率为 85%，一级反渗透出水加碱后作为二级反渗透给水，其给水，浓水渗透压近似为 0。选用海德能公司生产的 ESPA2⁺ 复合膜（该膜膜面积及水通量大，为超低压膜），膜直径 8in，长 40in，膜面积 40.9m²，设计水通量 24GFD，测试条件：压力 1.05MPa，NaCl 1500mg/L，产水 45.4m³/d。

所需膜元件数:

$$n_{el} = \frac{Q^{RO\,II}}{\alpha Q'_{el}} = \frac{90 \times 0.85}{0.85 \left[24 \text{ (GFD)} \times 1.7 \times 40.9 \text{ (m}^2\text{)} \times 10^{-3} \right]} = 59.3$$

选用 6m 长压力容器,需压力容器数:

$$n_p = \frac{n_{el}}{6} = 9.8$$

取 $n_p = 8$,分为两组,每组 4 只压力容器,共用 $8 \times 6 = 48$ 支膜。第一支膜进水量为 $90/8 = 11.25 \text{m}^3/\text{h}$,单支膜平均产水量 $\frac{90 \times 0.85}{48} = 1.594$ (m³/h)。

进水压力:

$$p_0 = \frac{\left(1.05 - 0.1658 - 0 - \frac{0.07}{2} \right)}{45.4/24} \times \frac{90 \times 0.85}{48} = 0.72 \text{ (MPa)}$$

$$p_F = \beta \pi_{con} + p_p + \frac{1}{2} p_{el} + p_0 = 0.058 + \frac{0.07 \times 6}{2} + p_0 = 0.99 \text{ (MPa)}$$

由于把 π 当作 0,取值偏低,故取 p_F 为 1.14MPa(165psi),计算结果列于表 3-30 中。

表 3-30　　　　　　　　　　　　　　　例题 2 中二级反渗透计算结果

水流方向膜序号	进水压力(MPa)	给水—浓水平均渗透压(MPa)	给水流量(m³/h)	产品水流量(m³/h)	浓水流量(m³/h)
1	1.14	0	11.25	1.92	9.33
2	1.07	0	9.33	1.79	7.54
3	1.0	0	7.54	1.66	5.88
4	0.93	0	5.88	1.53	4.35
5	0.86	0	4.35	1.4	2.95
6	0.79	0	2.95	1.27	1.68

注　由于二级反渗透进水水质好,堵塞可能性很小,单支膜压差可以在极限值(0.07MPa)以下取值,适当降低备用量。

总产水量为 $(1.92 + 1.79 + 1.66 + 1.53 + 1.4 + 1.27) \times 8 = 76.56 \text{(m}^3/\text{h)}$,水回收率达到 85%,符合要求,唯一缺点是第六支膜浓水流量为 $1.68 \text{m}^3/\text{h}$,略小于规定的 $1.82 \text{m}^3/\text{h}$。这与本计算中将浓水渗透压当作 0 有关,实际上渗透压不为 0,尤其第六支膜,如果把渗透压计算出来,第六支膜的浓水流量要增大。其他可以选择的解决办法是减少压力容器数目(先核算每支压力容器浓水流量,符合要求再进行其他计算)并适当提高进水压力。

(5)出水水质。二级反渗透出水水质 C_p 按下式计算:

$$C_P = \frac{C_F}{2} \frac{(2-y)}{(1-y)} SP$$

式中各项符号意义同一级反渗透出水水质计算部分。一级反渗透出水水质即二级反渗透给水水质 C_F,当一级反渗透出水进行 pH 值调节时,还要对水中 Na^+,HCO_3^-,CO_2 进行计算后才能作为二级反渗透给水水质。

在一级反渗透出水水质以单个离子进行计算时,可以用这些数据计算二级反渗透出水中各离子含量,计算方法也与一级反渗透出水水质计算相同。

第四节　反渗透前处理系统工艺计算

反渗透前处理系统包括去除浊度（二次混凝及细砂过滤、超滤）、调节 pH 值及防垢（$CaCO_3$，$CaSO_4$，$BaSO_4$，$SrSO_4$，SiO_2 等垢）、加氯及除氯（活性炭吸附，加亚硫酸盐）、加热及保安过滤等部分。

一、过滤和活性炭床

1. 过滤器

细砂过滤器多为压力式机械过滤器，过滤介质较细，通常为 0.3～0.5mm 石英砂。也有设计为多介质过滤器，它也是压力式机械过滤器，只是过滤介质改为两种材质。

（1）设计出力（前处理系统产水量）：

当系统为一级反渗透时：

$$Q^{RO,p} = Q_F^{RO \, I} + b \quad m^3/h$$

当系统为二级反渗透且第二级浓水回收作为第一级给水时：

$$Q^{RO,p} = Q_F^{RO \, I} \left[1 - y \left(1 - y^{RO \, II} \right) \right] + b \quad m^3/h$$

式中　$Q^{RO,p}$——反渗透前处理系统产水量，m^3/h；

　　　　b——前处理系统自用水量（不包括过滤器反洗用水），如各种加药用水、清洗用水等，一般可按设计出力 2%～5% 考虑，m^3/h。

（2）选择设备台数：

$$n_F^{RO,p} = \frac{Q^{RO,p}}{A_1 v} = \frac{4Q^{RO,p}}{\pi d^2 v}$$

$n_F^{RO,p}$ 取整数，且不得少于两台，并保证当 v 取最大值时（$n_F^{RO,p} - 1$）$A_1 v$ 能满足系统正常供水量需要。

式中　A_1——选择的过滤器截面积，m^2；

　　　　d——选择的机械过滤器直径，m；

　　　　v——过滤器设计流速，细砂过滤器为 6～8m/h，多介质过滤器为 6～10m/h。

（3）反洗水量。由于过滤器进水水质较好，运行周期较长，反洗水量可按其设计出力的 4%～5% 考虑，不进行详细计算。若前处理系统中还要进行二级混凝处理（通常采用直流混凝），则应对运行周期和自用水率进行计算，计算方法参考本章第一节中滤池计算。

反洗用水是由预处理系统中滤池的出水提供。

2. 卡盘（保安）过滤器

保安过滤器应能去除水中 $5\mu m$ 以上的微粒。设计时可根据规格产品进行选择。若选择的单台出力为 Q（m^3/h），则其台数为

$$n_C^{RO,p} = \frac{Q^{RO,p}}{Q}$$

$n_C^{RO,p}$ 取整数，但不得少于两台，由于保安过滤器和反渗透装置是单元制运行，因此其台数应和反渗透装置分组数相对应，通常每组反渗透装置设置 1～2 台保安过滤器。

当保安过滤器运行压差达到规定值时就不能再使用，一般采用更换滤芯的办法解决，反洗用水可不进行计算。当叠片式保安过滤器运行压差达到一定值时，可以进行反洗，由于反

洗自用水率不大，可在 $Q^{RO,p}=Q_F^{ROI}+b$ 计算式 b 值中一并考虑。

3. 活性炭床

活性炭床设计同本章第一节中活性炭床设计，只是设计水量采用 $Q^{RO,P}$。前处理系统中活性炭床除了可去除水中有机物外，还可用来去除游离氯，以保护反渗透膜，所以其运行周期按 COD 和余氯两项进行计算。

二、调节 pH 值和防止 CaCO$_3$ 垢

调节 pH 值主要为了减缓膜的水解，另外降低 pH 值后，又可防止 CaCO$_3$ 垢，所以两个问题一并考虑。

1. 水的 Langlier 饱和指数

LSI＝pH－pHs （适用于 TDS＜10 000mg/L 时）

SDSI＝pH－P_{ca}－PA－K （适用于 TDS＞10 000mg/L 时）

式中各项符号意义及计算方法在第二章第三节中已有介绍，请查阅相关部分。

2. 浓水的 Langlier 饱和指数

浓水即反渗透排水，末段浓水是反渗透装置中水质最差的部分，结垢趋势也最严重，所以要对末段浓水的结垢趋势进行评估并采取必要措施。由于垢的析出是在膜面处，而膜面处水的浓度又超过平均浓度，此即浓差极化，浓差极化加剧了膜的结垢可能性，所以计算 Langlier 指数时应当考虑浓差极化问题，即

$$pHs＝(9.3+a_1+a_2)-(a_3+a_4)$$

$$a_1=(lg\beta\ [TDS]_{con}-1)/10=\left\{lg\left(\beta\ [TDS]_F\ \frac{1}{1-y}\right)-1\right\}/10$$

$$a_2=-13.12\times lg\ (t+273)+34.55$$

$$a_3=lg\beta\ [Ca^{2+}]_{con}-0.4=lg\left(\beta\ [Ca^{2+}]_F\ \frac{1}{1-y}\right)-0.4$$

$$a_4=lg\beta\ [A]_{con}=lg\left(\beta\ [A]_F\ \frac{1-y\cdot SP}{1-y}\right)$$

式中 β——浓差极化系数，对一级反渗透可取 1.2，对二级反渗透，可取 1.4～1.7；

$\qquad$ y——反渗透水回收率，%；

$\quad$ SP——HCO$_3^-$ 对膜的透过系数，该值可以从膜性能参数中查到，比如海德能 ESPA1 膜该值约 4.1%，也可以从同类膜的性能图中查到（见图 3-7）。

式中其他各项符号及单位同第二章第三节。

求得 pHs 后还需要知道浓水膜面处水的 pH 值，才能求得 LSI 值。该 pH 值按下式计算：

$$pH=6.35+lg\ (\beta\ [A]_{con})-lg\ [CO_2]_{con}+2lgf_1$$

$$[CO_2]_{con}=[CO_2]_F$$

式中 f_1——水中一价离子活度系数，在含盐量不高的水中可近似为 1。

但若要计算 f_1，先要计算水的离子强度 μ，再由 μ 来计算 f_i。

$$f_i=-\frac{Z_i^2K\sqrt{\mu}}{(1+\sqrt{\mu})}$$

$$\mu=\frac{1}{2}\{[i_1]\ Z_{i1}^2+[i_2]\ Z_{i2}^2+\cdots\}\times 10^{-3}$$

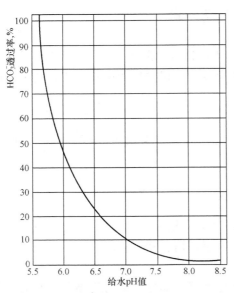

图 3-7　B-9 芳香聚酰胺膜的 HCO_3^-
透过率与给水 pH 值的关系

$$\mu_{con} = \mu_F \frac{1}{1-y}$$

式中　f_i——i 离子的活度系数；

$\quad\quad Z_i$——i 离子价数；

$\quad\quad K$——常数，25℃时为 0.5056；

$\quad\quad i_1$，i_2……——相应的离子浓度，mmol/L（$C =$ Na^+，Ca^{2+}，SO_4^{2-}……）；

$\quad\quad \mu_F$、μ_{con}——给水、浓水的离子强度。

在算得膜面处浓水的 pH 值和 pHs 后，就可以计算其 LSI：

$$LSI = pH - pHs$$

LSI≤0 则该水没有结垢倾向（有时考虑安全性将其降至 −0.2），若 >0 则需要对水进行防垢处理，防垢处理方法有：加酸降低 pH 值、软化、添加阻垢剂等。有时即使 <0 也还要采用加酸将 pH 值降低，这主要是为了控制膜的水解。

3. 加酸处理时加酸量的计算

加酸可以降低水的碱度，增加 pHs 值达到防垢的目的。加酸量通常是按防止膜水解的最佳 pH 值（一般 5.5～6）来控制。加酸量可按以下方法计算：

设水中碳酸化合物总浓度 C 为

$$C = [CO_2] + [HCO_3^-] + [CO_3^{2-}] \quad mmol/L \quad (C = CO_2、HCO_3^-、CO_3^{2-})$$

$$\alpha_0 = \frac{[CO_2]}{C}$$

$$\alpha_1 = \frac{[HCO_3^-]}{C}$$

$$\alpha_2 = \frac{[CO_3^{2-}]}{C}$$

按照电中性原理，在非强碱、强酸性水中，存在下列关系：

$$C = \alpha \cdot [碱度] = \frac{碱度}{(\alpha_1 + 2\alpha_2)}$$

即

$$\alpha = \frac{1}{\alpha_1 + 2\alpha_2}$$

不同 pH 值时，水的 α_0，α_1，α_2，α 值列于表 3-31 中，可以根据该表来计算加酸量。加酸通常加盐酸，不加硫酸，主要因为加硫酸后水中硫酸根会增加，引起硫酸盐垢的析出，而盐酸的 Cl^- 透过膜量很小，也不致影响出水水质。

表 3-31　　　　　　　　　　　碳酸平衡系数（21℃）

pH 值	α_0	α_1	α_2	α
4.5	0.986 1	0.013 88	2.058×10^{-8}	72.062
4.6	0.982 6	0.017 41	3.250×10^{-8}	57.447

续表

pH 值	α_0	α_1	α_2	α
4.7	0.978 2	0.021 82	5.128×10^{-8}	45.837
4.8	0.972 7	0.027 31	8.082×10^{-8}	36.615
4.9	0.965 9	0.034 14	1.272×10^{-7}	29.290
5.0	0.957 4	0.042 60	1.998×10^{-7}	23.472
5.1	0.946 9	0.053 05	3.132×10^{-7}	18.850
5.2	0.934 1	0.065 88	4.897×10^{-7}	15.179
5.3	0.918 5	0.081 55	7.631×10^{-7}	12.262
5.4	0.899 5	0.100 5	1.184×10^{-6}	9.946
5.5	0.876 6	0.123 4	1.830×10^{-6}	8.106
5.6	0.849 5	0.150 5	2.810×10^{-6}	6.644
5.7	0.817 6	0.182 4	4.286×10^{-6}	5.484
5.8	0.780 8	0.219 2	6.487×10^{-6}	4.561
5.9	0.738 8	0.261 2	9.729×10^{-6}	3.828
6.0	0.692 0	0.308 0	1.444×10^{-5}	3.247
6.1	0.640 9	0.359 1	2.120×10^{-5}	2.785
6.2	0.586 4	0.413 6	3.074×10^{-5}	2.418
6.3	0.529 7	0.470 3	4.401×10^{-5}	2.126
6.4	0.472 2	0.527 8	6.218×10^{-5}	1.894
6.5	0.415 4	0.584 5	8.669×10^{-5}	1.710
6.6	0.360 8	0.639 1	1.193×10^{-4}	1.564
6.7	0.309 5	0.690 3	1.623×10^{-4}	1.448
6.8	0.262 6	0.737 2	2.182×10^{-4}	1.356
6.9	0.220 5	0.779 3	2.903×10^{-4}	1.282
7.0	0.183 4	0.816 2	3.828×10^{-4}	1.224
7.1	0.151 4	0.848 1	5.008×10^{-4}	1.178
7.2	0.124 1	0.875 2	6.506×10^{-4}	1.141
7.3	0.101 1	0.898 0	8.403×10^{-4}	1.111
7.4	0.082 03	0.916 9	1.080×10^{-3}	1.088
7.5	0.066 26	0.932 4	1.383×10^{-3}	1.069
7.6	0.053 34	0.944 9	1.764×10^{-3}	1.054
7.7	0.042 82	0.954 9	2.245×10^{-3}	1.042
7.8	0.034 29	0.962 9	2.849×10^{-3}	1.032
7.9	0.027 41	0.969 0	3.610×10^{-3}	1.024
8.0	0.021 88	0.973 6	4.566×10^{-3}	1.018

续表

pH 值	α_0	α_1	α_2	α
8.1	0.017 44	0.976 8	5.767×10^{-3}	1.012
8.2	0.013 88	0.978 8	7.276×10^{-3}	1.007
8.3	0.011 04	0.979 8	9.169×10^{-3}	1.002
8.4	$0.876\,4\times10^{-2}$	0.979 7	1.154×10^{-2}	0.997 2
8.5	$0.695\,4\times10^{-2}$	0.978 5	1.451×10^{-2}	0.992 5
8.6	$0.551\,1\times10^{-2}$	0.976 3	1.823×10^{-2}	0.987 4
8.7	$0.436\,1\times10^{-2}$	0.972 7	2.287×10^{-2}	0.981 8
8.8	$0.344\,7\times10^{-2}$	0.967 9	2.864×10^{-2}	0.975 4
8.9	$0.272\,0\times10^{-2}$	0.961 5	3.582×10^{-2}	0.968 0
9.0	$0.214\,2\times10^{-2}$	0.953 2	4.470×10^{-2}	0.959 2
9.1	$0.168\,3\times10^{-2}$	0.942 7	5.566×10^{-2}	0.948 8
9.2	$0.131\,8\times10^{-2}$	0.929 5	6.910×10^{-2}	0.936 5
9.3	$0.102\,9\times10^{-2}$	0.913 5	8.548×10^{-2}	0.922 1
9.4	$0.799\,7\times10^{-3}$	0.893 9	0.105 3	0.905 4
9.5	$0.618\,5\times10^{-3}$	0.870 3	0.129 1	0.886 2
9.6	$0.475\,4\times10^{-3}$	0.842 3	0.157 3	0.864 5
9.7	$0.362\,9\times10^{-3}$	0.809 4	0.190 3	0.840 4
9.8	$0.274\,8\times10^{-3}$	0.771 4	0.228 3	0.814 3
9.9	$0.206\,1\times10^{-3}$	0.728 4	0.271 4	0.786 7
10.0	$0.153\,0\times10^{-3}$	0.680 6	0.319 2	0.758 1
10.1	$0.112\,2\times10^{-3}$	0.628 6	0.371 2	0.729 3
10.2	$0.813\,3\times10^{-4}$	0.573 5	0.426 3	0.701 1
10.3	$0.581\,8\times10^{-4}$	0.516 6	0.483 4	0.674 2
10.4	$0.410\,7\times10^{-4}$	0.459 1	0.540 9	0.649 0
10.5	$0.286\,1\times10^{-4}$	0.402 7	0.597 3	0.626 1
10.6	$0.196\,9\times10^{-4}$	0.348 8	0.651 2	0.605 6
10.7	$0.133\,8\times10^{-4}$	0.298 5	0.701 5	0.587 7
10.8	$0.899\,6\times10^{-5}$	0.252 6	0.747 4	0.572 3
10.9	$0.598\,6\times10^{-5}$	0.211 6	0.788 4	0.559 2
11.0	$0.394\,9\times10^{-5}$	0.175 7	0.824 2	0.548 2

【例题 3】 某水碱度 2.4mmol/L，pH 值为 7.6，要将其 pH 值降至 5.5，求加酸量。

解　pH 值为 7.6 时，水的碱度可全部看做是 $[HCO_3^-]$，查表得出 pH 值为 7.6 时 $\alpha=1.054$。

$$C=\alpha_{7.6}\ [A]_{7.6}=1.054\times2.4=2.53\quad \text{mmol/L}$$

加酸使 pH 值降至 5.5 时，水中总碳量 C 不变，则 pH5.5 时水的碱度：

$$[A]_{5.5} = C/\alpha_{5.5} = 2.53/8.106 = 0.312 \text{ （mmol/L）}$$

加酸使碱度减少值，即等于加酸量

$$[A]_{7.6} - [A]_{5.5} = 2.4 - 0.312 = 2.21 \text{ （mmol/L）}$$

如果投加 31% 工业盐酸，则投加量为

$$g_a = \frac{2.21 \times 36.5}{31\%} = 260 \text{ （mg/L）}$$

当计算出每升水需加入的酸量 g_a（mg/L）后，可以计算每天及每年耗酸量。

每天酸（31%盐酸）加入量：

$$m_a^{RO,p} = \frac{24Q^{RO,p}g_a}{1000} \quad \text{kg}$$

每年耗酸量

$$m_{a,a}^{RO,p} = m_a^{RO,p}\frac{7000}{24} \times 10^{-3} \quad \text{t}$$

4. 加酸后浓水的 Langlier 指数

加酸后水的硬度没有变化，水的碱度由原来的碱度减去加酸量，水中 CO_2 由原来的 CO_2 增加了一个加酸量，TDS 值也有所变化。

$$[A]_a = \left[\frac{[A]_0}{50} - \frac{0.31g_a}{36.5}\right] \times 50 \quad \text{mgCaCO}_3/\text{L}$$

$$[TDS]_a = [TDS]_0 + \frac{0.31g_a}{36.5} \times 35.5 - \frac{[A]_0 - [A]_a}{50} \times 61 \quad \text{mg/L}$$

$$[CO_2]_a = [CO_2]_0 + [A_0 - A_a]/50 \quad \text{mmol/L} \quad (C=CO_2)$$

上式中 A 的单位为 mg $CaCO_3$/L，下标 O 为加酸前水中成分指标，下标 a 为加酸后水的成分指标，如果加酸后水即进入反渗透装置，则 $[A]_a = [A]_F$，$[TDS]_a = [TDS]_F$，$[CO_2]_a = [CO_2]_F$。按前述方法即可计算加酸后浓水的 Langlier 指数，判断水的结垢性及是否进行阻垢处理。

5. 投加阻垢剂量

如果计算的浓水 LSI 指数 >0（也有的降至 -0.2），则需添加阻垢剂，一般投加六遍磷酸钠可将 LSI 放宽至 1.0（也有人定为 0.5），投加有机阻垢剂可将 LSI 放宽至 1.5（也有人定为 1.8）。投加有机阻垢剂的种类需根据使用经验决定，投加剂量要根据阻垢剂说明书或经试验确定。

若投加阻垢剂（八倍稀释液）的量为 g_{in}（mg/L），则每小时投加的药液量：

$$V_{in} = \frac{g_{in}Q^{RO,p}}{\rho} \times 10^{-3} \quad \text{L}$$

每天加入的八倍浓缩液量：

$$m_{in}^{RO,p} = \frac{24Q^{ROI}g_{in}}{8 \times 1000} \quad \text{kg}$$

每年阻垢剂（八倍浓缩液）耗量：

$$m_{in,a}^{RO,p} = m_{in}^{RO,p}\frac{7000}{24} \times 10^{-3} \quad \text{t}$$

式中　ρ——阻垢剂八倍稀释液的密度，g/cm³。

三、CaSO₄，BaSO₄ 等垢的析出计算

对 $CaSO_4$，$BaSO_4$，$SrSO_4$，CaF_2 等垢的析出计算主要是计算浓水中相应离子浓度乘积是否达到其溶度积。这一类计算一般不考虑浓差极化系数，主要因为这类物质的析出速度较慢，浓差极化影响不大，计算公式为

$$K_{\mathrm{sp,CaSO_4}}=(\mathrm{Ca^{2+}})_{\mathrm{con}} \cdot [\mathrm{SO_4^{2-}}]_{\mathrm{con}}=[\mathrm{Ca^{2+}}]_{\mathrm{F}} \cdot [\mathrm{SO_4^{2-}}]_{\mathrm{F}} \cdot \left(\frac{1}{1-y}\right)^2$$

$$K_{\mathrm{sp,BaSO_4}}=[\mathrm{Ba^{2+}}]_{\mathrm{con}} \cdot [\mathrm{SO_4^{2-}}]_{\mathrm{con}}=[\mathrm{Ba^{2+}}]_{\mathrm{F}} \cdot [\mathrm{SO_4^{2-}}]_{\mathrm{F}} \cdot \left(\frac{1}{1-y}\right)^2$$

$$K_{\mathrm{sp,SrSO_4}}=[\mathrm{Sr^{2+}}]_{\mathrm{con}} \cdot [\mathrm{SO_4^{2-}}]_{\mathrm{con}}=[\mathrm{Sr^{2+}}]_{\mathrm{F}} \cdot [\mathrm{SO_4^{2-}}]_{\mathrm{F}} \cdot \left(\frac{1}{1-y}\right)^2$$

$$K_{\mathrm{sp,CaF_2}}=[\mathrm{Ca^{2+}}]_{\mathrm{con}} \cdot [\mathrm{F^-}]_{\mathrm{con}}^2=[\mathrm{Ca^{2+}}]_{\mathrm{F}} \cdot (\mathrm{F^-})_{\mathrm{F}}^2 \cdot \left(\frac{1}{1-y}\right)^3$$

对 SiO_2 垢的析出计算是计算浓水中 SiO_2 浓度是否达到其溶解度极限值：

$$[\mathrm{SiO_2}]_{\mathrm{con}}=[\mathrm{SiO_2}]_{\mathrm{F}} \cdot \frac{1-y \cdot \mathrm{SP}}{1-y}$$

式中　SP——SiO_2 对膜的透过率，%。

四、加氯和除氯

为了防止膜面微生物生长，通常在前处理系统中投加杀生剂。常用的杀生剂是次氯酸钠（NaClO），投加量根据实验确定，水中余氯按膜的实际要求进行控制。次氯酸钠每小时消耗量为

$$m_{\mathrm{Cl}}=Q^{\mathrm{RO,p}}g_{\mathrm{Cl}} \times \frac{10}{100} \times \frac{1}{1000} \quad \mathrm{kg/h}$$

式中　g_{Cl}——次氯酸钠剂量，通常为 1 至几，$mgCl_2/L$；

$\dfrac{10}{100}$——工业次氯酸钠中有效氯含量。

每天耗量：
$$m_{\mathrm{Cl}}^{\mathrm{RO,p}}=m_{\mathrm{Cl}} \times \frac{24}{1000} \quad \mathrm{t}$$

每年耗量：
$$m_{\mathrm{Cl,a}}^{\mathrm{RO,p}}=m_{\mathrm{Cl}} \times \frac{7000}{1000} \quad \mathrm{t}$$

次氯酸钠通常是工业药液直接投加，每小时投加次氯酸钠药液量：

$$V_{\mathrm{Cl}}^{\mathrm{RO,p}}=\frac{m_{\mathrm{Cl}}}{1000\rho} \quad \mathrm{m^3/h}$$

式中　ρ——次氯酸钠药液密度，g/cm^3。

对采用芳香聚酰胺膜及复合膜的反渗透装置，由于膜对氯很敏感，要求进水中余氯小于 0.1mg/L（实际控制要求为 0），所以必须在加氯杀生之后再采取除氯措施。通常的除氯措施有两种：一是设置活性炭床，利用活性炭来吸附余氯；二是添加还原剂，将余氯还原。当然，也可以两种措施联合使用。设置活性炭床前面已有叙述，投加还原剂主要有：Na_2SO_3，$NaHSO_3$，甚至 $Na_2S_2O_3$。每小时加药量为

$$m_{\mathrm{r}}=Q^{\mathrm{RO,p}}g_{\mathrm{r}} \frac{1}{\varepsilon} \times \frac{1}{1000} \quad \mathrm{kg/h}$$

式中　g_{r}——还原剂剂量，不同还原剂其数值不同，设计时可取还原 1mg/L 余氯所需药量作为 g_{r} 值，如还原 1mg/L 余氯，需要 3～4mg/L 的 $NaHSO_3$，还原 1mg/L 余

氯大约需要 $20mg/L Na_2S_2O_3$（实验值）；

ε——药品纯度，%。

每天加药量：
$$m_r^{RO,P}=m_r\times\frac{24}{1000}\quad t$$

每年加药量：
$$m_{r,a}^{RO,P}=m_r\times\frac{7000}{1000}\quad t$$

每小时加入药液量（配制药液用水量）：
$$V_r^{RO,P}=\frac{m_r}{1000c}\quad m^3/h$$

式中　c——药液浓度，通常为 3%。

五、软化处理

在小型反渗透前处理中或者加酸及加阻垢剂达不到防垢的要求，可考虑在前处理中增设软化处理。软化处理采用 RNa 型树脂，将水中二价阳离子 Ca^{2+}、Mg^{2+}、Ba^{2+}、Sr^{2+} 等变为 Na^+，从而达到防垢目的。

为防止 $CaCO_3$ 垢，进行软化处理的水的份额应符合：
$$\alpha\%\geqslant1-\frac{1}{10^{LSI-x}}$$

为防止 $CaSO_4$ 垢，进行软化处理的水的份额应符合：
$$\alpha\%\geqslant\frac{[Ca^{2+}]_{con}\ [SO_4^{2-}]_{con}-\gamma K_{sp}}{\left(\dfrac{1}{1-y}\ [SO_4^{2-}]_{con}\right)(Ca^{2+})_F}$$

为防止 $SrSO_4$ 垢，进行软化处理的水的份额应符合：
$$\alpha\%\geqslant\frac{[Sr^{2+}]_{con}\ [SO_4^{2-}]_{con}-\gamma K_{sp}}{\left(\dfrac{1}{1-y}\ [SO_4^{2-}]_{con}\right)(Sr^{2+})_F}$$

为防止 $BaSO_4$ 垢，进行软化处理的水的份额应符合：
$$\alpha\%\geqslant\frac{[Ba^{2+}]_{con}\ [SO_4^{2-}]_{con}-\gamma K_{sp}}{\left(\dfrac{1}{1-y}\ [SO_4^{2-}]_{con}\right)(Ba^{2+})_F}$$

为防止 CaF_2 垢，进行软化处理的水的份额应符合：
$$\alpha\%\geqslant\frac{[Ca^{2+}]_{con}\ [F^-]_{con}^2-\gamma K_{sp}}{\left(\dfrac{1}{1-y}\ [F^-]_{con}^2\right)(Ca^{2+})_F}$$

式中　LSI——计算得出的浓水（考虑浓差极化系数 β）的 Langlier 指数；

　　　　x——需要的浓水 LSI 控制值，它由处理方式决定，比如不加阻垢剂时，x 可取 0 或 -0.2；

　　　　γ——根据选定的处理方式决定的 K_{sp} 控制倍数，比如不加阻垢剂时，r 值为 0.8（见表 2-22 或表 2-24）。

其他各项意义同前，式中各离子浓度单位均为 mol/L（$C=Ca^{2+}$，SO_4^{2-}，$Cl^-\cdots$）

所需软化器台数：
$$n_{so}=\frac{Q^{RO,P}\cdot\alpha\%}{\dfrac{\pi}{4}d^2\cdot v}$$

n_{so} 应 $\geqslant 2$ 台，且当流速 V 取最大值时，达到：

$$(n_{so}-1)\,\frac{\pi}{4}d^2\,v\geqslant Q^{RO,p}\times\alpha\%$$

每台软化器所需树脂量：

$$V_{R,so}=\frac{\pi}{4}d^2\cdot h_{R,so}\quad m^3$$

周期制水时间：

$$T=\frac{V_{R,so}\cdot E_{so}\cdot n_{so}}{(H_T+H_F)\,Q^{RO,p}\cdot\alpha\%}\quad h$$

每台每昼夜再生次数：

$$R=\frac{24}{T}$$

再生一次用盐量：

$$m_{so,s}=\frac{V_{R,SO}\cdot E_{so}\cdot g_{so}}{1000}\quad kg$$

每天耗盐量：

$$m_{so,s}^{RO,p}=\frac{m_{so,s}\cdot R\cdot n_{so}}{1000}\quad t$$

每年耗盐量：

$$m_{so,s,a}^{RO,p}=m_{so,s}^{Ro,p}\frac{7000}{24}\quad t$$

每次再生用 5% NaCl 溶液量：

$$V_s=\frac{m_s}{0.05}\times10^{-3}\quad m^3$$

式中 d——选择的软化器直径，m；

    v——软化器运行流速，一般 $20\sim30$m/h；

  $h_{R,so}$——软化器中树脂装载高度，m；

   E_{so}——软化器中树脂工交，mol/m³；

H_T、H_F——前处理水中碳酸盐硬度和非碳酸盐硬度，mmol/L；

   g_{so}——软化器中树脂再生盐耗，一般为 $100\sim120$g/mol。

六、超（微）滤处理计算

超（微）滤器的产水量（即进水量）：

$$Q_{UF}^{RO,p}=1.05\quad Q_F^{RO\,I}$$

所需超（微）滤元件数：

$$n_{UF}=\frac{1.05Q_F^{RO\,I}}{\alpha MJ}\times1000$$

式中 M——每支膜元件所具有的膜面积，m²；

    J——膜水通量，取膜说明书中的低限值，L/（m²·h）；

    α——考虑长期使用膜通量的衰减系数，可在 $0.8\sim1$ 之间取值。

  1.05——考虑超滤器的运行中清洗用水增加的产水量倍数。

  n_{UF} 取整数。超（微）滤设备要分组，分组数 $\geqslant2$，且要满足其中一组停运时，其余各组按水通量的高限值计算的产水量要满足反渗透系统正常出力和运行中自身清洗的需要。

超（微）滤化学清洗箱容积要大于一组膜元件总容积和相应管道容积之和，一般为 $2\sim5\mathrm{m}^3$。

所需自清洗过滤器台数为

$$n_{\mathrm{au}}=\frac{1.05Q_{\mathrm{F}}^{\mathrm{RO\,I}}}{Q_{\mathrm{au}}}$$

Q_{au} 为单台自清洗过滤器产水量，取产品说明书中低限值（m^3/h）。n_{au} 也应取整数，并分组，分组数与超（微）滤分组数相同，即它和超（微）滤装置是单元制运行。每组自清洗过滤器中有一台进行自清洗时，其余过滤器按单台最大产水量（高限值）计算，其产水量应满足本组（超）微滤正常出力的需要。

第五节　凝结水处理及加药系统工艺计算

一、凝结水处理系统工艺计算

1. 处理水量（Q^{CO}）

设计的该系统处理水量是根据机组凝结水量、机组台数和要求的处理百分数确定的。国内机组凝结水量见表3-32。

表3-32　　　　国内凝汽式机组单台凝结水量

机　组　（MW）	1000	600	300	200	125	100
凝结水量（m^3/h）	约2200	约1500	约665	约410	约318	约260

对100%凝结水处理机组，单元制设计时每套处理装置的处理水量 Q^{CO} 即为该机组一台的凝结水量；对50%凝结水处理机组，通常为两台机组装设一套处理装置，处理水量 Q^{CO} 也为该机组一台的凝结水量。非单元制设计时（包括扩大单元制），每套处理装置的处理水量 Q^{CO} 为单台机组凝结水的处理水量乘以机组台数。

当化学补给水补入凝汽器时，计算的凝结水处理水量，除上述数值外，还要再加上化学补给水量。

2. 前置过滤器计算

前置除铁过滤器目前多采用滤芯式精密过滤器，滤芯长度为40~70in（1~1.75m），过滤精度为1~5μm，启动时用的除铁滤芯过滤精度为10~20μm。

亚临界参数以下的汽包炉，可采用空气擦洗高速混床的处理系统，可以不设单独的前置除铁过滤器。为满足启动时需要，有时两台机组合设一套供启动时使用的前置过滤器，不设备用，处理水量为一台机组凝结水量。对直流锅炉机组，设置凝结水除盐装置的同时，要设置除铁装置，每台机组不少于两台。前置过滤器处理水量 Q^{CO} 为一台（或二台）机组凝结水的处理水量，所需台数：

$$n_{\mathrm{Pr}}^{\mathrm{CO}}\geqslant\frac{Q^{\mathrm{CO}}}{Q}$$

$$Q=n\cdot Q'$$

且 $n_{\mathrm{Pr}}^{\mathrm{CO}}$ 应取整数。

式中　Q——每台前置过滤器的出力，m^3/h；

　　　n——精密过滤器内装的滤芯根数；

　　　Q'——单支滤芯产水量，m^3/h。

3. 体外再生高速混床的计算

（1）台数的确定

$$n^{CO} = \frac{Q^{CO}}{Av} + n_y$$

n^{CO}应取整数。

式中　v——高速混床运行流速，一般为 $90\sim120m/h$；

　　　A——选用的混床截面积，对柱形混床，$A = \frac{\pi}{4}d^2$，d 为选用的混床直径；对球形混

　　　　　床，A 为树脂层截面积最小处的面积，其面积 $S = \pi(R^2 - h^2)$，式中 R 为球形

　　　　　混床半径，h 为树脂层面积最小截面与球心间距离，m^2；

　　　n_y——备用台数。

体外再生高速混床备用台数选择的原则如下：对直流锅炉供汽的汽轮机组、单机容量
$600\sim1000MW$ 的机组、采用中性工况运行的混合式凝汽器的间接空冷机组，每台机组设一
台备用混床；亚临界 $300MW$ 及以下参数汽包锅炉供汽的汽轮机组及采用碱性工况运行的混
合式凝汽器的间接空冷机组，一般不设备用混床。

对 $600\sim1000MW$ 机组，由于凝结水处理水量大，混床宜选用球形混床（直径一般≥
$3m$），若用柱形混床，由于直径大，在中压条件下工作壁厚大大增加，造价贵。柱形混床
（直径一般<$3m$）多在 $300MW$ 及以下机组上使用。

选好台数后，再返校运行流速：

$$v = \frac{Q^{CO}}{(n^{CO} - n_y)A} \quad m/h$$

不得超过上述规定值。

（2）运行周期

$$T = \frac{(h_{RA} + h_{RC})A(n^{CO} - n_y)K}{Q^{CO}} \quad h$$

式中　h_{RA}、h_{RC}——每台混床内阴阳树脂装载高度，比如，柱形混床一般 $1.2m$，D_N3200 的
　　　　　　　　　球形混床为 $1.1m$，直径再大时，可达 $1.15\sim1.2m$；

　　　　　A——为混床截面积，对球形混床为树脂层平均截面积，m^2；

　　　　　K——$1m^3$ 混床树脂每周期处理的凝结水量，氢/氢氧型混床为 $20\,000\sim$
　　　　　　　　$25\,000m^3$，铵/氢氧型混床比氢/氢氧型混床可提高 3 倍以上（该值还与
　　　　　　　　热力系统污脏程度有关）。

每天再生次数　$R = 24/T$。

（3）再生用酸碱量　每台混床再生一次用酸量

100%酸：　　　　　　　$m_{a,p} = 100h_{RC}A$　kg/（台·次）

工业盐酸：　　　　　　$m_{a,i} = m_{a,p}\dfrac{1}{\varepsilon}$　kg/（台·次）

再生用酸液：　　　　　$m_{a,r} = m_{a,p}\dfrac{1}{c}$　kg/（台·次）

稀释用水：
$$V_a = \frac{m_{a,r} - m_{a,i}}{1000} \quad m^3 / （台·次）$$

进酸时间：
$$t_a = \frac{60 m_{a,r}}{1000 A_1 v \rho} \quad \min$$

上几式中　　100——体外再生混床阳树脂（氢/氢氧型）再生水平，对氨型混床可取 150～200kg/m³；

A_1——阳再生塔截面积，m²；

ε——工业盐酸纯度，为 31%；

c——再生酸液浓度，一般为 4%～6%；

ρ——再生酸液密度，g/cm³；

v——再生液流速，一般为 4～8m/h。

每台混床再生一次用碱量：

100%碱：
$$m_{s,p} = 100 h_{RA} A \quad kg / （台·次）$$

工业液碱：
$$m_{s,i} = \frac{m_{s,p}}{\varepsilon} \quad kg / （台·次）$$

再生用碱液：
$$m_{s,r} = m_{s,p} \frac{1}{c} \quad kg / （台·次）$$

稀释用水：
$$V_s = \frac{m_{s,r} - m_{s,i}}{1000} \quad m^3 / （台·次）$$

进碱时间：
$$t_s = \frac{60 m_{s,r}}{1000 A_1 v \rho} \quad \min$$

式中　　100——体外再生混床阴树脂（氢/氢氧型）再生水平，对氨型混床可取 150～200kg/m³；

ε——工业液碱浓度，为 30%；

c——再生碱液浓度，一般为 4%；

ρ——再生碱液密度，g/cm³；

v——再生碱液流速，一般为 2～4m/h；

A_1——阴再生塔截面积，m²。

每天用酸量：
$$m_a^{CO} = \frac{m_{a,i} R （n^{CO} - n_y）}{1000} \quad t$$

每年用酸量：
$$m_{a,a}^{CO} = \frac{7000}{24} m_a^{CO} \quad t$$

每天用碱量：
$$m_s^{CO} = \frac{m_{s,i} R （n^{CO} - n_y）}{1000} \quad t$$

每年用碱量：
$$m_{s,a}^{CO} = \frac{7000}{24} m_s^{CO} \quad t$$

（4）再生用水、用气耗量。每次再生擦洗树脂用气量 $V_{ai\,1}$：擦洗是在反洗之前进行，空气擦洗强度为 3.4～4 标 m³/（m²·min），空气压力为 0.05MPa，擦洗次数一般为 20～30 次，每次擦洗先进气 2～3min，再用水淋洗 1～2min，如此循环。

$$V_{ai1} = \frac{\pi}{4} D_S^2 \times (3.4 \sim 4) \times (20 \sim 30) \times (2 \sim 3) \quad 标\ m^3/（台·次）$$

式中　D_S——擦洗树脂设备（比如 T 塔系统是在阳树脂再生塔内进行，高塔和锥体法是在分离塔内进行）直径，m。

每次再生擦洗树脂用水量 V_w：淋洗水量可取 0.4～0.5m³/（m²·min）。

$$V_w = \frac{\pi}{4} D_S^2 \times (0.4 \sim 0.5) \times (20 \sim 30) \times (1 \sim 2) \quad m^3/（台·次）$$

反洗（反洗及反洗分层）用水量 V_b；流速 10～15m/h，时间为 15min。

$$V_b = \frac{\pi}{4} D^2 (10 \sim 15) \times \frac{15}{60} \quad m^3/（台·次）$$

式中　D——树脂分离设备直径，m。

正洗用水量 V_f：通常按水耗 20m³/m³ 计算。

$$V_f = 20(h_{RA} + h_{RC}) A \quad m^3/（台·次）$$

混合树脂用气量 V_{ai2}：气体流量通常为 2.3～2.4 标 m³/（m²·min），压力为 0.1～0.15MPa，时间为 3～5min。

$$V_{ai2} = \frac{\pi}{4} D^2 (2.3 \sim 2.4)(3 \sim 5) \quad 标\ m^3/（台·次）$$

式中　D——树脂混合设备的直径，m。

每次再生总用水量：

$$V_t = V_a + V_s + V_f + V_b + V_w \quad m^3/（台·次）$$

每小时再生用水量：

$$V_t^{CO} = \frac{V_t}{T}(n^{CO} - n_y) \quad m^3/h$$

每次再生总用气量：　　$V_{ai}^{co} = V_{ai1} + V_{ai2} \quad 标\ m^3/（台·次）$

4. 体外再生混床再生设备

以前应用较多的体外再生混床再生设备有三塔系统（即阳树脂再生塔、阴树脂再生塔和树脂储存塔）及 T 塔系统（除上述三个塔外还有混脂分离塔）。现在设计较多的是高塔法（含有分离塔 SPT，阴树脂再生塔 ART，阳树脂再生塔 CRT 兼作储存塔）和锥体法（包括锥体分离塔兼阴树脂再生塔，阳树脂再生塔兼树脂储存塔）。再生系统的选用通常为每两台机组合用一套再生系统。

再生系统的设备可根据混床规格进行配套选择，但应进行核算，一般来说，分离塔要能容纳一台混床树脂的体积，并留有足够的反洗分层空间，比如高塔法的分离塔内树脂层高度就在 3m 以上，再加上反洗空间，就使分离塔很高，但其高度又不能超过安装地点的允许高度。阳再生塔和阴再生塔的直径要能保证再生的树脂层高度在 1.6～2m 左右。储存塔的容积要能容纳一台混床树脂塔的体积。

二、加药系统工艺计算

1. 氨处理计算

加氨量 g_{am} 可根据给水中碳酸盐分解出的 CO_2 浓度（mg/L）进行计算。

$$g_{am} = (0.4 \sim 0.8)(CO_2) \quad g/m^3$$

对补充除盐水和蒸馏水的机组，$[CO_2]$ 难以估算，g_{am} 最大可按 $1 \sim 2g/m^3 NH_3$ 来考虑。

给水中每小时加入的稀氨液量为

$$V_{am} = \frac{g_{am}D_g}{c\rho} \times 10^{-6} \quad m^3/h$$

式中　c——氨液浓度，一般为 $1\% \sim 3\%$；

　　　ρ——氨液密度，g/cm^3；

　　　D_g——给水流量，m^3/h。

每年用 100% 氨量：

$$m_{am,a}^T = g_{am}D_g \times \frac{7000}{1000} \quad kg$$

2. 联氨处理计算

联氨加入量 g_{hy} 设计时可按 $0.1 \sim 0.5mg/L$ 取值。

每小时加入的稀联氨液量：

$$V_{hy} = \frac{g_{hy}D_g}{c\rho} \times 10^{-6} \quad m^3/h$$

式中　c——联氨稀溶液浓度，通常为 0.1%；

　　　ρ——联氨稀溶液密度，g/cm^3。

每年用工业水合联氨（40%）量：

$$m_{hy,a}^T = \frac{g_{hy}D_g}{22.5\%\rho_1} \times 7000 \times 10^{-6} \quad m^3$$

式中　ρ_1——工业联氨密度，g/cm^3；

　　　22.5——市售的工业水合联氨（40%）中联氨含量。

3. 联合处理（或中性处理）加氧量计算

加氧一般用氧气瓶，配备一套流量检测及安全保障装置，借氧气瓶压力直接加入凝升泵吸入侧水中（也有用双氧水，此时要配有药箱及药泵）。

$$加氧气量 = \frac{g_0 D_g}{p \times \frac{0.25}{1 + 0.00367t}} \times 10^{-3} \quad L/h$$

年加入氧气量：

$$m_{o,a}^T = \frac{7000g_0 D_g}{10^6} \quad kg$$

式中　g_0——加入的氧浓度，一般取 $50 \sim 300\mu g/L$；

　　　p——氧气压力，Pa；

　　　t——氧气温度，$℃$。

联合处理（或中性处理）加氧时，还要加入少量氨，加氨量计算同前面氨处理计算。中性处理时 g_{am} 取 $0.5g/m^3$，联合处理时 g_{am} 取 $1g/m^3$（设计计算值）。

4. 锅内磷酸盐和氢氧化钠处理的计算

锅内磷酸盐处理（含低磷酸盐处理，平衡磷酸盐处理，协调磷酸盐处理）是指向锅炉水中加入 Na_3PO_4。由于目前锅内处理在投加 Na_3PO_4 的同时，还需具备投加 $NaOH$ 和

Na_2HPO_4 的条件，所以在系统设计时需增加一只小计量箱，供临时配药用，不作计算。磷酸三钠加药量为

启动时：

$$g'_{ph}=\frac{1}{0.25}\times\frac{1}{\varepsilon}\times\frac{1}{1000}([PO_4^{3-}]+28.5H)V\quad kg$$

运行时：

$$g_{ph}=\frac{1}{0.25}\times\frac{1}{\varepsilon}\times\frac{1}{1000}(28.5HD_g+D_p[PO_4^{3-}])\quad kg/h$$

上两式中　　ε——工业磷酸盐纯度（92%～98%）；

　　　　　　0.25——工业磷酸盐（$Na_3PO_4\cdot12H_2O$）中 PO_4^{3-} 含量分率；

　　　　　　H——给水硬度，mmol/L；

　　　　　　V——锅炉水容积，m^3；

　　　　　　28.5——1mol 硬度沉淀需 PO_4^{3-} 克数；

　　　　$[PO_4^{3-}]$——炉水中应维持的 PO_4^{3-} 浓度，mg/L；

　　　　　　D_p——锅炉排污量，m^3/h。

每小时需加磷酸盐溶液量：

$$V_{ph}=\frac{g_{ph}}{c\rho}\times10^{-3}\quad m^3/h$$

每年耗磷酸盐量：

$$m^T_{ph,a}=\frac{7000g_{ph}}{1000}+g_y\quad t$$

上两式中　　c——磷酸盐溶液浓度，一般为 5%～7%；

　　　　　　ρ——磷酸盐溶液密度，g/cm^3；

　　　　　　g_y——考虑启动需要增加的磷酸盐量，t。

锅内氢氧化钠处理是向炉水内投加氢氧化钠，维持炉水中 NaOH 1～1.5mg/L，任何锅炉炉内处理首先要考虑磷酸盐处理，如果运行中要改为氢氧化钠处理，可以借用磷酸盐处理设备，设计时可不作计算。

第六节　箱类的选择

各种箱类按下列要求进行选择。

1. 除盐水箱

对凝汽式电厂，除盐水箱其总有效容积为最大一台锅炉每小时最大连续蒸发量的 2～3 倍，并能满足机组启动和锅炉化学清洗的需要；超临界压力直流炉机组，除盐水箱有效容积宜满足机组启动时所需冲洗水量的需要，或为最大一台锅炉每小时最大连续蒸发量的 3 倍。

对供热电厂，由于补充水量较大、除盐水箱有效容积为 1～2h 的正常供水量。

当采用自用水集中供应时，可以设专用自用水箱；也可以不设自用水箱，此时自用水从除盐水箱中抽取。除盐水箱一般布置在混床之后，但也有设置在阴床和混床之间的，甚至在混床之后再设除盐水箱的两级除盐水箱，此时前一级除盐水箱兼作自用水箱。

采用真空除 CO_2 器的除盐系统中除盐水箱，凝结水处理系统中的凝结水箱，都要采取密封防止空气漏入的措施。超高压及以上参数机组的除盐水箱也应设法隔绝空气（可采用浮顶或添加塑料覆盖球技术）。

反渗透产水水箱（预脱盐水箱）和超（微）滤产水水箱容积，可取 1～2h 产水量。

2. 清水箱

清水箱不少于两台（格），有效容积对凝汽式电厂为 1～2h 清水耗用量，供热电厂为 1h 清水耗用量。

3. 中间水箱

对单元制系统，中间水箱容积为每套设备出力的 2～5min 储水量，但最小不少于 2m³。

对母管制系统，中间水箱为水处理设备 15～30min 储水量。

每台除 CO_2 器设置一台中间水箱。

4. 酸碱系统

储存槽容积与酸碱供应方式有关。汽车运输时，其槽要保证储存 15～30 天酸碱的消耗量；当火车运输时，其槽要储存一槽车容积加 10 天的酸碱用量。考虑检修、设备清洗等调度方便，储存槽不少于两台。

计量箱，一般一级除盐、补给水混床、凝结水混床的酸碱剂量箱都分开设置，所以有三套计量箱。计量箱容积要满足最大一台交换器再生一次的再生剂用量。如果可能发生两台交换器同时再生的情况，则计量箱台数还要满足同时再生的需要。对采用程序控制的系统，若同一类交换器有不同的规格时，则各种规格的交换器也需单独设置计量箱。

计量箱的实际容积可按计算的每次再生所需容积 1.2～2 倍考虑。

酸碱再生液输送宜用喷射器，也可使用计量泵，但硫酸宜采用计量泵系统。

5. 盐系统

盐湿储存槽不少于两个。饱和盐溶液箱的容积应满足最大一台钠离子交换器再生一次的需要量。

6. 固体药品的溶解箱、浓溶液箱

固体药品的储存仓库（含液体药品储槽）容积应能满足 15～30 天的生产消耗量，药品当为火车运输时，应能满足一车皮（或一槽车）外加 10 天的用量。干储存的药品堆放高度不超过 1.5～2m。

固体药品的溶解箱、浓溶液箱可根据药品的耗量及药品的稳定性考虑，箱容积一般不少于 1～3 天的用量。

各种稀溶液箱（计量箱），其容积一般应能保证 8h 用量，各种交替运行的计量箱、溶液箱，可按连续运行 4～8h 考虑。

7. 反洗水箱

如过滤器或离子交换器单独设置反洗水箱时，则其容积应按最大一台设备反洗水量的 1.3 倍计算。

第四章　管道、泵及附属系统的选择

第一节　管道及泵的选择

一、管道的选择

管道的管径要能满足输送最大流量的需要。

$$d \geqslant \sqrt{\frac{4Q_{max}}{3600\pi v}} \times 1000 \quad mm \tag{4-1}$$

式中　Q_{max}——所输送流体的最大流量，m^3/h；

　　　　v——输送流体的流速，m/h，可根据表4-1中推荐值选用。

表4-1　　**管道中介质流速允许值**

介　质	管道种类	允许流速（m/s）
盐溶液		1～2.4
污　水	压力管	≥0.9
浓　酸		0.5～1
稀　酸		1～2
浓碱液		0.5～1
稀碱液		1～2
水	离心泵进水管	0.5～1
	离心泵出水管及压力管	2～3
	虹吸管	0.8～1

注　如采用塑料管道，上述允许流速可再增大25%。

水处理中常用的管道规格列于附录十。水处理中常用的管道有钢管、衬胶钢管、不锈钢管及塑料管。衬胶钢管是普通钢管内衬3mm厚橡胶层作防腐用；硬聚氯乙烯塑料管一般用于非高温场合（<40℃）的腐蚀介质输送，有轻型管及重型管之分，轻型管多用于压力<0.6MPa场合，重型管用于压力<1MPa场合；小型水处理设备还使用ABS管，耐压<0.6MPa，管子和管件可用胶黏剂黏结；不锈钢管按材质来分有普通不锈钢管和耐酸钢管，普通不锈钢管为1Cr13、2Cr13、1Cr17，在中性水和大气环境下耐蚀；耐酸钢管为1Cr18Ni9Ti，可以耐氧化性酸的腐蚀，对还原性酸（如盐酸），只能在低浓度（一般小于3%～5%）中使用。水处理中常用不锈钢牌号见表4-2。近年来还出现了耐腐蚀的衬塑钢管和玻璃钢管。

表4-2　　　　　　　　　　　**水处理中常用不锈钢牌号对照**

牌号	马氏体		铁素体	奥氏体			
中国	1Cr13	2Cr13	1Cr17	0Cr18Ni9	0Cr17NiMo₂	0Cr19Ni13Mo3	1Cr18Ni9Ti
美国	410	420	430	304	316	317	321

二、管件与阀门的选择

在管道中起连接作用或者起某些节流作用的部件称为管件。阀门则是在管路中起流量的调节与开关作用。管件及阀门种类繁多，在其他有关书刊中都有详细介绍，所以本书只列举一下种类名称，供设计时选用。

1. **螺纹连接的管件**

螺纹连接的管件通常为可锻铸铁管件，多用于低压的水煤气管道上，常用的有：内螺纹接头、外螺纹接头、活接头（油任），各种同径及异径三通、四通、45°及90°弯头、堵头、异径管（大小头）、异径 90°弯头等。

2. 焊接连接的管件

焊接连接的管件用于无缝钢管的连接，常用的有法兰（水处理低压管道中常用的是平焊法兰），堵头，异径管（大小头），30°、45°、60°、90°、120°的热压弯头及焊接弯头，垫片（常用的材料有塑料、橡胶、纸板等）。

3. 塑料管连接的管件

塑料管连接管件用于塑料管道上连接，常用的有平口或带承插口的三通及弯头，法兰，活接头（油任）等。

4. 阀门

水处理设备中常用的阀门是各种低压阀门（工作压力小于 0.6MPa），结构种类繁多，按操作动力往往又可分为自动（气动、电动）和手动两种。下面进行简单介绍。

闸阀：多用于清水介质的大口径管道上，水流阻力小，可调节流量。

截止阀：用于需调节流量的场合，阻力较大。小型截止阀称为节流阀，在小口径仪表及取样管道上使用。

球阀：用于需迅速开关的流体管道上，在有悬浮颗粒的流体管道中也适用。

蝶阀：多用于大口径烟、气、水管道上，密封性较差。

旋塞：结构简单，只能作为低温低压流体管道上的开关，不能调节流量。

止回阀：可以自动防止管道内流体的倒流，适用于流体单向流动，多装于泵的出口。有一种止回阀装于泵的进口，防止停运时泵内水流失，称为底阀。

减压阀：装在承压容器或压力管道上，可以自动将管道和设备内高压流体降压后送出，起降压和稳压作用。

安全阀：装在承压容器上，当压力超过规定值时，能自动排除过剩压力，起保护设备作用。

隔膜阀：阀门启闭靠一块耐腐蚀隔膜（橡胶或塑料），所以能用于腐蚀性介质。

衬里阀：在阀体上衬一层耐腐蚀材料，如橡胶、搪瓷、铅等，可用于腐蚀性介质。水处理设备上常用的是衬胶隔膜阀，按动作、动力来分，可分为手动衬胶隔膜阀和气动衬胶隔膜阀两种。

在有自动化装置的水处理设备上用的是气动衬胶隔膜阀。按阀芯动作方式来分，气动衬胶隔膜阀又分为常开式、常闭式和往复式三种。常开式是指无压缩空气压力信号时阀体常开，有压缩空气压力信号时阀体才能关闭，多用于需要经常打开的阀门；常闭式是指无压力信号时阀门常闭，有压力信号时阀体打开，用于需要经常关闭的阀门；往复式是指开、关都需要压缩空气，用于需要经常调节开关状态的阀门。

三、泵的选择

水处理中常用泵的种类型号很多，但一般可分为三类，即离心式清水泵（单吸或双吸）、耐腐蚀泵、加药用的柱塞泵和隔膜泵。

1. 泵的选择

泵是根据所需要的流量及压力来选择的。流量是指泵必须能承担被输送介质的最大流量，压力是指泵应能克服流经的管道、设备的阻力，按要求把介质送到指定位置。因此，选择泵的流量应取前面工艺计算中相应位置的最大流量，泵的压力 p 应为

$$p \geqslant p_1 + p_2 + p_3 + p_5 + h_4 \rho g \quad \text{Pa} \tag{4-2}$$

现将式（4-2）中各项叙述如下：

（1）管道沿程阻力 p_1：

$$p_1 = \lambda \frac{l}{d} \frac{\rho v^2}{2} \quad \text{Pa} \tag{4-3}$$

式中　λ——摩擦阻力系数（与温度有关）；

　　　　l——管道长度，m；

　　　　d——管道计算内径，m；

　　　　v——管道内介质平均流速，m/s；

　　　　ρ——管道内介质密度，kg/m³。

计算 p_1 值的关键是求 λ，λ 可以按雷诺数来计算，但在水处理设计中常用水力坡降 i 来计算 p_1，i 定义为

$$i = \frac{\lambda}{d} \frac{v^2}{2g} \quad \text{m/m} \tag{4-4}$$

式中　g——重力加速度，m/s²。

则　　　　　　　　　　　　$p_1 = li\rho g \quad \text{Pa} \tag{4-5}$

i 值通常绘制成图表，便于应用。对钢管和铸铁管，i 值可查图 4-1 和图 4-2；对硬聚氯乙烯塑料管，i 可按下式计算：

$$i = 0.000\,915 \frac{Q^{1.774}}{d^{4.774}} \quad \text{m/m} \tag{4-6}$$

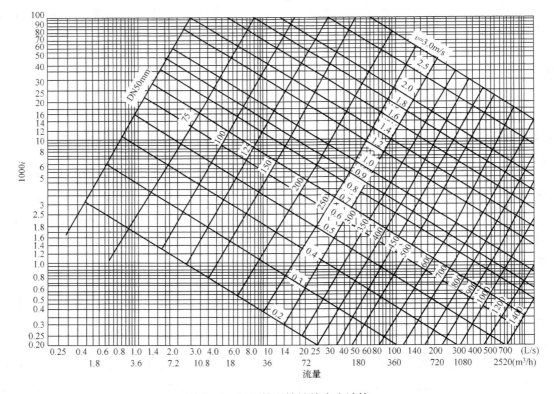

图 4-1　旧钢管和铸铁管水力计算

式中　Q——塑料管中计算流量，m^3/s；

　　　d——塑料管计算内径，m。

对工作压力为 1.0MPa、直径 $\phi25\sim200$ 的聚氯乙烯塑料管，计算 p_1 时还应乘以一个系数 $1.26\sim1.9$。

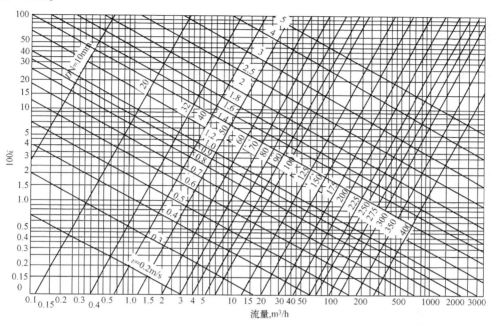

图 4-2　新钢管水力计算

（2）局部阻力 p_2。管道上的各种阀门、三通、弯头、孔板等会使流体流动状态发生变化，产生阻力，这阻力称为局部阻力。

$$p_2 = \zeta_1 \frac{\rho v_1^2}{2} + \zeta_2 \frac{\rho v_2^2}{2} + \zeta_3 \frac{\rho v_3^2}{2} + \cdots = \Sigma\zeta \frac{\rho v^2}{2} \quad \text{Pa} \qquad (4-7)$$

式中　ζ_1，ζ_2，$\zeta_3\cdots$——每一个管件的局部阻力系数。

常用管件的局部阻力系数列于表4-3中。

表 4-3　　　　　　　　　　　　　常用管件的局部阻力系数

名　称	局　部　阻　力　系　数　ζ						
进　口	未加工圆滑 $\zeta=0.50$，稍加工圆滑 $\zeta=0.20\sim0.25$，完全加工圆滑 $\zeta=0.05\sim0.1$						
等径三通	直流时 $\zeta=0.1$，转弯流动时 $\zeta=1.5$						
90°弯头	R/d	0.5	1.0	1.5	2.0	3	4	5
	ζ	1.20	0.80	0.60	0.48	0.36	0.30	0.29
任意角度弯头	在 90°弯头 ζ 值上再乘一个系数；45°为 0.7，60°为 0.83，120°为 1.13						
闸阀（全开时）	d	15	20~50	80	100	150	200~250	300~450
	ζ	1.5	0.5	0.4	0.2	0.1	0.08	0.07

名　称	局　部　阻　力　系　数　ζ									
止回阀	升降式 ζ=7.5，旋启式	d	150	200	250	300	350	400	500	≥600
		ζ	6.5	5.5	4.5	3.5	3.0	2.5	1.8	1.7
截止阀（全开时）	普通式 ζ=4.3—6.1，斜轴杆式 ζ=1.4—2.5									
孔　板	x/y	0.3	0.4	0.45	0.5	0.55	0.6	0.65	0.7	0.75	0.8
	ζ	309	87	50.4	29.8	18.4	11.3	7.35	4.37	2.66	1.55
泵进口滤水帽（有底阀）	d	40	50	75	100	150	200	250	300	350～450	500～600
	ζ	12	10	8.5	7.0	6.0	5.2	4.4	3.7	3.6	3.5

注　R—弯管曲率半径，mm；d—直径，mm；
　　x—收缩截面直径，mm；y—进水管直径，mm。

（3）树脂层阻力 p_3 可按如下经验公式计算：

$$p_3 = 5\nu \frac{vh_R}{d_p^2} \cdot \rho g \quad \text{Pa} \tag{4-8}$$

式中　h_R——树脂层高度，m；
　　　v——介质流速，m/h；
　　　d_p——树脂平均粒径，mm；
　　　ν——水的运动黏度，cm²/s（见表4-4）。

表4-4　　　　不同温度时水的运动黏度（×10^{-3}cm²/s）

温度（℃）	5	6	7	8	9	10	11	12	13	14	15	16	17
ν	15.2	14.7	14.3	13.9	13.5	13.1	12.7	12.5	12	11.7	11.4	11.1	10.8
温度（℃）	18	19	20	21	22	23	24	25	26	27	28	29	30
ν	10.6	10.3	10.1	9.8	9.6	9.4	9.1	8.9	8.7	8.5	8.4	8.2	8.0
温度（℃）	32	34	36	38	40	42	44	46	48	50	55	60	65
ν	7.7	7.4	7.1	6.8	6.6	6.3	6.1	5.9	5.7	5.5	5.1	4.7	4.4

（4）提升高度 h_4（m）。提升高度即流程中流体所达到的最高标高和提升前的标高差。

（5）进出水装置阻力 p_5（Pa）。主要指离子交换、过滤等设备进出水装置的阻力，该值可按进出水装置形式（如大阻力系统、小阻力系统等）进行取值。对清水泵和中间水泵，也可取经验值为 $h_4 + \dfrac{p_5}{\rho g} = 10\text{m}$。

泵的选择除了考虑流量和压力外，还应注意泵的吸入高度 H_s，一般在常温常压（对大气开口）状态下，高位布置的水源水箱不考虑吸入高度，但低位布置的水源水箱要满足下式要求：

$$H_s \geqslant \pm H_1 + \frac{\Delta p}{\rho g} + \frac{v^2}{2g} \quad \text{m} \tag{4-9}$$

式中　H_1——泵吸入口与最低液面间高度差，m，泵吸入口比液面高，该值为正，反之为负；

　　　　Δp——泵吸入口管道沿程阻力与局部阻力之和，Pa；

　　　　v——管内介质流速，m/s；

　　　　g——重力加速度，9.81m/s²。

当水箱内有真空存在时（常温状态）：

$$H_1 \geqslant \left(10.33 - \frac{p}{\rho g} - H_s\right) + \frac{\Delta p}{\rho g} + \frac{v^2}{2g} \quad \text{m} \tag{4-10}$$

式中　H_1——水箱高位布置时，水箱最低液面与泵入口高度差，m；

　　　　p——有真空存在时的水箱内空气压力，Pa。

其余量的符号意义同式（4-9）。

2. 系统中泵及管道设置的几点说明

（1）清水泵、予脱盐水泵、除盐水泵、母管制系统的中间水泵，应各设置一台备用泵，备用容量可为其最大出力 1/3、1/2、2/3 或 100％。清水泵和除盐水泵出力还要能满足锅炉启动和化学清洗时供水的需要。

单元制系统的中间水泵每套系统一台，不设备用。

（2）反洗水泵在系统中可以专门设置，供各交换器反洗之用，其流量按交换器最大反洗流量计算，压力要大于 0.1～0.12MPa。若有回收水箱时，还要考虑回收水箱的高度。

（3）再生专用泵，设置它的目的是为了避免用除盐水泵在输送再生用水时流量及压头不稳，给再生带来影响。再生专用泵流量按再生所需流量选择，其压力可按喷射器进水所需压力来考虑。

（4）加药泵：氨泵，通常采用柱塞泵，流量按计算的每小时加药量考虑。氨泵一般是一台机组设置一台（二级加氨时为两台），集中布置时，两台机组加氨泵合并为一组。加氨泵应设备用，一组（少于 4 台）可合用一台备用泵。加氨泵出口管应设稳压室，每根加药管上应设转子流量计，加氨泵进口宜设过滤装置。

联氨泵，联氨可以与氨一起投加，这样就可以共用加药泵，但一般宜单独投加，单独投加时联氨泵设置原则与氨泵相同。

磷酸盐加药泵，一般每台汽包锅炉设置一台，集中布置时两台锅炉磷酸盐泵合并为一组，再另设一台备用泵。加磷酸盐泵都是柱塞泵，出力按所需的磷酸盐稀溶液体积来考虑，出口管上应设稳压室。不同压力等级的锅炉加药系统要分开。

混凝剂泵，每台澄清池设置一台，集中布置时每组设一台备用。混凝剂泵流量按所需加药量体积来考虑，扬程要克服静压力和管道阻力，药品加入进水管中时，还要考虑克服进水压力。该泵压力一般按 0.6MPa 来考虑。泵的出口宜设稳压室和转子流量计；进口宜设过滤装置。

反渗透前处理中二次混凝的混凝剂泵、阻垢剂泵、还原剂泵等均各设置两台，一台运行一台备用，泵压力按 0.6MPa 选择。

（5）溶解药品所用搅拌泵可按流量 20m³/h，压力 0.2MPa 考虑。

（6）反渗透高压泵，按计算所需压力和流量来选择。

（7）水处理室至主厂房的补给水管道，一般不得少于 2 条，其输送能力应能满足一台机组启动时补给水量（或化学清洗水量）和其余机组正常补给水量的要求，并且当一条管道停用时，其余管道应能满足输送全部机组正常补水量的需要。选用不锈钢管材时，可只设一条管道。

（8）当水箱最低水位低于泵吸入口时，每台水泵应有单独吸入管。

第二节　再生剂（酸、碱、盐）系统设计

酸、碱、盐系统，一般包括储存、输送、计量、稀释四个单元部分。

（1）储存。储存一般使用钢制储存槽。盐酸储存槽内衬橡胶，硫酸、液碱储存槽可以不衬胶。盐储存槽多为混凝土结构的湿储存槽。盐酸储存槽要用液体石蜡（或其他密封材料）密封（但要防止液体石蜡等密封材料被抽入交换器），再外接酸雾吸收器以防酸雾外溢。硫酸储存槽的排气口要设除湿装置。液碱储存槽排气口应设 CO_2 呼吸器。固体碱储存不用储存槽，但应配有相应的吊运和溶解装置。

浓酸（碱）储存池不宜采用地下内衬玻璃钢的混凝土池。

储存槽的容积和台数选择按第三章第六节中要求进行。

（2）输送。再生剂的输送目前有正压和负压两种方式。正压输送可以用泵、压缩空气、高位自流的方式；负压输送为真空抽吸。一般来说，采用泵等正压系统，有一定的危险性，要有防护措施；采用压缩空气方式，受压容器要符合承压设备标准，对于非特定设计的一般槽车，严禁采用压缩空气挤压酸碱液。负压系统安全性好，但衬胶设备在高真空环境下易损坏。采用负压方式输送盐酸时，盐酸浓度可能会降低。负压系统的真空设备有真空泵和喷射器两种。

（3）计量。计量一般采用计量箱。计量箱容积的选用按第三章第六节中原则考虑。计量箱上要有液位指示装置。

（4）稀释。浓再生液的稀释目前用得较多的是喷射器，但也有采用剂量泵的。

将上述四个单元组合就构成再生系统。每个单元的各种类型设备之间可以互换，这就构成了许多种系统。下面介绍几种典型的再生剂系统。

一、盐酸系统

盐酸系统如图 4-3～图 4-5 所示。图 4-3 和图 4-4 是汽车槽车来酸，卸入低位酸槽，利用扬酸器（见图 4-3）或者真空系统（见图 4-4）转移至高位酸槽，靠自流进入计量箱，用喷射器稀释并送入再生的交换器。向高位酸槽转移酸液除这两种方法外，还可以用耐酸泵直接将低位酸槽中酸打至高位酸槽。图 4-4 的真空系统是采用喷射器，除此之外还可以采用真空泵，不设高位酸槽，直接将低位酸槽中酸抽送至计量箱的系统（类似于图 4-6 的系统）。图 4-5 为火车槽车的系统，设有铁路路边储存槽，但也可以不设，直接用泵将再生剂送至化学车间的储存槽。本系统稀释采用计量泵，它可以和图 4-3 和图 4-4 中喷射器互换。使用计量泵可以设计量箱，也可以不设，直接用计量泵从储存槽中抽用。由于计量泵输出压头较高，还可兼作远距离输送之用，如供凝结水处理系统再生用酸碱的输送和计量，但计量泵出口宜设稳压室。

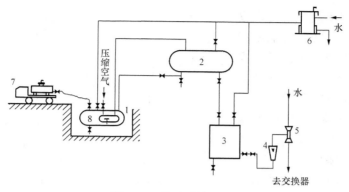

图 4-3　盐酸系统（一）

1—低位（地下）储存槽；2—高位储存槽；3—计量箱；4—转子流量计；
5—喷射器；6—酸雾吸收器；7—汽车槽车；8—扬酸器

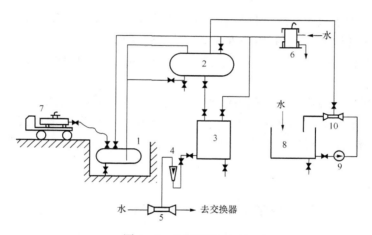

图 4-4　盐酸系统（二）

1—低位（地下）储存槽；2—高位储存槽；3—计量箱；4—转子流量计；
5，10—喷射器；6—酸雾吸收器；7—汽车槽车；8—水箱；9—泵

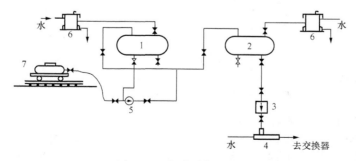

图 4-5　盐酸系统（三）

1—铁路边储存槽；2—高位储存槽（位于水处理车间）；3—计量泵；
4—混合器；5—酸泵；6—酸雾吸收器；7—火车槽车

二、硫酸系统

图 4-6 为硫酸系统。它是以真空方式输送介质的，也可以采用如盐酸系统中低位酸槽—扬酸器—高位酸槽—计量箱系统（见图 4-3）。硫酸系统的酸稀释一般采用二级配制方法，先在稀酸箱中将它配成 20% 左右的酸液，再用计量泵（或喷射器）稀释成所需要的浓度。这样做的目的是为了减少浓硫酸稀释时放热所带来的困难。

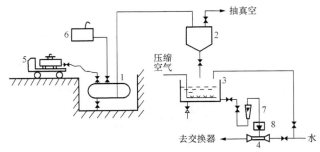

图 4-6　硫酸系统

1—低位（地下）酸槽；2—计量箱；3—稀酸箱；4—混合器；
5—汽车槽车；6—吸湿装置；7—转子流量计；8—计量泵

硫酸系统也应考虑冬季低温时防冻措施。

三、碱系统

液体碱系统类似于盐酸系统，只是不设酸雾吸收器，并且在喷射器进口（或出口）设碱液加热器（表面式或混合式），利用蒸汽或电加热，将其加热至 35～40℃。

固体碱系统如图 4-7 所示。它是先将固碱溶解成 30%～40% 的浓碱液再使用，所以设有一套溶解装置。

由于浓碱的凝固点较高（30% 的电解碱液约为 2℃，30% 纯 NaOH 溶液约为 10℃），所以在某些地区设计建厂要考虑冬季防冻措施。这些措施有：保温、加热（如电拌热）、采暖或将其稀释后储存（如稀释至 25%，此时电解碱液凝固点约为 -22℃，纯 NaOH 溶液约 -9℃）。

四、食盐系统

食盐系统如图 4-8 所示。除了这种湿储存系统外，还有压力式盐溶解器系统，多用于小型设备。

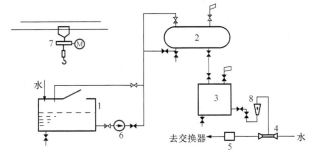

图 4-7　固体碱系统

1—溶解槽；2—高位碱槽；3—计量箱；
4—喷射器；5—碱加热器；6—泵；
7—电动葫芦；8—转子流量计

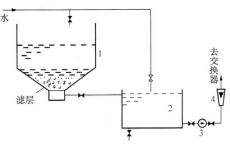

图 4-8　食盐湿储存系统

1—湿储存槽；2—稀盐池；3—泵；
4—转子流量计

饱和食盐溶液应进行过滤，以防盐中带杂质进入交换器。过滤方法可以在储存槽底部设慢滤砂层或者设置专用过滤器。

第三节　压缩空气系统设计

一、水处理工艺对压缩空气的要求

水处理设备在运行过程中，需要使用压缩空气的地方很多，它们是：

（1）自动化系统的气动元件、气动阀门和气动仪表；

（2）过滤设备反冲洗；

（3）逆流再生离子交换器顶压用气；

（4）混床树脂混合；

（5）空气擦洗高速混床的树脂擦洗；

（6）其他，如废水处理装置搅拌，药液装卸与搅拌，塑料焊接等。

为了满足上述这些地方用气的需要，设置专门的化学水处理用压缩空气装置和系统是很必要的。目前常用的典型方法是：在某些设备附近（多是用气量较大、气压较低和气质要求不高的设备）设置罗茨风机，就地供应压缩空气，如过滤设备、废水处理设备、空气擦洗高速混床等；而另外一些对气质、气压要求较高的设备，则设置空气压缩机站，集中供应（通常从全厂仪用压缩空气系统接入），以满足其对气压、气质等方面的要求，如自动化系统、逆流再生树脂顶压、覆盖过滤器爆膜等。

水处理工艺对压缩空气的要求，主要是用气量、气压和气体质量三方面。

1. 用气量

不同水处理工艺所需的压缩空气量是不同的，在第三章工艺计算中已经对某些水处理工艺用气量进行了计算，但还有一些地方的用气量没有进行计算，如自动化系统用气和废水处理用气等。在设计中，对压缩空气设备选择必须逐项了解其用气量，然后得出总的耗气量（不是简单相加，因为各用气点、用气时间不是一致的），作为选择设备的依据。

2. 气压

从第三章的工艺计算中可知，不同用气点对气压的要求是不同的，如逆流再生顶压用气，只要 $0.03\sim0.05MPa$，而自动控制系统用气，则要 $0.4\sim0.5MPa$，都应予以满足。另外，某些用气点要求气压稳定、波动小，则要设置稳压装置，如逆流再生顶压用气和混床树脂混合用气。

3. 气体质量

自动化气动设备对气体质量的要求最高，要求气体经除尘、除油和干燥处理，而其他用气只要求经除油处理即可。自动化气动设备对气体质量的具体要求如下所述。

（1）除尘。由于设备通径及管道通径较小，所以要防止堵塞，要求除去 $10\mu m$ 以上颗粒的尘埃。

（2）干燥。为防止气动元件和管道的锈蚀和冻结，以及为防止油质发生乳化，压缩空气应当是干燥的，无水珠析出。具体要求气体露点要比环境最低温度低 $5\sim10℃$。

（3）除油。气动元件要求压缩空气中含油量不大于 $(10\sim15)\times10^{-6}$，某些自动化设备要求含油量小于 $(5\sim7)\times10^{-6}$，无油滴及油蒸汽。

举例，某工程中水处理设备用气情况列于表 4-5 中。

表 4 - 5　　　　　　　　　　　某水处理工艺中压缩空气用气情况

用 气 设 备	对气质要求	气压 （MPa）	用气持续时间 ［min/（周期·台或套）］	单 位 用 气 量 ［m³/（min·m²）（套）］（标态下）
气动阀（每套系统再生）	除油、除尘、干燥	0.4～0.5	240	0.2～0.3
过滤器反洗	除油	0.1	5	1.2
逆流再生顶压	除油	0.03～0.05	40	0.2～0.3
混床树脂混合	除油	0.1～0.15	0.5～1.5	2～3
高速混床空气擦洗	除油	0.05	40	3.3～4
中和池搅拌	无	0.1	0.5～1min/次	0.4～0.8

二、压缩空气系统举例

对就地供气的压缩空气系统，可根据用气流量和用气压力，选择相应的罗茨风机。对集中供气的压缩空气系统，一般包括以下几种设备（见图 4 - 9）。

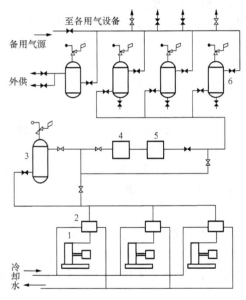

（1）空气压缩机。空气压缩机有油润滑和无油润滑两种。油润滑空压机出口空气中含油多；无油润滑空压机是采用自润滑的非金属材料构成润滑系统，所以该机出口空气中含油大大减少（但不是绝对没有）。目前多选用无油润滑空压机。

（2）冷却器。冷却器是水冷却器，将空气压缩机出口空气温度从 150～160℃降至 40℃，再送入缓冲罐。在冷却时，气体中一部分水分和油雾可以凝结除去。

（3）缓冲罐。缓冲罐有三个作用：缓冲和稳定压力，沉降水珠和油滴，储备气体。其容量一般为空压机 10min 的容量。

（4）干燥装置。干燥装置的作用是去除空气中水分，采用的吸潮剂有硅胶、铝胶、氯化钙、活性炭等。吸潮剂在吸收水分后，再进行烘干重复使用。按对吸潮剂再生方式的不同，干燥

图 4 - 9　某水处理压缩空气系统举例
1—空气压缩机；2—水冷却器；3—缓冲罐；
4—干燥装置；5—过滤器；6—储气罐

装置有多种，如有热再生干燥装置，无热再生干燥装置，微热再生干燥装置，最近还有冷冻除湿装置。

（5）过滤器。它的作用是去除尘埃和油雾。过滤材料有金属、纤维、纸质、毛毡等。过滤器是利用机械阻留原理进行过滤的。

（6）储气罐。它的作用是稳定各用气点的用气压力，所以一般都按用途不同设立专用储气罐，如仪器仪表储气罐，工艺储气罐等。储气罐一般都设在用气点附近，也可集中设置，用不同压力的减压阀引出，供不同需要使用。

第四节　加药系统、自用水系统及废排水系统设计

一、加药系统

加药系统包括混凝剂、絮凝剂（助凝剂）系统、磷酸盐系统、给水加氨、联氨系统、反渗透前处理中的阻垢剂系统、还原剂系统等。加药系统主要由药品储存、溶解、稀释、计量、投药等部分组成。

（1）储存和溶解。根据药品的性质不同，储存的方式也不同。固体药品有湿储存和干储存两种，湿储存用于用量大的场合，干储存用于用量小的场合，另外还要考虑药品湿态黏结性能及稳定性能；液体药品（如联氨、聚氯化铝等）只设浓溶液槽，兼作储存设备；气体药品（如氨等）浓溶液槽可以不设，直接配制稀溶液。固体药品的溶解方式有压缩空气搅拌、泵循环搅拌及机械叶轮搅拌几种。

磷酸盐系统有时还设一过滤器，以滤去机械杂质。

（2）稀释、计量与投药。稀释是在稀溶液箱中直接进行。稀释用水有两种：对炉水和给水加药系统用除盐水；预处理系统加药用过滤水，反渗透系统加药可用过滤水或自身设备的出水。目前常用的投药设备有柱塞泵、隔膜泵、胶囊计量器等。为防止药液中杂质的危害，投药设备进口常设有滤网。

常见的加药系统如图 4-10 所示。

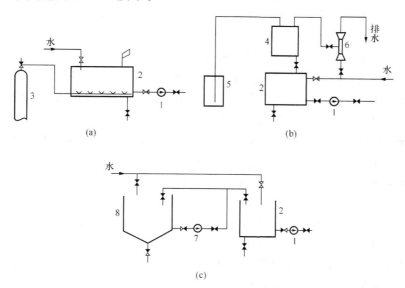

图 4-10　常见的加药系统

（a）氨（气体）药品加药系统；（b）联氨加药系统；（c）固体药品加药系统

1—柱塞泵；2—稀溶液箱；3—液氨钢瓶；4—浓溶液箱；

5—工业联氨箱；6—喷射器；7—泵；8—溶解槽

二、自用水系统

自用水是水处理系统在运转过程中自身消耗的水。如交换器再生、正洗、反洗用水，树脂输送用水，超（微）滤装置的反冲洗用水，各种配药用水，过滤器反洗用水，酸雾吸收器用水等。不同的自用水要求的水质不同，取用方式也不同，有的需设立专门的自用水管道供

应，有的则取自最近管道。一般来说，可从如下几方面考虑。

（1）过滤器反洗用水，酸雾吸收器用水，混凝剂、絮凝剂、还原剂、阻垢剂配药用水，各种冲洗用水，都采用生水（如过滤器出水），可从就近的生水管道直接取用。

（2）交换器正洗水，一般采用逐级自用的方法，即阳离子交换器用本身进口的生水，阴离子交换器用中间水箱水，混床用阴离子交换器出水。交换器反洗水，可以逐级自用，但一般为了稳定反洗水压头，设置专用反洗水泵（或自用水泵）集中供应反洗水，水取自除盐水箱（或自用水箱）。

交换器配再生剂用水，顺流再生时阳床可用生水，阴床用中间水箱水或除盐水，但对流再生一定要用除盐水。为了稳定喷射器进口压力，一般都设再生专用泵（或自用水泵），水取自除盐水箱（自用水箱）。自用水量较大时，一般可设立单独的自用水箱。

（3）补给水处理系统的树脂输送，不带混床的系统，阳树脂可用生水，但带混床的系统，则全部用除盐水，水由自用水系统供给。

（4）锅炉内加药系统、给水加药系统用水全部为除盐水或凝结水，可以由自用水系统供给，也可以取自就近的凝结水（除盐水）管路。

（5）凝结水处理系统自用水全部为除盐水或凝结水，可以设立专用的凝结水处理自用水泵。

（6）超（微）滤装置反冲洗用水使用本身的出水，从产水水箱中取用。

（7）各自用水泵（如再生专用泵、反洗水泵、凝结水处理自用水泵等）不设检修备用，可以互为备用。自用水管道可以单独铺设，也可以设立自用水母管。

三、废排水系统

水处理系统正常运行中，会有大量废水排出，如各交换器再生过程中的酸碱性排水，反渗透装置排出的高含盐量排水，滤池（超微滤器）反洗、澄清池排污等排出的高悬浮物排水，以及其他一些杂排水等。由于它们通常都超出环保允许排放标准，所以不能直接排出厂外，必须在厂内对这些排水进行收集、处理，使之达到环保排放标准。

各设备排出的废水，一般都通过排水沟进行收集，因此各排水点都应设有排水沟，并按一定方向以一定坡度（一般为3‰）流出，以防积水。对各种地下构筑物还应设有专门的排水设施，接触酸碱性排水的排水沟还应有防腐措施。排水沟排出的废水目前一般有三个去向。

（1）在水处理车间设立专门的中和池，来收集和处理排出的酸、碱性排水。处理好的酸碱性排水及其他的水直接排放（或排放到冲灰沟）。

中和池设计有单池系统和双池系统两种（见图4-11）。单池系统是将酸性排水和碱性排水都排入一个池内进行中和；双池系统是设计两个池子，一个接受酸性排水，一个接受碱性排水，以后按比例排出，共同流经一混合器，进行混合达到中和目的。

单池系统的中和池为方形或带圆角的方形（对混合有利）池子，池内装压缩空气搅拌装置，并连接有引进浓酸及浓碱的管道，以补充自身中和的不足。每个池容积要能满足一台最大阳床和一台最大阴床一次再生排出的废水总和。如果交换器有同时再生情况发生，则还应满足同时再生的交换器排出的废水量。

双池系统每个池子分别要能容纳一台最大阳床和一台最大阴床再生时排出的废水。如果有同时再生的情况，则也要满足同时再生的交换器排出的废水量。双池系统内也有压缩空气

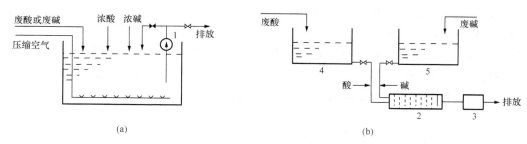

图 4-11 中和池系统

（a）单池系统；（b）双池系统

1—泵；2—混合器；3—石灰石过滤器；4—酸性废水池；5—碱性废水池

装置，供调匀用，另外也接有引进浓酸和浓碱的管道。

中和池应有防腐措施。

（2）在水处理车间设有废水收集池，将所有废水收集后（或者经初步中和处理后），送到全厂废水处理站进行处理。

（3）将化学车间各种废水（包括酸碱性排水）排入冲灰沟，借助大流量冲灰水进行稀释和起中和作用。高悬浮物废水在灰池内还可以与灰渣一起沉淀，这就省去了一部分处理设施，但这种处理方式，相应的管路（包括冲灰沟的有关部位）及设备要考虑防腐措施。在冲灰排水治理中，有时还要考虑这部分排水带来的影响。

第五节 水处理系统程序控制和监测仪表的选择

水处理系统的自动化，主要内容是各种操作设备的程序控制，其主要原则性框图如图 4-12所示。

水处理系统自动化的内容可以包括如下方面。

（1）预处理设备的自动化。它包括进水流量、温度的自动调节，澄清池加药、排污等自动操作，过滤设备的自动反洗，加药装置自动运行，清水箱水位的自动调节等。

（2）补给水除盐设备的自动化。它包括一级和二级除盐设备运行、再生、反洗的程序控制，再生用酸碱转移、计量、浓度调节、碱液加温的自动化，膜处理设备的自动化，除盐水箱水位的自动调节等。

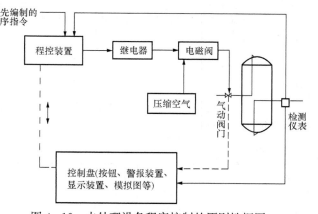

图 4-12 水处理设备程序控制的原则性框图

（3）凝结水处理装置自动化。它包括前置过滤器运行、冲洗；高速混床的运行、再生、树脂输送的程序控制，凝结水水箱水位的自动调节等。

（4）锅内加药控制和给水处理的自动化。

（5）废水处理装置运行的自动化。

（6）数据管理的计算机化。即利用中央计算机对各种运行数据和试验室数据进行自动收集、显示、整理、统计、分析及打印。

但是，目前水处理设备自动化工作还仅仅限于在一些主要设备（如膜处理、除盐装置等）上进行程序控制和自动操作。但即使是这样，水处理设备的自动化也已经显示了它的优越性。这就是：提高了系统设备运行的可靠性，提高了调节水平，减小了劳动强度，提高了运行经济性。

所以，对各种大容量水处理系统（单机 300MW 及以上机组的水处理系统，单套或单台设备出力 100m³/h 以上的离子交换器），都应该设计以程序控制为主的自动化系统，对其他系统也可以考虑。

设计的自动化程度、控制水平和控制方式，应当根据机组容量、机组自动化水平、水处理系统情况及自动化设备情况等诸多因素来决定。

在水处理自动化的设计中，水处理设计人员要提供水处理设备操作的程序控制顺序（即程控表）和各测点需要安装的信号仪表及运行控制范围。下面给予介绍。

1. 编制程序控制表

目前水处理中程序控制的内容包括：原水温度的自动调节、自动加药、澄清池自动排泥、滤池自动反洗、超（微）滤器自动反洗，反渗透压力保护和自动冲洗、各种水箱的液位调节、碱加热自动调节、交换器程序再生、电除盐的自动运行及停运等。程序控制表的编制主要根据所确定的程序控制范围，将所设计的系统及各单元设备操作过程进行列表说明。现以体内再生混床为例，对它的程序控制表包括的内容给予介绍（见表 4 - 6）。

表 4 - 6　　　　　　　体内再生混合离子交换器运行操作程序（程控表）

序号	程序	开启阀门名称																控制指标
		进水阀 1	反排阀 2	反进阀 3	出水阀 4	正排阀 5	进碱阀 6	排气阀 7	进酸阀 8	进气阀 9	中排阀 10	抽酸阀 11	抽碱阀 12	酸喷水阀 13	碱喷水阀 14	补酸阀 15	补碱阀 16	
1	运　行	△			△													流速 40～60m/h，至出水电导率 > 0.2μS/cm 或 SiO₂>20μg/L
2	反洗分层		△	△														流速 10m/h，15min
3	沉　降					△			△									5～10min
4	强迫沉降	△				△												
5	预喷射						△		△		△			△	△			1min
6	进　酸								△		△	△		△				流速 5m/h，至额定酸量
7	进　碱						△				△		△		△			流速 5m/h，至额定酸量
8	置　换			△			△				△				△			流速 5m/h
9	清　洗	△		△							△					△	△	

续表

序号	程序	开启阀门名称															控制指标
		进水阀1	反排阀2	反进阀3	出水阀4	正排阀5	进碱阀6	排气阀7	进酸阀8	进气阀9	中排阀10	抽酸阀11	抽碱阀12	酸喷水阀13	碱喷水阀14	补酸阀15	补碱阀16	
10	排水					△		△										放水至树脂层表面上100mm左右处
11	混合							△		△								压力0.1~0.15MPa 气量2~3m³/(m²·min) 0.5~1min
12	灌水	△																
13	正洗	△			△													流速15~30m/h，至电导率≤0.2μS/cm，SiO₂≤20μg/L

2. 监督仪表

水处理系统装置的监督仪表包括两大类，热工仪表（温度、压力、流量、液位）及化学监督仪表（电导率、pH值、SiO_2、Na^+等在线测量仪表）。另外还有相应的警报装置及连锁装置。

在补给水处理系统中，这些仪表可能的主要装设地点举例如下。

（1）热工仪表包括：

生水进水管装设有流量表、压力表、温度表；

生水加热器装设有进出口温度表；

澄清池装设有进口流量表、进水温度表（或温差监测仪）；

机械过滤器装设有进出口压力表、出口流量表；

清水泵和中间水泵装设有出口压力表；

清水箱及各种水箱、酸碱箱和溶液箱装设有液位计；

阴交换器装设有进出口压力表、逆流交换器体内液位表，母管制系统装设出口流量表（或进口装设转子流量计）；

混床装设有进出口压力表、进口流量表、体内液位表；

阳交换器装设有进出口压力表、进口流量表、逆流交换器体内液位表；

反渗透装设有流量表、温度表，各段进口压力表及末段浓水压力表；

电除盐上装设有进出口压力表，进水、浓水、产水、极水流量表；

除盐水泵及自用水泵装设有出口压力表、流量表；

酸碱喷射器装设有入口流量表、压力表，浓酸和浓碱管道上可装设转子流量计；

压缩空气系统的空压机和储气罐等处装设有压力表。

（2）化学监督仪表包括：

澄清池（及过滤设备）出口装设有浊度计及余氯仪，流动电位（流）测试仪；

阳离子交换器出口：母管制系统装设阳交换器失效监督仪或工业钠度计；

阴离子交换器出口：单元制系统装设电导率仪、SiO_2表（可与混床共用），母管制系统装设电导率仪、pH 计、SiO₂ 表；

混床出口装设电导率仪或工业钠度计、SiO₂ 表（可与阴床共用）；

反渗透和电除盐装设进水、浓水、产水电导率仪，进水 pH 计，氧化还原电位表（或余氯仪），一级反渗透出水加碱混合器后装设 pH 计；

除盐水母管装设电导率仪或工业钠度计；

酸碱喷射器出口装设酸碱浓度计；

中和池出口装设工业酸度计；

氢钠并联系统的除 CO₂ 器出口装设工业酸度计。

在凝结水处理系统中，常用的化学监督仪表有：

凝结水母管上装有氢电导率仪或工业钠度计及溶氧表；

混床出口和除盐凝结水母管上装有电导率仪或工业钠度计、SiO₂ 表、pH 计；

阳再生塔、阴再生塔装有电导率仪。

此外，国外的凝结水处理系统中有的还装有铁表、铜表等。

第五章　系统图和设备布置图

工程设计的结果，最终是以图纸形式表示出来。按教学大纲的要求，本课程设计至少要完成系统图和设备布置图。当然，正规的工程设计除此之外，还有主要断面图及各种施工图、非标准设备制造图等。但是，就这两种图纸而言，已经反映出初步设计的成果和整个工程的概貌，是设计者设计思想的结晶。

第一节　系　统　图

一、系统图的内容

系统图是根据已选定的系统和工艺计算所确定的设备规范、数量进行绘制的图。系统图一般来说只是形象地把所有设备及其连接方式用图表示出来，此图不按比例绘制，包括如下几个系统：

（1）进水管道及预处理系统，反渗透前处理系统；

（2）补给水除盐系统（离子交换除盐系统，膜法脱盐系统）及除盐水供出系统；

（3）各种附属系统，如酸碱系统、自用水系统、废排水系统、压缩空气系统、加热系统、树脂装卸系统、加药系统等；

（4）锅内及给水处理系统；

（5）凝结水处理系统。

系统图还包括如下内容：

（1）已确定的不同数量的各种设备（设备的规格、型号、尺寸通过设备明细表予以说明）；

（2）连接设备的所有管道及阀门，除了各主系统和辅助系统外，还应有各种备用及旁路系统、水回收利用系统、事故及异常情况下检修隔离系统等；

（3）管径、管件及管内液体流动方向；

（4）图例符号、设备明细表及其他必要的说明；

（5）对扩建系统，还应对老厂设备及新老厂之间连接方式和过渡措施予以表示。

二、系统连接方式——单元制和母管制

1. 单元制串联系统

以离子交换除盐系统为例，说明这种系统的连接方式，如图 5-1 所示。

从图 5-1 可以看出，这种系统运行中，当一台交换器（阴床或阳床）失效时，整套系统（H—D—OH）全部停止运行。所以，这种系统的设计要求是阳床和阴床运行周期要匹配。这种系统优点是监督仪表比较简单，只需在阴床出口装设一只电导率仪即可监督整个系统的运行。因而

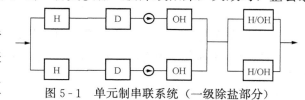

图 5-1　单元制串联系统（一级除盐部分）

易于进行自动控制，自动化设计方案比较简单，运行控制也方便。其缺点是阴树脂交换容量有一定浪费，并且要求进水水质波动小。当进水水质有较大变化时，会导致运行较大的偏离设计状况。

因此，该系统适用于原水水质变化不大，交换器台数较少的情况，一般在一级除盐系统上使用。二级除盐的混床由于运行周期较长，可以不采用单元制而采用母管制。若采用单元制则混床要间断运行。

2. 母管制并联系统

以离子交换除盐系统为例，这种系统的连接方式如图 5-2 所示。

从图 5-2 可以看出，这种系统中，任何一台交换器失效，都不影响其他交换器运行，只要自己停运再生即可。因此，运行调度比较灵活，系统的设计也比较方便，但是监督仪表较多，不但阴床有，而且阳床每台设备也都要有监督仪表，自动化方案比较复杂。

这种连接方式适用于原水水质变化大、交换器台数较多的系统。预处理设备、膜法脱盐设备及凝结水处理设备一般多为母管制连接方式。

3. 分组母管制系统

分组母管制系统如图 5-3 所示。

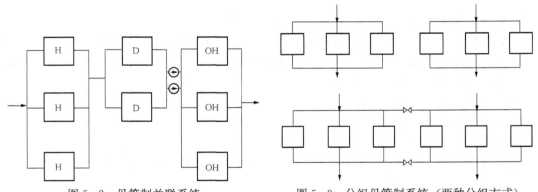

图 5-2　母管制并联系统　　　　图 5-3　分组母管制系统（两种分组方式）

图 5-3 表示了分组母管制的两种分组方式。这种系统多用于大容量系统。当交换器台数较多（如每种交换器超过 6 台）时，母管制系统管径较大、管线布置也较复杂，采用分组系统就可以克服这种矛盾。当有分期扩建任务时，分组系统对设计、施工、运行管理都比较方便，系统的检修和调度也比较方便。

大容量时，预处理系统、膜法脱盐系统可以和除盐系统一起按分组母管制进行设计。

三、系统和系统图中的几个问题

（1）系统图的绘制是不按比例的，但图上要有图标、图例、设备明细表及必要的说明。图面布置要适当，设备、管线排列要适中，给人以整齐、美观、清洁的印象（见图 5-4）。

（2）设备及管线应按《电力勘测设计制图统一规定》的图形符号绘制。设备图形应和实物相接近，主系统宜用粗实线表示，其他管线和设备轮廓线可用细实线表示，以便于阅图。

（3）管线上应注明尺寸（$\phi-\times-$或 D_N-）及输送流体代号和管材代号（见附录十），

并用箭头表示管内流体的流动方向，对进入或离开本系统的管道要注明来源及去向。主要管道还应标明工作参数（压力、温度）。

（4）管道相交可用断开表示（一般竖让横），四通式连通管道在连接处加圆点，以示区别。

（5）各水箱（池）均应有进水管、出水管、溢流管、排污管、呼吸管。

（6）某些必要的场所（如酸碱系统）附近，应设冲洗水管。石灰乳管道应有防堵的水冲洗设施。树脂捕捉器上应有反冲洗水管。

（7）地下构筑物应有排水设施，地下水箱应有排空设施。

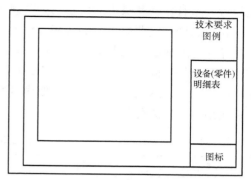

图 5-4　图纸图面的一般布置

第二节　设备布置图

设备布置图是安排厂房的实际尺寸和设备的相对排放位置。对它总的要求是：设备布局和空间利用合理，管线连接短捷、整齐，厂房布置恰当、简洁明快、有良好的通风、采光和照明设施，符合防火、防爆、防冻的要求，为安全运行和操作维护创造良好的条件。设备布置图一般包括下列内容：

（1）厂房轮廓尺寸，厂房净空标高，室内外地面标高，墙、柱子间间距，柱子编号，扶梯及门窗位置，门开关方向等；

（2）所有设备及其定位尺寸（设备编号与系统图一致），设备平台位置；

（3）室内外所有排水沟道、管沟、电缆沟的位置，走向及坡度；

（4）动力盘、仪表盘尺寸位置；

（5）各种化验室、药品储藏仓库、检修间、办公室、厕所、更衣室以及水泵间、配电间、酸碱间等的位置和面积；

（6）铁路（公路）专用线、卸货平台位置；

（7）平（剖）面图上还应标明主要管道直径及流向，管道支吊架，简易起吊设施等；

（8）图纸的绘制一般是按比例绘制，常用比例是 1∶100、1∶50 及 1∶20。

下面分别予以叙述。

一、水处理室的总体布置

电厂中水处理室可以单独设置，也可附属在其他建筑物（如办公楼、锅炉房等）内。这主要取决于建厂的容量和具体条件，一般中型以上电厂水处理室都是单独设置的，小型电厂有可能附属在其他建筑物内。有凝结水处理装置的电厂，凝结水处理装置以前曾在水处理室内集中设置，但目前大多布置在汽机房或其附近地方。

单独设置的水处理室，应当尽量靠近主厂房，以便缩短生水、补给水管道。水处理室还应当尽量靠近铁路（或公路）专用线及厂区主要通道，以便于酸、碱及其他药品装卸，要尽量避免二次装卸。

化学水处理室位置应当考虑朝向及当地常年主导风向，不能放在烟囱、煤场、输煤系统、冷水塔、有污染的药品库的下风方向，以避免各种灰尘及水汽对车间工作的干扰，也不能靠近大型有振动和噪声的设备（如磨煤机等），以防止对各种精密仪器的干扰。

化学水处理室要有足够的面积，包括室内设备布置所需面积、室外设备布置所需面积、药品储存仓库面积，以及运行分析室、化验室、配电间、办公室、仪表维修间、检修间、更衣室及厕所等房间面积（见表 5-1 和表 5-2）；还要有足够的通道。化验室的内墙壁和地面及照明、水源、通风等要按其功能要求进行设计。当水处理室有扩建的可能性时，还应留有扩建余地，不应堵死扩建端。

表 5-1　　　　　　　　　　　水处理室检修间面积

电厂规划容量（MW）	≤150	160～300	310～750	760～1200
单机容量（MW）	12～25	25～50	50～125	100～300
检修间面积（m²）	50	100	120	140

注　表中面积包括工作间、工具间、作业棚、休息室、办公室。如水处理设备检修划归全厂检修部门，化学车间不设单独检修班组时，水处理室内检修间面积可适当缩小，仅保留作业间和工具间。

表 5-2　　　　　　　　　　　化 学 试 验 室 面 积　　　　　　　　　　　（m²）

试验室名称		面积	试验室名称		面积
公　用	化验人员办公室	24	煤化验室	制样室	24
	化验室仓库	24		热量计室	12
	更衣室	24		分析室	24
	微机室			加热间	12
				天平间	12
水化验室	仪器室	24	油化验室	天平室（包括天平、色谱气瓶间分设时）	60
	天平室	24			
	分析室	72		色谱仪器分析间	24
	高温炉加热室	12			
	技术档案室				

注　1. 现场水汽控制试验室（汽水化验站）一般设在主厂房或与主厂房有连接走廊的办公楼内。
　　2. 化验室布置应远离煤场和有污染的药品库等地方，不应受振动、噪声的影响，并应光线充足，通风良好。
　　3. 化验室墙壁不应有反光和颜色，地面应防腐和防滑。
　　4. 设计时应注意化验室对照明、水源、采暖和通风的特殊要求。

当某些水处理设备采用全露天布置时，应考虑运行操作的方便，将取样装置、仪器仪表、运行控制台等集中布置，并采取防雨防冻措施。当水处理室建在非平原地区时，设备安放还应考虑排水及排污问题。

二、水处理室的设备布置

水处理室设备布置一般按流程先后，分类集中顺序布置，要求布置合理、整齐美观，为运行操作和检修维护创造良好的环境。在前面进行系统工艺计算和设备选择时，一般也应结合设备布置时的要求一起考虑。

1. 室外设备布置

室外布置的设备，一般都是大型设备，如澄清池、重力式滤池、清水箱、除盐水箱、酸碱储存槽、中和池等。叠式布置的除 CO_2 器及中间水箱，当除盐系统为母管制时多布置在室外，单元制时多布置在室内。布置在室外的除 CO_2 器，其风机吸入侧最好有滤尘装置，以减少灰尘对水质的影响。

所有水箱最好集中布置，并尽量布置在一条中心线上，以便于管道的连接。相邻两只水箱间要留有通道。

所有室外布置的设备都应考虑排水沟道，以便接受溢流、排污等水流。在冬季有冰冻地区，室外布置的设备及管道阀门还应考虑保温防冻措施。室外的澄清池顶部及底部可设有小室（或遮阳棚），以便于冬季（或雨天）运行操作。相邻的澄清池顶部还应有通道相连。为了防冻，碱储存箱可移至室内，酸储存槽一般放在室外，但在特别寒冷地区，为了保护衬胶层，酸储存槽也要放在室内。

卸酸碱泵最好靠近酸碱储存槽，以便减少酸碱压力管道的长度。酸碱储存槽及污水泵要靠近中和池。

罗茨风机室外布置时，要考虑消音措施。

2. 室内设备布置

室内布置的设备通常为机械过滤器、各种离子交换器、膜处理装置、溶液箱、计量箱、泵、空气压缩机、仪表和控制表盘等，现分述如下。

（1）离子交换器和过滤器布置，常见的布置方式如图 5-5 所示。

这种布置都是两排布置，两排中间要留有通道，通道的尺寸要保证设备上阀门全开时净距不小于 2m。每排中两台设备间的距离不得小于 0.4m（如设备本身为法兰连接时，净距离还要放大），当设备台数较多时，每隔一定距离要留有通道（不小于 0.8m）。设备与墙的净距离一般为 0.5m。

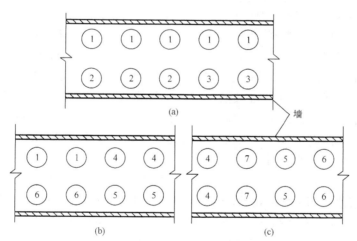

图 5-5　离子交换器及机械过滤器的常见布置方式

（a）钠离子交换系统；（b）母管制并联除盐系统（除 CO_2 器和中间水箱在室外）；

（c）单元制串联除盐系统（除 CO_2 器和中间水箱在室内）

1—机械过滤器；2—一级钠离子交换器；3—二级钠离子交换器；

4—阳离子交换器；5—阴离子交换器；6—混合床；7—除 CO_2 器及中间水箱

（2）膜处理装置布置。膜处理装置应布置在室内，可以和离子交换器布置在一起，也可以布置在单独设置的房间内。

对反渗透装置，其布置原则要保证足够的检修场地，留有膜元件更换空间，比如，其系列之间和系列侧面空间不应小于每系列实际宽度并便于通行，反渗透系列正面空间不应小于每一反渗透元件长度（最好大于两个元件的长度），以便于安装和检修。

电除盐和超（微）滤装置的布置同样要留有足够的元件更换空间。

反渗透的前处理设备，包括各种泵、溶液箱、溶解箱、过滤器、超（微）滤器等，一般都在室内集中布置，其布置原则可参照离子交换系统的布置。

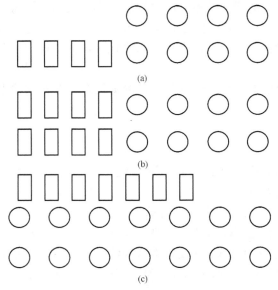

图 5-6　泵常见的布置方式（不设水泵间）

(a) 水泵在设备一端单侧集中布置；
(b) 水泵在设备一端双侧集中布置；
（c）水泵与设备分开布置

（3）水泵布置。水泵一般是集中布置，可以设单独水泵间（除 CO_2 器风机及空压机也可放在其内），以减少运转时机械噪声；若不设单独水泵间，可在设备一端集中布置，常见的布置方式如图 5-6 所示。这种布置方式，还可以用隔墙把水泵隔开，构成半单独的水泵间。如果在离子交换设备房间之外设立单独水泵间，则其布置方式随具体情况而定。

水泵布置不能太密，基础间净距离不应小于 0.6m，还要考虑电缆沟、管沟、排水沟的位置，要考虑检修工作的方便。对单独的水泵间，更要注意这一点。泵基础的规格要适当简化，使之整齐美观。

反渗透高压泵布置在反渗透膜组件附近，尽量缩短反渗透高压泵和膜之间管道。

动力盘要求与用电设备（如泵等）保持一定距离，或者设单独配电间。

（4）酸碱计量箱、混凝剂、磷酸盐等加药系统布置。酸碱计量箱和喷射器一般布置在单独的计量间内，该计量间要靠近酸碱槽，以减小管道长度，所有酸、碱房间内要有通风装置、水冲洗及排水设施、酸碱排放措施、安全措施（如淋洗器等），设备、地坪、地沟甚至墙裙、顶棚都要考虑防腐措施，这对酸计量间尤为重要。酸计量间不得装设电气操作箱、化学仪表，照明也应采用防腐灯具。

混凝剂、磷酸盐、氨、联氨等加药系统可以单独设间，也可以集中布置。混凝剂加药系统一般都设在澄清池底部，磷酸盐及给水加药系统一般都设在主厂房内（可每两台机组集中布置）。加药间内可附带有药品储存小间，加药间内还要有冲洗设施。

反渗透前处理的加药设备可在水处理室内单独设间。

石灰处理系统应设置专门的石灰处理间。

加氯间应靠近加氯点，并与其他房间隔开，还要有必要的安全措施（如房间密封，设置抽吸和中和漏出氯气的装置等）。

药品储存仓库可以单独设间，仓库容积一般按储存 15～30 天消耗量计算。当药品为当地供应，可减少储存天数；当药品为铁路运输时，仓库容积要满足一车厢（或一槽车）容积再加 10 天耗用量。固体药品仓库内干储存堆放高度一般为 1.5～2m，如有机械搬运设备时，堆放高度可适当增加。

药品储存仓库要靠近铁路（公路）专用线，并附有卸货平台，必要时也可设计起吊装置。药品仓库要靠近使用地点，以减少二次搬运，还要考虑防水、防火、防腐和防爆的安全措施。

（5）控制表盘布置。当水处理设备采用程序控制、自动控制或集中控制时，一般都应设立单独的控制室。控制室要靠近水处理设备，并离开酸碱间及有噪声、振动的设备，如泵、风机等。控制室的面积是根据表盘数量决定的，但要保证有足够的值班场地和检修通道。控制室应有良好的采光和通风。

三、水处理室的管道布置

水处理室管道布置原则如下所述。

（1）管道应力求短，弯头、三通附件少，以节省材料并减小流动阻力。

（2）管道布置要整齐美观，扩建方便，便于支吊，特别是对于衬胶管、塑料管、玻璃钢管要增加支吊点。

（3）管道在室内要跨越人行通道时，其净高不得低于 2m，跨越离子交换器间的净空高度不宜低于 4m，以满足检修工作需要。

（4）管道布置不得影响设备起吊，也不宜挡住窗户，需要运输设备的通道净高，应满足设备运送的需要。

（5）由水处理室至主厂房的管道（如补给水母管）宜用管沟、架空敷设或埋地敷设。当采用通行管沟时，其净高不得低于 1.8m，通道净宽不小于 0.6m。所有管沟、电缆沟均应有排水设施。

（6）架空管道最高处要设排气阀，沟内敷设的管道在最低点要设放水阀。

（7）手动操作的阀门布置高度不宜超过 1.6m，高于 2m 的阀门应有传动装置和操作平台，以便于操作。阀门的阀杆方向不宜向下。

（8）动力盘、控制盘的上方不应布置管道，尤其是药液管。

（9）浓酸、浓碱及液氯管道应避免架空敷设在经常有人通行的地方，若必须在此处架空敷设时，或要架空穿越人行通道时，则对法兰、接头等处应采取严格的防护措施。

（10）浓碱、浓硫酸输送管道应有防止低温时凝固措施。

（11）反渗透浓水管道的布置应保证系统停运时最高一层膜组件不会被排空。

附　录

附录一　常用离子交换树脂技术参数

附表1　常用离子交换树脂技术参数

型号	树脂名称	功能基团	全交换容量 (mmol/g 干树脂)	外观颜色及形态	粒径范围 (mm)	水分 (%)	密度 (g/cm³) 湿真密度 (20℃)	密度 湿视密度	转型膨胀率 (%)	最高允许温度 (℃)	适用 pH 值范围	出厂型态	曾用型号	国外参照产品
001×7	苯乙烯系强酸阳离子交换树脂	—SO₃H	4.2	棕黄色至棕褐色球状颗粒	0.3~1.2	45~55	1.23~1.28	0.75~0.85	Na→H 8~10	H 100 Na 120	0~14	Na	732 732~2 强酸1号 强酸2号	Amberlite IR-120(美) Dowex 50×1(美) кy-2(苏)
001×7	苯乙烯系强酸阳离子交换树脂(大颗粒)	—SO₃H	4.0~4.2	棕黄色至棕褐色球状颗粒	0.6~1.2	40~45	1.27~1.30	0.85~0.90	Na→H 8~10	H 100 Na 120	0~14	Na	强酸3号 强酸4号	Duolite C20(法)
D 001	大孔苯乙烯系强酸阳离子交换树脂	—SO₃H	4.0	灰褐色至深棕色不透明球状颗粒	0.3~1.2	50~55	1.23~1.27	0.75~0.85	Na→H 8~10	Na 120	0~14	Na	61号 72号	Amberlite IR-200(美) Duolite C 26(法)
111	丙烯酸系弱酸阳离子交换树脂	—COOH	≥12.0	近乳白色半透明球状颗粒	0.3~1.2	50~60	1.10~1.15	0.7~0.8	H→Na 70~75	100	4~14	H	110	
D 111	大孔丙烯酸系弱酸阳离子交换树脂	—COOH	9.0	白色不透明球状颗粒	0.25~1.0	40~45	1.17~1.19	0.7~0.85	H→Na 70	100	4~14	H	151 111	Amberlite IRC-84(美) KB-4(苏)
201×7	苯乙烯系强碱I型强碱阴离子交换树脂	—N(CH₃)₃	3.0	淡黄色至金黄色球状颗粒	0.3~1.2	40~50	1.06~1.11	0.65~0.75	Cl→OH 18~22	OH 40 Cl 80	1~14	Cl	717 强碱201 强碱2号 强碱4号	Amberlite IRA-400(美) AB-17(苏) Diaion SA-10A(日)

续表

型号	树脂名称	功能基团	全交换容量 (mmol/g 干树脂)	外观颜色及形态	粒径范围 (mm)	水分 (%)	密度 (g/cm³) 湿真密度(20℃)	密度 (g/cm³) 湿视密度	转型膨胀率 (%)	最高允许温度 (℃)	适用pH值范围	出厂型态	曾用型号	国外参照产品
201×4	苯乙烯系季胺Ⅰ型强碱阴离子交换树脂	$-N(CH_3)_3$	3.6	淡黄色至金黄色球状颗粒	0.3~1.2	55~65	1.04~1.06	0.6~0.7	Cl→OH 25~30	OH 40 Cl 80	1~14	Cl	711	Amberlite IRA-401(美) Diaion Sa-11A(日)
213	强碱丙烯酸系阴离子交换树脂	$-N(CH_3)_3$	≥4.3	乳白色球状颗粒	0.3~1.2	54~64	1.05~1.1	0.68~0.75	Cl→OH 18		1~14	Cl		
202×7	苯乙烯系季胺Ⅱ型强碱阴离子交换树脂	$-N\langle^{(CH_3)_2}_{C_2H_4OH}$	3.3	淡黄色	0.3~1.2	40~50	~1.13	0.66~0.72	Cl→OH 15~20	50	1~14	Cl		
D 201	大孔苯乙烯季胺Ⅰ型强碱阴离子交换树脂	$-N(CH_3)_2$	3	乳白色至浅黄色不透明球状颗粒	0.3~1.2	50~60	1.05~1.10	0.65~0.75	Cl→OH 约8	OH 40 Cl 80	0~14	Cl	DK251 290	Amberlite IRA-900(美) Duolite A-161(法)
D 202	大孔苯乙烯季胺Ⅱ型强碱阴离子交换树脂	$-N\langle^{(CH_3)_2}_{C_2H_4OH}$	3.3	淡黄色至金黄色球状颗粒	0.3~1.2	50~60	1.06~1.10	0.65~0.75	Cl→OH 6~9		1~14	Cl	763 Ⅱ型多孔树脂	Amberlite IR A-910(美)
301×2	苯乙烯系弱碱阴离子交换树脂	$-N(CH_3)_2$	5	淡黄色球状颗粒	0.3~1.2	45~55	~1.10	0.65~0.75	Cl→OH 约15		1~9	Cl	301	
D 301	大孔苯乙烯系弱碱阴离子交换树脂	$-N(CH_3)_2$	4.0	乳白色至浅黄色不透明球状颗粒	0.3~1.2	50~60	1.05~1.12	0.66~0.71	OH→Cl 15~20	OH 40 Cl 80	1~9	游离碱	D 351 D 370 D 354	Amberlite IRA-93(美) Amberlite IRA-94(美)

续表

型　号	树脂名称	功能基团	全交换容量 (mmol/g 干树脂)	外观颜色及形态	粒径范围 (mm)	水分 (%)	密度 (g/cm³) 湿真密度 (20℃)	密度 (g/cm³) 湿视密度	转型膨胀率 (%)	最高允许温度 (℃)	适用 pH 值范围	出厂型态	曾用型号	国外参照
D 311	大孔丙烯酸系弱碱阴离子交换树脂	—N(CH₃)₂	6.5	乳黄色不透明球状颗粒	0.3~1.2	52~62	1.07~1.11	0.7~0.8	OH→Cl 约 11		1~9	游离碱	703	
DOWEX 650C	苯乙烯凝胶型强酸阳树脂	—SO₃	体交 ≥2mol/L		0.65 ±0.05	46~51		0.784		120		H		陶氏产品，均粒树脂
DOWEX 550A	苯乙烯凝胶 I 型强碱强树脂	—N(CH₃)₃	体交 ≥1.1mol/L		0.59 ±0.05	55~65		0.640		60		OH		陶氏产品，均粒树脂
Amberjet 1500H	苯乙烯凝胶强酸阳树脂	—SO₃	体交 ≥2mol/L	深琥珀色球	0.65 ±0.05	45~51	1.28~1.32	0.82	Na→H 10			H		罗门哈斯产品，均粒树脂
Amberjet 4400 Cl	苯乙烯凝胶 I 型强碱阴树脂	—N(CH₃)₃	体交 ≥1.4mol/L	浅琥珀色球	0.58 ±0.05	40~48	1.075~1.1	0.73	Cl→OH 30	60		Cl		罗门哈斯产品，均粒树脂
Amberjet 2800H	苯乙烯大孔型强酸阳树脂	—SO₃	体交 ≥1.7mol/L	浅棕色球	0.55~0.85	52~58		0.78		120		H		罗门哈斯产品
Amberjet 9800Cl	苯乙烯大孔 I 型强碱阴树脂	—N(CH₃)₃	体交 ≥1mol/L	浅白色球	0.55~0.75	57~64		0.7		60		Cl		罗门哈斯产品
Amberjet 1600H	苯乙烯凝胶型强酸阳树脂	—SO₃	体交 ≥2.4mol/L	黑琥珀色球	0.6~0.7	37~43		0.84				H		罗门哈斯产品，均粒树脂高交联度

续表

型　号	树脂名称	功能基团	全交换容量(mmol/g干树脂)	外观颜色及形态	粒径范围(mm)	水分(%)	密度(g/cm³) 湿真密度(20℃)	湿视密度	转型膨胀率(%)	最高允许温度(℃)	适用pH值范围	出厂型态	曾用型号	国外参照产品
Amberjet 9000 OH	苯乙烯大孔 I 型强碱阴树脂	$-N(CH_3)_3$	体交≥0.8mol/L	粉白色球	0.58~0.7	66~75		0.66						罗门哈斯产品,均粒大孔
Microionex MB200	粉末阴阳混合树脂		阳≥4.8 阴≥3.8			53~58				60~100		H/OH		罗门哈斯产品,阳,阴各50%
Microionex MB 400	粉末阴阳混合树脂		阳≥4.8 阴≥3.5			53~58				60~100		H/OH		罗门哈斯产品,阳75%阴25%
Microionex MB250 NH₄	粉末阴阳混合树脂		阳≥4.8 阴≥3.8			48~53				60~100		NH₄/OH		罗门哈斯产品,阳为铵型66%阴34%
	核子级苯乙烯系强酸阳离子交换树脂	$-SO_3H$	4.5	黄褐色	0.6~1.0	55~60		0.75~0.85		120		H		
	核子级苯乙烯系强碱阴离子交换树脂	$-N(CH_3)_3$	3.0	浅黄色	0.3~1.2	50~55		0.5~0.75		60		Cl		

注　表中的型号一些列出的是树脂通用型号,水处理中还有一些专用树脂,其型号表示如下:
双层床专用树脂为表中通用型号后加SC;
浮动床专用树脂为表中通用型号后加FC;
混合床专用树脂为表中通用型号后加MB;
三层床专用树脂为表中通用型号后加TR;
浮动床用惰性树脂(白球)为FB;
压脂层用惰性树脂(白球)为YB;
三层床用惰性树脂为S-TR。

附录二　离子交换器设计参数

见附表 2～附表 5。

附表 2　顺流再生离子交换器

设备名称		混合离子交换器		钠离子交换器	Ⅱ级钠离子交换器	弱酸阳离子交换器		弱碱阴离子交换器	强酸阳离子交换器		强碱阴离子交换器
运行滤速(m/h)		40~60		20~30	≥60	20~30		20~30	20~30		
反洗	流速(m/h)	10		15	15	15		5~8	15		
	时间(m/h)	15		15	15	15		15~30	15		
再生	药剂	HCl	NaOH	NaCl	NaCl	H₂SO₄	HCl	NaOH	H₂SO₄	HCl	NaOH
	耗量(g/mol)	80kg/m³(R)	100kg/m³(R)	100~120	400	60	40	40~50	100~150	70~80	100~120
	浓度(%)	5	4	5~8	5~8	1	2~2.5	2		2~4	2~3
	流速(m/h)	5	5	4~6	4~6	>10	4~5	4~5		4~6	4~6
置换	时间(min)					20~40		40~60	25~30		25~40
	流速(m/h)	4~6		5	5	4~6		4~6			
正洗	水耗[m³/m³(R)]			3~6		2~2.5		2.5~5	5~6		10~12
	流速(m/h)			15~20	20~30	15~20		10~20	12		10~15
	时间(min)			30		10~20		25~30	30		60
工作交换容量[mol/m³(R)]				900~1000		1800~2300		800~1200	500~650	800~1000	250~300
备注		正洗前用空气混合,空气压力0.098~0.147MPa,空气量2~3m³/(m²·min),混合时间0.5~1min									

H_2SO_4 H_2SO_4

　注　1. 运行滤速上限为短时最大值（后同）。

　　　2. 硫酸分步再生时的浓度、酸量的分配和再生流速，可视原水中钙离子含量占总阳离子含量比例的不同，经计算或试验确定。当采用两步再生时：第一步浓度 0.8%～1%，再生剂量不要超过总量的 40%，流速 7～10m/h；第二步浓度 2～3%，再生剂用量为总量的 60% 左右，流速 5～7m/h。采用三步再生时：第一步浓度 0.8～1%，流速 8～10m/h；第二步浓度 2～4%，流速 5～7m/h；第三步浓度小于 4～6%，流速 4~6m/h，第一步用酸为总用酸量的 1/3。

　　　3. 离子交换树脂的工作交换容量，可根据厂家提供的资料确定，没有资料时，可参考本表数据。

附表 3　　　　　　　　　　逆流再生离子交换器

设备名称		强酸阳离子交换器		强碱阴离子交换器	钠离子交换器
运行滤速（m/h）		20～30		20～30	20～30
小反洗	流速（m/h）	5～10		5～10	5～10
	时间（min）	15		15	3～5
放　水		至树脂层之上		至树脂层之上	至树脂层之上
	无顶压	—		—	—
	气顶压（MPa）	0.03～0.05		0.03～0.05	0.03～0.05
	水顶压（MPa）	0.05 流量为再生流量的 0.4～1		0.05 流量为再生流量的 0.4～1	0.05 流量为再生流量的 0.4～1
再生	药剂	H_2SO_4	HCl	NaOH	NaCl
	耗量（g/mol）	≤70	50～55	60～65	80～100
	浓度（%）	注4	1.5～3	1～3	5～8
	流速（m/h）		≤5	≤5	≤5
置换（逆洗）	流速（m/h）	8～10	≤5	≤5	≤5
	时间（min）	30		30	—
小正流	流速（m/h）	10～15		7～10	10～15
	时间（min）	5～10		5～10	5～10
正洗	流速（m/h）	10～15		10～15	15～20
	水耗（m³/m³）	1～3		1～3	3～6
工作交换容量（mol/m³）（R）		500～650	800～900	250～300	800～900
出水质量		Na^+<50μg/L		SiO_2<100μg/L	

注　1. 大反洗的间隔时间与进水浊度、周期制水量等因素有关，一般约 10～20 天进行一次。大反洗后可视具体情况增加再生剂量 50%～100%。

2. 顶压空气量以上部空间体积计算，一般约为 0.2～0.3m³/（m³·min）；压缩空气应有稳压装置。

3. 为防止再生乱层，应避免再生液将空气带入离子交换器。

4. 硫酸分步再生时的浓度、酸量分配和再生流速，可视原水中钙离子含量占总阳离子的比例不同，经计算或试确定。分步再生数据可参考附表 2 的注 2。

5. 再生、置换（逆洗）应用水质较好的水，如阳离子交换器用除盐水、氢型阳床出水或软化水，阴离子交换器用除盐水。

6. 进再生液时间不宜过短，宜达到 30min，如时间过短，可降低再生液流速或适当增加再生计量。

附表 4 　　　　　　　　　　　**对流再生离子交换器（浮动床）**

设 备 名 称		强酸阳离子交换器		强碱阴离子交换器	钠离子交换器
运行滤速（m/h）		30～50		30～50	30～50
再生	药剂	H_2SO_4	HCl	NaOH	NaCl
	耗量（g/mol）	55～65	40～50	60	80～100
	浓度（%）	见附表2中注2	1.5～3	0.5～2	5～8
	流速（m/h）	见附表2中注2	5～7	4～6	2～5
置换	时间（min）	20		30	15～20
	流速（m/h）	同再生流速			
正洗	时间（min）	计算确定			
	流速（m/h）	15		15	15
	水耗（m³/m³）（R）	1～2		1～2	1～3
成床	流速（m/h）	15～20		15～20	15～20
	时间（min）	—		—	—
	顺洗时间（min）	3～5		3～5	3～5
工作交换容量（mol/m³）（R）		500～650	800～900	250～300	800～900
出水质量		$Na^+<50\mu g/L$		$SiO_2<50\mu g/L$	—
反洗	周期	体外定期反洗		体外定期反洗	体外定期反洗
	流速（m/h）	10～15		10～15	
	时间（min）				

注 1. 最低滤速（防止落床、乱层）：阳离子交换器大于 10m/h，阴离子交换器大于 7m/h；树脂输送管内流速为 1～2m/s。

2. 本表中离子交换树脂的工作交换容量为参考数据。

3. 反洗周期一般与进水浊度、周期制水量等因素有关。反洗在清洗罐中进行，每次反洗后可视具体情况增加再生剂量 50～100%。

4. 进再生液时间不宜过短，宜达到 30min，如时间过短，可降低再生液流速或适当增加再生剂量。

附表 5　　　　　　　　对流再生离子交换器（双室床、双室浮动床）

设 备 名 称		双室阳、阴离子交换器（双室床）			双室浮动阳、阴离子交换器（双室浮床）		
		阳离子交换器		阴离子交换器	阳离子交换器		阴离子交换器
运行流速(m/h)		25～30		25～30	30～50		30～50
再生	药剂	H_2SO_4	HCl	NaOH	H_2SO_4	HCl	NaOH
	耗量(g/mol)	≤60	40～50	≤50	≤60	40～50	≤50
	浓度(%)		1.5～3	1～3		1.5～3	0.5～2
	流速(m/h)		≤5	≤5		5～7	4～6
置换（逆洗）	流速(m/h)	8～10	≤5	≤5	同再生流速		
	时间(min)	30		30	20		30
正洗	时间(min)	—			计算确定		
	流速(m/h)	10～15		10～15	15		15
	水耗(m³/m³)(R)	1～3		1～3	1～2		1～2
成床	流速(m/h)	—		—	15～20		15～20
	时间(min)	—		—	—		—
	顺洗时间(min)	—		—	3～5		3～5
工作交换容量 [mol/m³(R)]	弱	2000～2500	2000～2500	600～900	2000～2500	2000～2500	600～900
	强	600～750	1000～1400	400～500	600～750	1000～1400	400～500
出水质量		Na^+<50μg/L		SiO_2<100μg/L	Na^+<50μg/L		SiO_2<100μg/L
反洗	周期	—		—	—		—
	流速(m/h)	10～15		10～15	10～15		10～15
	时间(min)	—		—	—		—

附录三　澄清池、滤池和水箱规格

见附表6～附表8。

附表6　澄清池规格

澄清池规格

水力加速澄清池

项目	S771(一)	S771(二)	S771(三)	S771(四)	S771(五)	S771(六)	S771(七)	S771(八)
标准图	S771(一)	S771(二)	S771(三)	S771(四)	S771(五)	S771(六)	S771(七)	S771(八)
出力 (m³/h)	40	60	80	120	160	200	240	320
池径 (m)	4.2	5.2	6.0	7.2	8.4	9.3	10.4	12.0
池高 (m)	5.2	5.5	5.8	6.3	6.8	7.0	7.4	8.2
泥斗数	1	1	1	2	2	2	2	2
总容积 (m³)								
出水槽形式	环　形						辐射形	

水力加速澄清池技术参数：

总停留时间 1.28～1.68h
反应室停留时间 130～150s
喷嘴出口流速 7～8m/s
清水区上升流速 0.95～1mm/s
喉管流速 2.2～2.7m/s
循环回流量：4倍进水量

机械搅拌澄清池

项目					S774(一)	S774(二)	S774(三)	S774(四)	S774(五)	S774(六)	S774(七)	S774(八)
标准图					S774(一)	S774(二)	S774(三)	S774(四)	S774(五)	S774(六)	S774(七)	S774(八)
出力 (m³/h)	40	60	80	120	200	320	430	600	800	1000	1330	1800
池径 (m)	4.0	4.8	5.6	6.9	9.8	12.4	14.3	16.9	19.5	21.8	25.0	29
池高 (m)	3.30	3.18	3.08	3.45	5.30	5.50	6.00	6.35	6.85	7.20	7.50	8.0
泥斗数	2	2	2	2	2	2	2	2	3	3	3	3
总容积 (m³)					315	504	677	945	1260	1575	2095	2835
出水槽形式	环　形								辐射加环形			
搅拌机型号					JJ-2	JJ-2L	JJ-2.5	JJ-2.5L	JJ-3.5	JJ-3.5L	JJ-4.5	JJ-4.5L
括泥机型号					JG-6.0	JG-7.5	JG-9.0	JG-13.5	JG-12.0	JG-13.5	JG-15.0	JG-17.0

机械搅拌澄清池技术参数：

总停留时间 1.5h
第一、二反应室停留时间约 30min
清水区上升流速 1mm/s
提升流量：5倍处理水量
泥渣浓度：重力排泥 20kg/m³（含水率 98%），机械排泥 50kg/m³（含水率 95%）

附表7

滤　池　规　格

项目	虹吸滤池				无阀滤池									重力式空气擦洗滤池			
标准图	S773(一)	S773(二)	S773(三)	S773(四)	S775(一)	S775(二)	S775(三)	S775(四)	S775(五)	S775(六)	S775(七)	S775(八)	S775(九)	某设计院设计系列			
出力(m³/h)	320 430	600 800	1000 1330	1800 2400	40	60	80	120	160	200	240	320	400	120	200	300	400
格数	6 8	6 8	6 8	6 8	1	1	2	2	2	2	2	2	2	2	2	2	2
每格尺寸(m)	3.0×2.0	3.5×3.0	4.5×4.0	5.5×6	2.1×2.1	2.6×2.6	2.1×2.1	2.6×2.6	2.9×2.9	3.3×3.3	3.6×3.6	4.1×4.1	4.7×4.7				
每座滤池面积(包括管廊)(m)	10.4×6.8 10.4×9.0	11.6×9.8 11.6×13	13.8×12.8 13.8×17	16.8×19 16.8×25.25										5.65×2.9	7.74×3.96	8.8×4.5	10.3×5.3
反洗水箱数					单	单	双	双	双	双	双	双	双	双	双	双	双
滤池高(m)					4.37	4.50	4.45	4.50	4.45	4.65	4.65	4.74	4.74	4.0	3.65	4.0	4.03
技术参数	滤速10m/h 反洗强度15L/(m²·s) 反洗水头1.2m,调节范围1.75~1.25m 滤料:单层:石英砂,粒径0.6~1.2mm,高0.7m 双层:石英砂,粒径0.6~1.2mm,高0.25m 白煤,粒径1.0~1.8mm,高0.45				滤速10m/h 反洗强度(平均)15L/(m²·s),反洗历时5min 期终水管损失1.7m 进水管流速0.5~0.7m/s 滤料:单层:石英砂,粒径0.5~1.0mm,高0.7m 双层:石英砂,粒径0.5~1.0mm,高0.4m 无烟煤,粒径1.2~1.6mm,高0.3									水分配箱顶标高(m) 5.65　5.35　5.9　6.03 滤池壁厚约0.15m			

注　普通快滤池设计(标准图S7)规格有 20、40、60、80、120、200、240、320、400m³/h。

附表 8　　　　　　　　　　　　　　　圆 形 水 箱 规 格

容 积 （m³）	箱 径 （mm）	底座直径 （mm）	箱 高 （mm）	顶 高 （mm）	箱壁厚 （mm）	箱底壁厚 （mm）	外表面积 （m²）	箱重 （kg）	顶型
10	2380	2400	2610		5	5	29	1149	平顶
20	3080	3100	3012		6	6	44	2388	平顶
30	3780	3800	3012		6	6	58.5	3097	平顶
50	4000	4032	4300		6	6	80	4181	平顶
75	4500	4532	5012		6	6	103	5317	平顶
100	5280	5360	5216	359	6	6	132	6814	锥顶
150	6480	6560	5670	454	6	6	147	8709	锥顶
200	6480	6560	6960	454	6	6	200	10 026	锥顶
250	7150	7320	7006	500	6	6	228	11 274	锥顶
300 （壁为阶梯形）	7748～7700	7820	7724	859	6	6	264	13 282	球面顶
400 （壁为阶梯形）	8072～8012	8140	9127	901	6	6	313	14 184	球面顶
500 （壁为阶梯形）	9560～9512	9650	8923	1062	6	6	384	19 184	球面顶
800 （壁为阶梯形）	10 074～10 000	10 200	12 440	1359	6	6	515	27 025	球面顶
1000 （壁为阶梯形）	12 090～12 012	12 200	11 082	1491	6	6	604	30 754	球面顶

注　箱本体上有进出水管、溢流管、排污管、顶入孔、侧入孔、高低液位警报接口法兰、呼吸孔、水位计及爬梯。

附录四　过 滤 设 备 技 术 参 数

见附表 9 和附表 10。

附表 9　　　　　　　　　　　过滤器滤料级配及运行参数

过滤器（池）形式 项目			滤　　料			反洗强度 [L/(m²·s)]			备　　注
			种类	粒径 φ （mm）	层高 （mm）	水反洗	风水合洗		
							空气	水	
重力式过滤器（池）	单层滤料		无烟煤	0.8～1.5	700	10	10	—	历时 5～10min,滤料不均匀系数 K_{80},无烟煤<1.7,石英砂<2
			石英砂	0.5～1.2	700	12～15	20	—	
			大理石	0.5～1.2	700	15	—	—	宜用于石灰处理
	双层滤料	普通快滤	无烟煤	0.8～1.8	400～500	13～16	10～15	～10	历时 5～10min
			石英砂	0.5～1.2	400～500				
		接触滤池	无烟煤	1.2～1.8	400～600	15～17	—	—	历时 5～10min
			石英砂	0.5～1.0	400～600				

过滤器(池)形式	项目	滤料			反洗强度 [L/(m²·s)]			备注
		种类	粒径 φ (mm)	层高 (mm)	水反洗	风水合洗		
						空气	水	
重力式过滤器(池)	三层滤料	无烟煤	0.8～1.6	450～600	16～18	—	—	不宜采用空气擦洗; 滤料的相对密度: 无烟煤 1.4～1.6 石英砂 2.6～2.65 重质矿石 4.7～5.0 历时 5～10min; 滤料不均匀系数 K_{80} 无烟煤　<1.7 石英砂　<1.5 重质矿石<1.7
		石英砂	0.5～0.8	230				
		重质矿石	0.25～0.5	70				
			0.5～1.0	50				
			1.0～2.0	50				
			2.0～4.0	50				
			4.0～8.0	50				
		砾石	8.0～16	100				
			16～32	本层顶面高度应高出配水系统孔眼100				
	变孔隙过滤	天然海砂	1.2～2.8	1525	15～16	14～15	11～12	历时 20min
			0.5～1.0	约50,混入大粒径海砂内,不占高度				
机械过滤器	细砂过滤	石英砂	0.3～0.5	600～800	10～12	27～33	—	水洗历时 10～15min,空气擦洗历时 3～5min
	单层滤料	石英砂	0.5～1.2	1200	12～15	20	—	历时 5～10min
		无烟煤	0.5～1.2	800	10～12	10	—	历时 5～10min
	双层滤料	石英砂	0.5～1.2	800	13～16	10～15	8～10	历时 5～10min
		无烟煤	0.8～1.8	400				
	三层滤料	无烟煤	0.8～1.6	450～600	16～18	—		不宜采用空气擦洗
		石英砂	0.5～0.8	230				历时 5～10min
		重质矿石	0.25～0.5	70				
			0.5～1.0	50				
			1.0～2.0	50				
			2.0～4.0	50				
			4.0～8.0	50				
		砾石	8.0～16	100				此部分为承托层
			16～32	本层顶面高度应高出配水系统孔眼100				

续表

项目 过滤器(池)形式		滤料			反洗强度 [L/(m²·s)]			备注
		种类	粒径 φ (mm)	层高 (mm)	水反洗	风水合洗		
						空气	水	
机械过滤器	纤维过滤	丙纶纤维束		1200～1300	60	上向洗 3～5； 下向洗 6～10		空气气源宜采用罗茨鼓风机，空气压力 0.05MPa～0.1MPa，清洗水压力≥0.1MPa,清洗时间 20～60min
活性炭过滤器				1500～2000	7	10		水洗历时 20～30min,空气擦洗历时 15～20min

注 1. 表中所列为反洗水温 20℃的数据，水温每增减 1℃，反洗强度相应增减 1%。

2. 滤料反洗膨胀率（做设计计算用）：石英砂单层滤料过滤为 45%；双层滤料过滤为 50%；三层滤料过滤为 55%。

3. 当使用表面冲洗设施时，冲洗强度可取低值。

4. 应考虑全年水温、水质变化因素，有适当调整反洗强度的可能。

5. 选择反洗强度时，应考虑所用混凝剂的品种。

6. 选择反洗强度时，三层滤料重力式过滤器底部配水装置宜采用母管支管式，以避免反洗乱层。

7. 设计纤维过滤器时，其进水水质宜控制在 5～20NTU。

8. 采用水反洗和压缩空气交替反洗时，水反洗强度应适当降低。

附表 10   **过滤器（池）滤速**   （m/h）

过滤器（池）形式		滤速	
		混凝澄清滤速	接触混凝
细砂过滤		6～8	—
单层滤料	单流	8～10	6～10
	双流	15～18	
双层滤料		10～14	6～10
三层滤料		18～20	6～10
变孔隙过滤		18～21	—
纤维过滤		20～40	—

附录五　澄清池设计数据

见附表 11 和附表 12。

附表 11　　　　　　　　　　　　　**澄清池的设计数据**

序号	名　称	主　要　设　计　数　据		备　注
1	机械搅拌澄清池	进水浊度	小于 5000NTU	特点: 1. 该池对水质、水量、水温的变化适应性强、运行稳定、投药量少、易于控制 2. 池内是否设机械刮泥装置应根据池径大小、底坡大小、进水悬浮物含量及其颗粒组成等因素确定。当池径小于 15m,底坡不小于 45℃,含沙量不大时,可不设机械刮泥装置。出水浊度小于 10NTU,低温低浊水小于 15NTU
		清水区上升流速①	一般可采用 0.8~1.1mm/s,低温低浊水取下限	
		水在池内停留时间	1.2~1.5h	
		搅拌叶轮提升流量	为进水量的 3~5 倍	
		叶轮直径	为第二絮凝室内径的 70%~80%,并应设调整叶轮转速和开启度的装置	
		升温速度	<2℃/h	
2	水力循环澄清池	进水浊度	<2000NTU	特点: 构造简单,维修工作量小,但对水质、水量、水温变化的适应性较差
		单池生产能力	不宜大于 7500m³/d	
		清水区上升流速	一般可采用 0.7~1.0mm/s,低温低浊水取下限	
		池导流筒(第二絮凝室)有效高度	3~4m	
		回流水量	为进水流量的 2~4 倍	
		池斜壁与水平面的夹角	不宜小于 45°	
3	斜板澄清池	进水浊度	<500NTU	特点: 可应用于给水、工业污水、废水等 占地小、效率高
		悬浮物去除率	大于 95%	
		排泥浓度	2%~4%	
4	接触絮凝沉淀池	进水浊度	<2000NTU	特点: 反应时间短,产生矾花大而密实,易于沉降。适应性强,对微污染及低温、低浊度水处理效果好 上升流速高,表面负荷大
		絮凝时间	5~10min	
		上升流速	2.0~3.5mm/s	
		有效水深	3.6~4.1m	
5	混合反应沉淀池	进水浊度	<2000NTU	
		单池生产能力	不宜大于 7500m³/d	
		清水区上升流速	一般可采用 0.7~1.0mm/s,低温低浊水取下限	

续表

序号	名称	主要设计数据		备注
6	脉冲澄清池	进水浊度	小于 3000NTU	特点： 1. 该池对水量、水质、水温变化的适应性较差，对排泥控制要求严格，要求连续运行 2. 常用型式为真空式、S 形虹吸式 3. 应采用穿孔管配水，上设人字形稳流板 4. 虹吸式脉冲池的配水总管，应设排气装置。此型澄清池不如机械搅拌澄清池处理效果好
		清水区上升流速	一般可采用 0.7～1.0mm/s	
		脉冲周期	30～40s	
		充放时间比	3：1～4：1	
		池悬浮层高度	1.5～2.0m	
		池清水区高度	1.5～2.0m	
7	悬浮澄清池	进水浊度	单层小于 3000NTU 双层大于 3000NTU	特点： 1. 运行稳定性差，影响处理效果的因素较多、不易控制。但结构简单造价低 2. 我国西南地区有所应用 3. 池宜采用穿孔管配水，水进入池前应有气水分离设施 4. 对低浊水及有机物含量高的水处理效果不好
		清水区上升流速	单层 0.7～1.0mm/s 双层 0.6～0.9mm/s	
		污泥浓缩室上升流速	单层 0.6～0.8mm/s	
		强制出水量占总出水量的百分比	单层 20%～30% 双层 25%～45%	
		单池面积	不大于 150m²	
		短形每格池宽	不大于 3m	
		清水区高度	1.5～2.0m	
		悬浮层高度	2.0～2.5m	
		池斜壁与水平面夹角	50°～60°	
8	气浮池	进水浊度	小于 100NTU	特点： 1. 适于处理含藻类等密度小的悬浮物的原水 2. 占地少、造价低、净水效率高、泥渣含水率低、运行稳定可靠
		接触室上升流速	10～20mm/s	
		分离室向下流速	1.5～2.5mm/s	
		单格宽度	不大于 10m	
		池长	不大于 15m	
		有效水深	2.0～2.5m	
		溶气压力	0.2～0.4MPa	
		回流比	5%～10%	
		压力溶气罐总高一般采用 3.0m，填料高一般宜为 1.0～1.5m，截面水力负荷 100～150m³/（m²·h），刮渣机行车速度一般不大于 5m/min		

注 表中数据参照《给排水设计手册》、GB 50013—2006《室外给水设计规范》。

① 澄清池清水区上升流速，应根据相似条件下电厂或水厂的运行经验或试验资料确定。表中所列上升流速在电厂宜采用下列数据：常温、常浊水不大于 0.8mm/s；低温、低浊水不大于 0.7mm/s。

附表 12　　　　　　　　　澄清池的设计数据（适于高浊水）

序号	名称	主要设计数据				备　注
1	机械搅拌澄清池	进水含沙量(kg/m³)	小于 40			特点： 1. 出水浊度小于 20NTU,个别为 50NTU 2. 应设机械刮泥,并设中心排泥坑,排除泥渣,可不另设排泥斗 3. 应在第一絮凝室内设置第二投药点,其设置高度宜在第一絮凝室的 1/2 高度处 4. 宜适当加大第一絮凝室面积和泥渣浓缩室容积,并采用具有直壁和缓坡的平底池型
		清水区上升流速(mm/s)	0.6~1.0			
		总停留时间(h)	1.2~2.0			
		回流倍数	2~3			
		排泥浓度(kg/m³)	100~300			
2	水旋澄清池	进水含沙量(kg/m³)	<50		<80	特点： 1. 出水浊度小于 20NTU,个别为 50NTU 2. 凝聚室和分离室下部宜用机械刮泥,直径小于 10m 时可采用穿孔管排泥
		清水区上升流速(mm/s)	0.9~1.1		0.7~0.9	
		总停留时间(h)	1.5~2.0		1.8~2.4	
		凝聚室容积	设计水量停留时间 15~20min,并满足高浊度水时设计水量,停留 6~7min,加 50%泥渣浓缩 1h 的容积			
		分离区下部泥渣浓缩体积	50%总泥渣量浓缩 1h 的容积			
		进水管出口喷嘴流速(m/s)	2.5~4.0		2.5~4.0	
		排泥浓度(kg/m³)	100~250		250~350	
3	双层悬浮澄清池	进水含沙量(kg/m³)	5~10	10~15	15~20	20~25	本表是使用三氯化铁混凝剂时数据,若使用硫酸铝,上升流速降低一级,泥渣浓度降低 10%
		清水区上升流速(mm/s)	0.8~1.0	0.7~0.8	0.6~0.7	0.5~0.6	
		强制出水计算上升流速(mm/s)	0.6~0.7	0.5~0.6	0.4~0.5	0.3~0.4	
		悬浮泥渣浓度(kg/m³)	10~18	18~25	25~33	33~40	
		强制出水量占总出水量的百分数(%)	25~30	30~35	35~45	45	
		泥渣浓缩 1h 的质量浓度(kg/m³)	70~90	90~95	95~105	105~125	
		泥渣浓缩 2h 的质量浓度(kg/m³)	90~145	145~167	167~179	180~204	

注　1. 本表数据参照 CJJ40—1991。
　　2. 高浊度水澄清池泥渣浓缩设计参数如下：
　　(1) 泥渣浓缩时间不宜小于 1h；
　　(2) 排泥的质量浓度的设计数据应参照相似条件下的运行经验或试验资料确定；
　　(3) 在无资料时，当泥渣浓缩时间为 1h 时，排泥的质量浓度对于自然沉淀为 150~300kg/m³，对投加聚丙烯酰胺凝聚沉淀为 200~350kg/m³；
　　(4) 有条件时应采用自动排泥，在排泥闸门前需设调节、检修闸门和高压水反冲管。

附录六　水处理常用的 8in 卷式反渗透膜

附表 13　水处理用 8in 卷式反渗透膜主要品种

系列	名称及型号	膜元件尺寸 直径(mm)	长度(mm)	面积(m²)	进水隔网厚度(mm)	公称(稳定)脱盐率(%)	最低脱盐率(%)	产水量(m³/h)	测试压力(MPa)	单只元件回收率(%)	最高操作压力(MPa)	最大进水流量(m³/h)	最小浓水流量(m³/h)	最高进水温度(℃)	单支膜浓水与产水比	单支膜最大压力降最低值(MPa)	生产厂商
常压反渗透膜	ROGA®8222HR(CA 膜)	203.2	1016	31.6	0.79	98	97	1.58	2.9	15	4.14			40		0.07	科氏(KOCH) Fluid(流体)膜
	ROGA®8222HR Magnum (CA 膜·加长)	203.2	1524	48.3	0.79	98	97	1.74	2.9	15	4.14			40		0.104	
	ROGA®9222HR(CA 膜)	215.9	1016	38.6	0.79	98	97	1.74	2.9	15	4.14			40		0.07	
低压反渗透膜（用于苦咸水脱盐）	CPA2 (聚酰胺复合膜)	203.2	1016	33.9	0.81	99.7	99.5	0.95	1.55	15	4.14	17	2.73	45	5:1	0.07	日东电工—海德能 Hydranautics
	CPA3 (聚酰胺复合膜)	203.2	1016	37.2	0.71	99.7	99.6	1.65	1.55	15	4.14	17	2.73	45	5:1	0.07	
	CPA3-LD (聚酰胺复合膜)	203.2	1016	37.2	0.79	99.7	99.6	1.5	1.55	15	4.14	17	2.73	45	5:1	0.07	
	CPA4 (聚酰胺复合膜)	203.2	1016	37.2	0.71	99.7	99.5	1.81	1.55	15	4.14	17	2.73	45	5:1	0.07	
	BW30-400 (聚酰胺复合膜)	203.2	1016	37.2		99.5		1.74	1.55	15	4.14	19		45		0.104	陶氏(DOW) FILMTEC 膜
	BW30-365 (聚酰胺复合膜)	203.2	1016	33.9		99.5		1.5	1.55	15	4.14	16		45		0.104	
	BW30LE-440 聚酰胺复合膜	203.2	1016	40.9		99		1.81	1.55	15	4.14	19		45		0.104	
	RE-8040-BE	203.2	1016			99		1.74	1.55	15	4.14						韩国 CSM
	TFC®8822-HR-365 (聚酰胺复合膜)	203.2	1016	33.9	0.79	99.5	99.2	1.5	1.55	15	4.14			45		0.07	科氏(KOCH) Fluid(流体)膜
	TFC®8822-HR-400 (聚酰胺复合膜)	203.2	1016	37.2	0.71	99.5	99.2	1.65	1.55	15	4.14			45		0.07	

续表

系列	名称及型号	膜元件尺寸			进水隔网厚度 (mm)	膜性能测试条件及结果					工作条件						生产厂商
		直径 (mm)	长度 (mm)	面积 (m²)		公称(稳定)脱盐率 (%)	最低脱盐率 (%)	产水量 (m³/h)	测试压力 (MPa)	单只元件回收率 (%)	最高操作压力 (MPa)	最大进水流量 (m³/h)	最小浓水流量 (m³/h)	最高进水温度 (℃)	单支膜浓水与产水比最低值	单支膜最大压力降 (MPa)	
低压反渗透膜	TFC®8822-HR-575Magnum (聚酰胺复合膜,加长)	203.2	1524	53.4	0.79	99.5	99.2	2.37	1.55	20	4.14			45		0.104	科氏(KOCH) Fluid(流体)膜
	TFC®8822-HR-365Premium (聚酰胺复合膜,高脱盐率)	203.2	1016	33.9	0.79		99.7	1.5	1.55	15	4.14			45		0.07	
	TFC®8822-HR-400Premium (聚酰胺复合膜,高脱盐率)	203.2	1016	37.2	0.71		99.7	1.65	1.55	15	4.14			45		0.07	
	TFC®8822-XR-365 (聚酰胺复合膜,高脱除Si,TOC)	203.2	1016	33.9	0.79	99.7	99.4		1.55	15	4.14			45		0.07	
用于苦咸水脱盐	TFC®8822-XR-400 (聚酰胺复合膜高脱除Si,TOC)	203.2	1016	37.2	0.71	99.7	99.4	1.58	1.55	15	4.14			45		0.07	
	TFC®8822-XR-575Magnum (聚酰胺复合膜,加长,高脱除Si,TOC)	203.2	1524	53.4	0.79	99.7	99.4	2.29	1.55	20	4.14			45		0.104	
	TFC18061HR	457.2	1549	260	0.71	99.5		11.58	1.55	20	4.14			45		0.104	
	ROGA®8233LP Magnum (CA膜,加长)	203.2	1524	48.3	0.79	75	70	2.21	1.55	20	1.655			40		0.07	
	TM720-370 (聚酰胺复合膜)	203.2	1016		0.71	99.7		1.5	1.6	15							日本东丽 (TORAY)
	TM720-400 (聚酰胺复合膜,正电荷)	203.2	1016	33.9	0.71	99.7		1.63	1.6	15							
	TM720-430 (聚酰胺复合膜)	203.2	1016	37.2	0.71	99.7		1.75	1.6								
低压抗污染地表水反渗透膜处理	LFC1 (聚酰胺复合膜)	203.2	1016	37.2	0.71	99.5	99.2	1.74	1.55	15	4.14	17	2.73	45	5∶1	0.07	日东电工—海德能 Hydranautics
	LFC2 (聚酰胺复合膜,正电荷)	203.2	1016	33.9	0.71	95		1.74	1.55	15							
	LFC3 (聚酰胺复合膜)	203.2	1016	37.2	0.71	99.7	99.5	1.5	1.55	15							
	LFC3-LD (聚酰胺复合膜,低阻力)	203.2	1016	37.2	0.79	99.7	99.5	1.74	1.55	15							

续表

系列	名称及型号	膜元件尺寸				膜性能测试条件及结果				单只元件回收率(%)	工作条件						生产厂商
		直径(mm)	长度(mm)	面积(m²)	进水隔网厚度(mm)	公称(稳定)脱盐率(%)	最低脱盐率(%)	产水量(m³/h)	测试压力(MPa)		最高操作压力(MPa)	最大进水流量(m³/h)	最小浓水流量(m³/h)	最高进水温度(℃)	单支膜浓水与产水比最低值	单支膜最大压力降(MPa)	
低压抗污染反渗透膜（用于高污染地表水处理）	PROC10（聚酰胺复合膜,高脱盐）	203.2	1016	37.2	0.86	99.75	99.6	1.65	1.55	15	4.14	20	2.73	45	5:1	0.104	日东电工—海德能 Hydranautics
	BW-30-365FR（聚酰胺复合膜）	203.2	1016	33.9		99.5		1.5	1.55	15	4.14			45		0.104	陶氏(DOW) FILMTEC膜
	BW-30-400FR（聚酰胺复合膜）	203.2	1016	37.2		99.5		1.65	1.55	15	4.14			45		0.104	陶氏(DOW) FILMTEC膜
	TFC®8822FR-365（聚酰胺复合膜）	203.2	1016	33.9	0.79	99.5	99.2	1.5	1.55	15	4.14			45		0.07	科氏(KOCH) Fluid(流体)膜
	TFC®8822FR-400（聚酰胺复合膜）	203.2	1016	37.2	0.71	99.5	99.2	1.65	1.55	15	4.14			45		0.07	
	TFC®8822FR-575Magnum（聚酰胺复合膜,加长）	203.2	1524	53.4	0.79	99.5	99.2	2.37	1.55	20	4.14			45		0.104	
	TML20-370（聚酰胺复合膜）	203.2	1016	34	0.86	99.7		1.56	1.6		4.14			45			日本东丽(TORAY)
	TML-20-400 聚酰胺复合膜	203.2	1016	37	0.81	99.7		1.63	1.6		4.14			45			
超低压反渗透膜（用于低含盐量及二级反渗透）	ESPA1（复合膜）	203.2	1016	37.2	0.71	99.3	99.0	1.89	1.05	15	4.14	17	2.73	45	5:1	0.07	日本电工—海德能 Hydranautics
	ESPA2（复合膜,高脱盐）	203.2	1016	37.2	0.71	99.6	99.5	1.42	1.05	15	4.14	17	2.73	45	5:1	0.07	
	ESPA2+（复合膜,高膜面积）	203.2	1016	40.9	0.66	99.6	99.5	1.89	1.05	15	4.14	17	2.73	45	5:1	0.07	
	ESPA4（复合膜,高产水量）	203.2	1016	37.2	0.71	99.2	99.0	1.89	0.7	15	4.14	17	2.73	45	5:1	0.07	
	ESPAB（复合膜,高脱硼）	203.2	1016	37.2	0.71	99.2	99.0	1.36	1.05	15	4.14	17	2.73	45	5:1	0.07	
	XLE—440（聚酰胺复合膜）	201	1016	40.7	0.71	99.0	97.0	2.29	0.85	15	4.14	17	2.73	45		0.104	
	TFC®8823ULP-400（聚酰胺复合膜）	203.2	1016	37.2	0.71	99.0	99.0	2.05	1.0	15	4.14					0.104	陶氏(DOW) FILMTEC膜
	TFC®8833ULP-575（聚酰胺复合膜,加长）	203.2	1524	53.4	0.79	99.0	99.0	2.94	1.0		4.14					0.104	
	TFC®1806ULP MegaMagnum（聚酰胺复合膜,加长加粗）	457.2	1549	260	0.71	99.5	99.5	9.39	0.862	20	4.14					0.104	
	RE-8040-BL	203.2	1016			99.0		1.89	1.04								韩国CSM
	TMG20-400（聚酰胺复合膜）	203.2	1016			99.5		1.63	0.75								日本东丽(TORAY)
	TMG20-430（聚酰胺复合膜）	203.2	1016			99.5		1.75	0.75								

续表

系列	名称及型号	膜元件尺寸				膜性能测试条件及结果					工作条件						生产厂商
		直径(mm)	长度(mm)	面积(m²)	进水隔网厚度(mm)	公称(稳定)脱盐率(%)	最低脱盐率(%)	产水量(m³/h)	测试压力(MPa)	单只元件回收率(%)	最高操作压力(MPa)	最大进水流量(m³/h)	最小浓水流量(m³/h)	最高进水温度(℃)	单支膜浓水与产水比最低值	单支膜最大压力降(MPa)	
海水淡化用反渗透膜	SWC3+(复合膜，高脱盐，高脱硼)	203.2	1016	37.2	0.71	99.8	99.7	1.1	5.52	10	8.27	17	2.73	45	5:1	0.07	日东电工—海德能 Hydranautics
	SWC4+(复合膜，高脱盐，高脱硼)	203.2	1016	37.2	0.71	99.8	99.7	1.03	5.52	10	8.27	17	2.73	45	5:1	0.07	
	SWC5(复合膜，高脱盐，高脱硼，高产水)	203.2	1016	37.2	0.71	99.8	99.7	1.42	5.52	10	8.27	17	2.73	45	5:1	0.07	
	SW30HR-320(聚酰胺复合膜)	201	1016	30	0.86	99.7	99.6	0.79	5.52	8	7.0			45		0.104	陶氏(DOW) FILMTEC 膜
	SW30HR-380(聚酰胺复合膜)	201	1016	35		99.7	99.6	0.95	5.52	8	7.0			45		0.104	
	TFC® 2820SS-300(聚酰胺复合膜)	203.2	1016	27.9	0.79	99.6	99.3	0.79	5.52	7	8.275			45		0.07	科氏(KOCH) Fluid(流体)膜
	TFC® 2820SS-300Premiun(聚酰胺复合膜，高脱盐)	203.2	1016	27.9	0.79	99.75		0.71	5.52	7	8.275			45		0.07	
	TFC® 2822SS-360(聚酰胺复合膜)	203.2	1016	33.4	0.79	99.6	99.3	0.95	5.52	7	8.275			45		0.07	
	TFC® 2820SS-360Premium(聚酰胺复合膜，高脱盐)	203.2	1016	33.4	0.71	99.75		0.87	5.52	7	8.275			45		0.07	
	TFC® 2822HF-370(聚酰胺复合膜)	203.2	1016	34.4	0.71	99.6	99.3	1.29	5.52	7	6.896			45		0.07	
	TFC® 2822-465Magnum(聚酰胺复合膜，加长)	203.2	1524	43.2	0.71	99.6	99.3	1.22	5.52	11	8.275			45		0.104	
	TFC® 2822-540Magnum(聚酰胺复合膜，加长)	203.2	1524	50.2	0.71	99.6	99.3	1.42	5.52	11	8.275			45		0.104	
	TFC® 2832HF-560Magnum(聚酰胺复合膜，加长)	203.2	1524	52	0.71	99.6	99.3	1.94	5.52	11	6.896			45		0.104	
	TM820-370/400	203.2	1016	34/37		99.75		1.03	5.52			6.9						日本东丽(TORAY)
	TM820L-370/400	203.2	1016	34/37		99.7		1.58	5.52			6.9						
	TM820H-370/400	203.2	1016	34/37		99.8		0.96	5.52			6.9						
	TM820E-400			37				1.17	5.52			6.9						

注　国产膜与上述膜性能相似，目前生产厂商有汇通、源泉、北斗星、北方、海洋、阿欧、鼎创源等。

附录七　水处理常用的电除盐模块

附表 14 水处理常用的

	型　号	MK-2E	MK-2 Pharm	MK-2 Mini	IPLXM10H-1 IPLXM10X-1	IPLXM24H-1 IPLXM24X-1	IPLXM30X-1	Canpure™-500	Canpure™-1000
产品水	流量范围 (m³/h)	1.6～3.4	1.59～4.09	0.57～1.14	0.55～1.65	1.4～4.2	1.65～4.95	0.4～0.7	0.9～1.2
	标准流量 (m³/h)				1.1	2.8	3.3		
	产水电阻率 (MΩ·cm)	>16	>10	>16				10～18.2	10～18.2
	压降（MPa）	0.14～0.25	0.14～0.3	0.14～0.25	标准流量时 0.17～0.25	标准流量时 0.17～0.25	标准流量时 0.17～0.25		
	温升（℃）	≤2.4	≤2.4	≤2.4					
整机参数	给水压力 (MPa)	0.32～0.7	0.35～0.7	0.32～0.7	≤0.71	≤0.71	≤0.71	<0.41	<0.41
	水回收率 (%)	80～95	80～95	80～95	90～95	90～95	90～95	80～95	80～95
	设计温度 (℃)	4.4～38	4.4～38	4.4～38	≤45	≤45	≤45		
	产水与浓水压差（MPa）	0.035～0.07						0.05～0.07	0.05～0.07
	电压 V(DC)	设计 600	设计 600	设计 400				30～50	60～90
	电流（A）							2～6	2～6
浓水和极水	浓水流量 (m³/h)	1.23	1.23	0.5				0.04～0.21	0.09～0.36
	极水流量 (L/min)	0.57～1.32	0.95～1.51	0.6～1.35				40～60	40～60
	极水 pH 值	7～9	7～9	7～9					
	浓水电导率 (μS/cm)	50～500	50～500	50～500				200～350	200～350
	浓水室进出口压差 (MPa)	0.14～0.25	0.17～0.31	0.14～0.25					
	尺寸（cm）	30×40×61	30×48×61	30×27×61	33×30×61	33×30×61	33×89×61	23×26.6×61.6	26.6×26.6×61.6
	结构特点	模块式 仅淡水室充填树脂			模块式 浓、淡水室均充填树脂			模块式 仅淡水室	
	生产厂商	E-Cell （加拿大，属 GE）			Millipore-Ionpure 公司 （属 U. S. Fiter）			Canpure 公司	

* 　相应为 50，100，150，200，250，300，350，400gal/min。

电除盐模块

Canpure™-2000	Canpure™-3000	Ionics EDI	XL-500RL	XL-500R	XL-400R	XL-300R	XL-200R	XL-100R	OMEXELL
1.8~2.0	2.8~3.6	*11.4,22.7, 34.1,45.4,56.8, 61.8,79.5,90.8	1.6~3.35	1.3~2.3	0.7~1.5	0.3~0.9	0.1~0.3	0.05~0.15	2.3,4.5,9, 13.5,18,23, 27,35,40,45, 50,55,60,65, 72,80,90,100
10~18.2	10~18.2	≤18	16~18.2	16~18.2	16~18.2	16~18.2	16~18.2	16~18.2	16~18
		0.07~0.17	0.14~0.35	0.14~0.3	0.1~0.21	0.1~0.14	0.07~0.17	0.07~0.17	≤0.2
									≤1.5
<0.41	<0.41	0.14~0.35	≤0.7	≤0.7	≤0.7	≤0.7	≤0.7	≤0.7	≤0.41
80~95	80~95		90~95	90~95	90~95	90~95	90~95	90~95	80~95
		10~35	5~40	5~40	5~40	5~40	5~40	5~40	10~40
0.05~0.07	0.05~0.07								0.04~0.07
115~180	180~300		设计500 (200~390)	设计500 (200~320)	设计400 (150~220)	设计300 (120~160)	设计200 (60~120)	设计100 (30~60)	180~350
2~6	2~6		设计8	设计8	设计8	设计8	设计8	设计8	6~135
0.18~0.66	0.3~1.08								0.5~0.7
40~60	40~60								
200~350	200~350							250~600	
			0.075~0.09	0.06~0.08	0.05~0.07	0.05~0.06	0.04~0.06	0.03~0.05	
34.2×26.6× 61.6	45.4×26.6× 61.6								单支元件 φ25.4×88.9
充填树脂		Ionics (属 GE)	模块式 浓、淡水室均充填树脂						卷式
(加拿大)		Ionics (属 GE)	Electropure（属 show pure）						欧美公司(中) (属陶氏)

附录八　水处理常用的超滤膜

见附表 15 和附表 16。

附表 15　　　　　　　　　　　　　　　　　　　　　　　　　　　　　　　　　　　　**常用的超滤膜**

	型　号	HYDRACap60	SXL-225	KRISTAL-300B	SV-1060C	SV-1060D	V1072-35PMC
膜性能	同类产品其他型号	40,60LD,40LD	S-225	400D 500			V1048-35PMC V8072-43PMX
	材质	聚醚砜 PES	聚醚砜 PES	聚醚砜 PES	改性聚砜 MPS	改性聚砜 MPS	聚砜 PS
	孔径(μm)	0.025	0.02	0.01	0.01~0.02	0.01~0.02	0.04
	截留分子量	15 万	15 万	3.5 万	4.5 万	4.5 万	10 万
	膜丝内外径(mm)	0.8/1.2	0.8/1.2	0.7/1.3	1.2/1.8	1.5/2.2	0.9/1.3
	膜通量 [L/(m²·h)]	59~145	60~130		75~120	60~140	70~140
	组件膜面积(m²)	46.5	40	55	40	26.7	80
	过滤方式	内压,立式,错流	内压,卧式全流	内/外压,立式错流	内压,全流/错流	内压,全流/错流	内压,错流
	外形尺寸(mm)	ϕ250×1680	ϕ200×1527.5	ϕ200×2000	ϕ277×1710	ϕ277×1710	ϕ254×1829
进水水质	浊度 NTU	<10(短时<50)	<10(短时<50)	<10	<20	<50	
	氯耐受浓度 (mg/L)	200	200	200	200	200	200
	pH 值	2~13	2~13	2~12	2~12	2~12	1.5~13
	膜前过滤器	100μm 过滤	100μm 过滤	100μm 过滤			
运行参数	运行压力(MPa)	0.02~0.152	0.02~0.08	0.021~0.231			最高 0.31 最大压差 0.24
	运行温度(℃)	<40	<40	<40			<40
	反洗压力(MPa)	0.242	0.22	0.28			
	反洗频率(min)	15~45	15~40	15~30			
	反洗时间(s)	60~90	30	30			
	反洗方法	水反洗	水反洗	水反洗			
	化学清洗周期(d)	30~45	30~45	15~30			
	化学加强洗方法	NaClO 50mg/L 每周 14~28 次 pH2 酸 每周 14~28 次	NaClO 50mg/L 每周 14~28 次 pH2 酸 每周 14~28 次				
	生产厂商	Hydranautics 海德能	Norit 诺瑞特(荷兰)	Hyflux 凯发(新加坡)	Savier 赛维尔(加拿大)		KOCH 柯氏

(柱式）及其性能

SFP-2660	MOF-IVB	UOF-1V	UNA-620A	UF_1A200	UF_2A225	UF_1OB90	BO×8040（U_1/U_2）
	MOF-111IB		LOV5210 RSC-6210S		$UF_{1(2)}$1B	$UF_{1(2)}$1A $UF_{1(2)}$A	
聚偏氟乙烯 PVDF	聚偏氟乙烯 PVDF	聚偏氟乙烯 PVDF	聚偏氟乙烯 PVDF	亲水聚砜	偏聚氟乙烯 PVDF	亲水聚砜	聚砜 PS
0.01	0.2	0.03	0.1				
2 万				1 万,6.7 万,10 万	1 万,6.7 万,10 万	0.6 万,2 万	3～5 万/>16 万
0.65/1.25	0.7/1.2			1/1.5	1/1.5	0.2/0.4	
54～160	最初 195～220	最初 167～195	40～200	60～110	150	20	41.6/83.3
35.3	36	36	50	55	65	25	25
外压,全流/错流			外压,全流	内压	内压,全流/错流	外压,错流	
φ165×1710	φ160×1730	φ160×1730	φ165×2338	φ200×1650	φ225×1503	φ90×1000	φ201×1016
<100				<50			
250							
2～11	2～10		1～10	2～13	1～10	2～13	1～13
	最大压差≤0.2	最大压差≤0.2	最高 0.3	≤0.3	≤0.3	≤0.3	最高 0.48 最大压降 0.09
	<45		<40	<45	<45	<45	<50
				0.2	0.2		
				10～30	10～30	20～60	
				30～60	30～60		
欧美(中)陶氏	膜天(天津)		旭化成(日)	膜天(山东)			北斗星(杭州)

附表 16　　　　常见的帘式超滤膜（浸入式）及性能

	型　号	Zee Weed 1000	UNS-620A	FP-AⅢ	SMM-1525	PURON (PHS-500)
膜性能	材质	聚偏氟乙烯（PVDF）	聚偏氟乙烯（PVDF）		聚偏氟乙烯（PVDF）	聚醚砜
	孔径（μm）	0.02	0.1			0.05
	截留分子量	15 万				
	膜丝内外径（mm）	0.8/1.2		0.6/1.0	0.6/1.2	/2.6
	膜通量[L/(m²·h)]	50～100(水)	40～120(水)	10～12(水)	15(水)	300～700(标,空气)
	组件膜面积（m²）	46.5	50	30	25	500
	膜组件尺寸（mm）		φ157×2164	530×450×1010	571×45×2000	1662×893×2360
	过滤方式	帘式,抽吸	帘式,抽吸	帘式,抽吸	帘式,抽吸	海藻式,抽吸
进水水质	浊度 NTU	一般 50 短时 250				
	氯耐受浓度（mg/L）	10 000				清洗时 1000—2000 (pH>10)
	pH 值	2～13	1～10	2～10	2～10	2.5～12
	膜前过滤	不需要	不需要	不需要	不需要	不需要
运行参数	运行压力（MPa）	0.007—0.08		负压抽吸 0.02		<0.06
	运行温度（℃）	40	40	5～45	5～45	5～40
	反洗压力（MPa）	0.05—0.09				0.1
	反洗频率（min）	20～60				
	反洗时间（s）	60～90				
	反洗方法	空气擦洗,水	空气,水	空气,水（水气比 1:20～30）	空气,水	空气,水
	化学加强洗方法	NaClO　50mg/L 每周 5 次 pH=2 酸每周 2 次				
	化学清洗周期（d）	60～90		最少 3 个月进行一次		
	生产厂商及同类产品型号	泽能(Zenan, 加拿大) 500d	旭化成（日） MUNC-620A	膜天（天津） FP-AⅠ FP-AⅡ	美能(新加坡) SMM-1010 SMM-1518	科氏(KOCH,美) PSH-250 PSH-1500

附录九　反渗透膜设计参数

见附表17～附表21。

附表17　美国海德能公司反渗透和纳滤膜元件设计导则

原水水源	RO产水	地下水		地表水		海水		地表水		工业废水/市政污水	
预处理方式	RO	软化	未软化	传统	MF/UF	传统	MF/UF	传统	MF/UF	传统	MF/UF
有机物含量				低				高			
进水参数最大值　SDI$_{15}$	1	2	3	4	2	4	3	4	2	4	2
浊度, NTU	0.1（各类水源）										
TOC, 以C计 (mg/L)				2				5			
BOD, 以C计 (mg/L)				4				10			
COD, 以C计 (mg/L)				6				15			
>2μm粒子的数量	<100 个/mL（各类水源）										
水温, ℃	0.1～45（各类水源）										
水通量 GFD/LMH　CPA, ESPA SWC, ESNA　保守值	18/30.6	14/23.8	14/23.8	10/17	14/23.8	7/11.9	8/13.6	10/17	11/18.7	7/11.9	8/13.6
常规值	21/35.7	16/27.2	16/27.2	12/20.4	16/27.2	8/13.6	10/17	11/18.7	14/23.8	10/17	11/18.7
激进值	24/40.8	20/34	18/30.6	14/23.8	18/30.6	10/17	12/20.4	13/22.1	18/30.6	12/20.4	13/22.1
PROC LFC　保守值	22/37.4	16/27.2	14/23.8	11/18.7	14/23.8	N/A	N/A	11/18.7	12/20.4	7/11.9	9/15.3
常规值	23/39.1	18/30.6	16/27.2	13/22.1	16/27.2	N/A	N/A	13/22.1	14/23.8	10/17	12/20.4
激进值	28/47.6	20/34	18/30.6	15/25.5	18/30.6	N/A	N/A	15/25.5	18/30.6	12/20.4	14/23.8
首支膜最大水通量 GFD/LMH　CPA, ESPA SWC, ESNA　保守值	29/49.3	24/40.8	21/35.7	15/25.5	18/30.6	17/28.9	19/32.3	15/25.5	16/27.2	11/18.7	12/20.4
常规值	30/51	27/45.9	24/40.8	18/30.6	21/35.7	20/34	24/40.8	18/30.6	19/32.3	15/25.5	16/27.2
激进值	35/59.5	29/49.3	27/45.3	21/35.7	24/40.8	24/40.8	29/49.3	21/35.7	22/37.4	18/30.6	19/32.3
PROC LFC　保守值	29/49.3	24/40.8	21/35.7	16/27.2	18/30.6	N/A	N/A	16/27.2	18/30.6	11/18.7	13/22.1
常规值	30/51	27/45.9	24/40.8	19/32.3	21/35.7	N/A	N/A	19/32.3	21/35.7	15/25.5	18/30.6
激进值	35/59.5	29/49.3	27/45.3	22/37.4	24/40.8	N/A	N/A	22/37.4	24/40.8	18/30.6	21/35.7

续表

项目	类型							
β值	保守值	1.30				1.18		15
	常规值	1.40				1.20		18 / 12
	激进值	1.70				1.20		15
水通量的年衰减率（%）	保守值	7	10		15	13	18	15
	常规值	5	7		12	10	15	12
	激进值	3	5	7				
透盐率的年增加率（%）	保守值	7	5	7	15			
	常规值	5			10			
每支压力容器最大给水流量 GPM/m³/h	4in 保守值	75/17				16/3.6		
	8in 保守值	75/17	70/15.9	65/14.8	65/14.8	60/13.6	60/13.6	75/17
	8in 常规值			75/17		75/17		
每支压力容器最小浓水流量 GPM/m³/h	4in 保守值	3/0.68				4/0.91		
	4in 常规值	2/0.45				3/0.68		
	8in 保守值	12/2.73	14/3.18	14/3.18	16/3.63	16/3.63	16/3.63	18/4.09
	8in 常规值	8/1.82		16/3.63		12/2.73	16/3.63	18/4.09
40in 长膜元件最大压力损失（MPa）					0.07			
给水 pH 值	PROC10				2-11			
	其他膜元件				3-10			
投加阻垢剂后各种难溶盐的饱和度限制	LSI 保守值				<1.8			
	SDSI 激进值				<2.5			
	CaSO₄（%） 常规值				230			
	SrSO₄（%） 常规值				800			
	BaSO₄（%） 常规值				6000			
	SiO₂（%） 常规值				100			
	SiO₂（%） 激进值				150			

附表 18　　　　陶氏 8in FILMTEC 反渗透膜元件在水处理应用中的设计导则

给水类型		反渗透产水作进水	井水	地表水		废水（过滤后的市政污水）		海水	
						MF[①]	传统过滤	沉井,MF[①]	表面取水
给水 SDI		SDI<1	SDI<3	SDI<3	SDI<5	SDI<3	SDI<5	SDI<3	SDI<5
平均系统通量	gal/(ft²·d)	21～25	16～20	13～17	12～16	10～14	8～12	8～12	7～10
	L/(m²·h)	36～43	27～34	22～29	20～27	17～24	14～20	13～20	11～17
元件最大回收率(%)		30	19	17	15	14	12	15	13
有限膜面积		最大产水流量, gal/d(m³/d)							
320ft² 元件		9000(34)	7500(28)	6500(25)	5900(22)	5300(20)	4700(18)	6700(25)	6100(23)
365ft² 元件		10 000(38)	8300(31)	7200(27)	6500(25)	5900(22)	5200(20)		
380ft² 元件		10 600(40)	8600(33)	7500(28)	6800(26)	5900(22)	5200(20)	7900(30)	7200(27)
390ft² 元件		10 600(40)	8900(34)	7700(29)	7000(26)	6300(24)	5500(21)		
400ft² 元件		11 000(42)	9100(34)	7900(30)	7200(27)	6400(24)	5700(22)		
440ft² 元件		12 000(45)	10 000(38)	8700(33)	7900(30)	7100(27)	6300(24)		
元件类型		最小浓水流量[②](gal/min, m³/h)							
BW(365ft²)元件		10(2.3)	13(3.0)	13(3.0)	15(3.4)	16(3.6)	18(4.1)		
BW(400ft² 和 440ft²)		10(2.3)	13(3.0)	13(3.0)	15(3.4)	18(4.1)	20(4.6)		
NF 元件		10(2.3)	13(3.0)	13(3.0)	15(3.4)	18(4.1)	18(4.1)		
Full-Fit 元件		25(5.7)	25(5.7)	25(5.7)	25(5.7)	25(5.7)	25(5.7)		
SW 元件		10(2.3)	13(3.0)	13(3.0)	15(3.4)	16(3.6)	18(4.1)	13(3.0)	15(3.4)
元件类型及有效面积 ft²(m²)		最大给水流量[②](gal/min, m³/h)							
BW 元件	365(33.9)	65(15)	65(15)	63(14)	58(13)	52(12)	52(12)		
BW/NF 元件	400(37.2)	75(17)	75(17)	73(16.6)	67(15)	61(14)	61(14)		
BW 元件	440(40.9)	75(17)	75(17)	73(16.6)	67(15)	61(14)	61(14)		
Full-Fit 元件	390(36.2)	85(19)	75(17)	73(16.6)	67(15)	61(14)	61(14)		
SW 元件	320(29.7)	65(15)	65(15)	63(14)	58(13)	52(12)	52(12)	63(14)	56(13)
SW 元件	380(35.3)	72(16)	72(16)	70(16)	64(15)	58(13)	58(13)	70(16)	62(14)
SW 元件	400(37.2)	72(16)	72(16)	70(16)	64(15)	58(13)	58(13)	70(16)	62(14)

① MF：连续微滤工艺，膜孔径<0.5μm。

② 单支元件的最大允许压降为 15psi (1bar)，含多元件的压力容器的最大允许压降为 50psi (3.5bar)，这两条限制标准须同时遵守。我们建议系统中任何元件的压降最好不超过最大压降的 80% (12psi)。
　　上述限制值已引入反渗透系统分析设计软件（Reverse Osmosis System Analysis, ROSA）中。当系统设计超过导则允许值时，在 ROSA 的计算结果中就会有报警信息。

附表 19　　　　　　　　　科氏 Fluid Systems 公司推荐反渗透系统设计准则

水源类型	市政废水		工业废水		地　表　水			
					运河/河水		湖　水	
前处理方法	传统	超滤	传统	超滤	传统	超滤	传统	超滤
系统水通量[L/(m²·h)]	14～17	20～22	14～20	17～24	17～24	29～34	20～27	29～34
系统水通量[gal/(ft²·d)]	8～10	12～13	8～12	10～14	10～14	17～20	12～16	17～20
第一支膜最大通量[L/(m²·h)]	24	29	26	34	29	39	31	39
第一支膜最大通量[gal/(ft²·d)]	14	17	15	20	17	23	18	23
典型污染余量(%)	200～300	100～200	25～100	20～50	25	15	20	15
最大浓差极化因子 β	1.13	1.13	1.13	1.13	1.13	1.13	1.13	1.13

水源类型	井　水			海　水				RO 产水
	深井	浅井		滩井		表层海水		
前处理方法	传统	传统	超滤	传统	超滤	传统	超滤	
系统水通量[L/(m²·h)]	29～34	22～29	30～37	17～24	29～34	14～20	29～31	34～51
系统水通量[gal/(ft²·d)]	17～20	13～17	18～22	10～14	17～20	8～12	17～18	
第一支膜最大通量[L/(m²·h)]	39	34	39	31	34	26	34	51
第一支膜最大通量[gal/(ft²·d)]	23	20	23	18	20	15	20	30
典型污染余量(%)	15	20	15	15	15	25	15	0
最大浓差极化因子 β	1.13	1.13	1.13	1.13	1.13	1.13	1.13	—

注　工业废水在实际应用中需要依据废水水质情况进行设计，因此现场经验必不可少。

附表 20　　　　　　　　韩国世韩公司推荐 8in CSM 膜元件在水处理应用中设计导则

水　源	井水/软化水	软化地表水	地表水	海　水
给水 SDI	<3	3～5	3～5	<5
元件最大回收率(%)	19	17	15	10
每元件最大产水量,gal/d(m³/d)	7400(28)	6600(25)	5800(22)	5800(22)
每元件最大进水量,gal/min(m³/d)	62(14.1)	60(13.7)	55(12.6)	60(13.7)
每元件最小浓水量,gal/min(m³/h)	16(3.6)	16(3.6)	16(3.6)	16(3.6)

附表 21　　　　　　　日本东丽公司推荐设计水通量与原水及前处理的关系

运行参数	RO 产水	井水/软化水	地表水		废水三级处理		海水沙滩井	海水明渠流
			MF/UF	多介质	MF/UF	多介质		
SDI	<1	<3	<3	<4	<3	<4	<3	<4
平均水通量[gal/(ft²·d)]	20～23	14～18	12～14	8～13	6～10	4～7	8～11	7～9
平均水通量[L/(m²·h)]	34～39	24～30	20～24	13～22	10～17	7～12	13～18	12～15
最大水通量[gal/(ft²·d)]	25	20	18	15	13	10	12	10
最大水通量[L/(m²·h)]	42	34	30	25	22	17	20	17
单支膜元件最大进水流量,gal/min(m³/d)								
4in	15(55)	15(55)	15(55)	15(55)	15(55)	15(55)	15(55)	15(55)
8in	70(380)	65(350)	60(330)	55(300)	55(300)	55(300)	60(330)	55(300)
单支膜元件最小浓水流量,gal/min(m³/d)								
4in	2(11)	3(16)	3(16)	3(16)	3(16)	3(16)	3(16)	3(16)
8in	10(55)	15(82)	15(82)	15(82)	15(82)	15(82)	15(82)	15(82)

附录十　水处理常用管道

见附表 22～附表 24。

附表 22 　　　　　　　　　　　水处理常用管道管径

公称直径 DN (mm)	普通钢管		不锈钢管		硬聚氯乙烯塑料管			水煤气管	
	外径 (mm)	壁厚 (mm)	外径 (mm)	壁厚 (mm)	外径 (mm)	轻型管壁厚 (mm)	重型管壁厚 (mm)	外径 (mm)	壁厚 (mm)
8					12		1.5	13.5	2.25
10	14	1.5,2,2.5	14	1.2,1.5,2	16		2	17	2.25
15	18	2,2.5,3	18	1.2,1.5,2	20		2	21.3	2.75
20	25	2,2.5,3	25	2.2,5,3	25	1.5	2.5	26.8	2.75
25	32	2.5,3,3.5	32	2.5,3,3.5	32	1.5	2.5	33.5	3.25
32	38	3,3.5,4	38	2.5,3,3.5	40	2	3	42.3	3.25
40	45	3,3.5,4	45	2.5,3,3.5	50	2	3.5	48	3.5
50	57	3,3.5,4	57	3,3.5,4	63	2.5	4	60	3.5
65			76	4,5,5.5	75	2.5	4	75.5	3.75
80	89	3.5,4,4.5	89	4,4.5,5	90	3	4.5	88.5	4
100	108	4,4.5,5	108	4,4.5,5	110	3.5	5.5	114	4
125	133	4,4.5,5	133	4,4.5,5	125	4	6	140	4.5
150	159	4.5,5,5.5	159	4.5,5,5.5	140	4.5	7	165	4.5
200	219	6,7,8	219	5,5.5,6	160	5	8		
250	273	7,8,9			180	5.5	9		
300	325	8,9,10			200	6	10		
350	377	9,10,11			250	7.5			
400	426	9,10,11			400	12			

附表 23 　　　　　　　　　　　水处理常用管道管材及符号

管　材	符　号	管　材	符　号
普通钢管	G	搪瓷管	CH
不锈钢管	B	涂防腐层管	C
衬胶管	X	输酸碱胶管	R
硬聚氯乙烯管	S	玻璃钢增强硬聚氯乙烯管	SY
耐酸酚醛管	W	铜(黄铜或青铜)管	T
玻璃钢管	Y	聚四氟乙烯管	F
钢衬玻璃管	N		

附表 24　　　　　　　　　　　　**水处理系统的管道图形符号**

编号	图 型 符 号	名称及说明	管道颜色（供参考）
1	——————————	生产管 （工业水管）	黑
2	———————————	生水自用水管	黑
3	—— Q —— Q ——	清水管	浅蓝，黑
4	—— Q —— Q ——	清水自用水管	浅蓝，黑
5	—— · —— · ——	软化水管	浅绿
6	—— H —— H ——	阳离子交换水管	浅红
7	—— OH —— OH ——	阴离子交换水管	绿
8	—— ·· —— ·· ——	除盐水管	浅绿
9	—— ·· —— ·· ——	除盐自用水管	浅绿
10	—— • —— • ——	软化自用水管	浅绿
11	——／／／——／／／——	压缩空气管	天蓝
12	——／／——／／——	蒸汽管	红
13	—— RO —— RO ——	反渗透出水管	
14	—— S —— S ——	酸液管	浅灰，红，紫酱
15	—— J —— J ——	碱液管	浅灰，黄，橘黄
16	—— S —— S ——	酸性水排水管	红
17	—— J —— J ——	碱性水排水管	黄
18	– – – – – – –	排水管	黑
19	—— Y —— Y ——	盐液管	白
20	—— SH —— SH ——	石灰乳管	浅灰、白
21	—— N —— N ——	混凝剂溶液管	褐
22	—— M —— M ——	氧化镁溶液管	
23	—— L —— L ——	磷酸盐溶液管	绿
24	—— A —— A ——	氨和联氨管	黄、橙黄
25	—— C1 —— C1 ——	液氯管	深绿
26	—— ／ —— ／ ——	真空管	
27	━ ━ ━ ━ ━ ━	风管	天蓝
28	—— S′ —— S′ ——	盐酸气管	
29	—— R —— R ——	树脂管	橙红
30	—— Fe —— Fe ——	硫酸亚铁溶液管	

附录十一　设备、管道防腐措施

附表 25　　　　　　　　　　各种设备,管道的防腐方法和技术要求

序号	项　目	防腐方法	技术要求
1	活性炭过滤器	衬胶	衬胶厚度 3～4.5mmᵃ
2	过滤器	涂漆或衬胶	衬胶厚度 3～4.5mm
3	各种离子交换器	衬胶	衬胶厚度 4.5mm(共二层)
4	各类泵	碳钢,不锈钢,氟塑料等	根据介质性质选择相应材质
5	除二氧化碳器	衬胶	衬胶厚度 3mm
6	中间水箱	衬胶(钢制);防腐涂层,玻璃钢(混凝土)	衬胶厚度 3～4.5mm,涂层厚度 1～3mm,玻璃钢 4～6 层
7	除盐水箱,预脱盐水箱	防腐涂层,玻璃钢	涂层厚度 1～3mm,衬玻璃钢 4～5 层
8	盐酸储存槽	钢衬胶	衬胶厚度 4.5mm(共二层)
9	浓硫酸储存槽及计量箱	钢制	不应使用有机玻璃及塑料附件
10	凝结水精处理用氢氧化钠储存槽及计量箱	钢衬胶	衬胶厚度 3mm
11	次氯酸钠储存槽	钢衬胶,玻璃钢	耐 NaClO 橡胶、玻璃钢,衬胶厚度 4.5mm(共二层)
12	食盐湿储存槽	玻璃钢,防腐涂层	玻璃钢 2～4 层,涂层厚度 1～3mm
13	浓碱液储存槽及计量箱	钢制,钢衬胶,玻璃钢	衬胶厚度 3mm
14	盐酸计量箱	钢衬胶,玻璃钢	衬胶厚度 3～4.5mm
15	食盐溶液箱、计量箱	防腐涂层,玻璃钢	涂层厚度 1～3mm
16	钢制澄清器、清水箱	防腐涂层	涂层厚度 1～3mm
17	混凝剂溶液箱,计量箱	钢衬胶,玻璃钢	衬胶 3～4.5mm
18	热力系统加药溶液箱	不锈钢	
19	酸、碱中和池	防腐涂层,花岗石,衬玻璃钢	涂层厚度 2～3mm,玻璃钢 4～6 层
20	盐酸喷射器	钢衬胶,玻璃钢	衬胶厚度 3～4.5mm
21	硫酸喷射器	耐蚀、耐热合金,聚四氟乙烯等	
22	碱液喷射器	钢衬胶,玻璃钢	
23	系统(除盐、软化)主设备出水管	钢衬塑管,钢衬胶管,不锈钢管	
24	浓盐酸溶液管	钢衬塑管,孔网钢塑管	
25	稀盐酸溶液管	钢衬塑管,UPVC 管,孔网钢塑管等	
26	浓硫酸管	钢管,聚四氟乙烯管	
27	稀硫酸溶液管	钢衬塑管,UPVC 管,孔网钢塑管等	
28	凝结水精处理用氢氧化钠碱液管	钢衬塑管,UPVC 管,不锈钢管,孔网钢塑管等	
29	碱液管	不锈钢钢管、钢衬塑管,孔网钢塑管	
30	混凝剂和助凝剂管	钢衬塑管,UPVC 管,孔网钢塑管	应根据介质性质,选择相应的材质

续表

序号	项　目	防腐方法	技术要求
31	食盐溶液管	钢衬塑管，UPVC管，孔钢钢塑管等	
32	氨、联氨溶液管	不锈钢管	
33	氯气管	紫铜	
34	液氯管	钢管	
35	氯水及次氯酸钠溶液管	钢衬塑管，UPVC管，孔网钢塑管	
36	水质稳定剂药液管	钢衬塑管，UPVC管，孔网钢塑管	
37	氢气管	不锈钢管	
38	气动阀门用压缩空气管	不锈钢管	
39	其他压缩空气管	钢管，不锈钢管	
40	盐酸、碱储存槽和计量箱地面	衬玻璃钢，花岗岩，衬耐酸瓷砖或其他耐蚀地坪（防腐涂层）	玻璃钢4～6层，涂层厚度2～3mm
41	硫酸储存槽和计量箱地面	花岗岩，衬耐酸瓷砖或其他耐蚀地坪	
42	酸、碱性水排水沟	防腐涂层，花岗石，衬玻璃钢	涂层厚度2～3mm，玻璃钢4～6层
43	酸、碱性水排水沟盖板	水泥盖板衬玻璃钢或涂防腐涂层，玻璃钢格栅	
44	受腐蚀环境影响的平台、扶梯及栏杆	整体成型玻璃钢，钢制涂刷耐酸（碱）涂料或涂防腐涂层等	涂层厚度0.5～1mm
45	设备和管道外表面（包括直埋钢管）等	涂刷耐酸（碱）涂料，涂防腐涂层等	除锈干净，涂料按规定施工并不少于两度，色漆按工艺要求

注　当使用和运输的环境温度低于0℃时，衬胶应选用半硬橡胶。

附录十二　公英制单位换算

附表26　　　　　　　　　　**单　位　换　算**

压力

	atm	mmHg	psi	kg/cm²	MPa	bar
1atm＝	1	760	14.696	1.0332	0.1013	1.0133
1mmHg＝	1.316×10^{-3}	1	1.934×10^{-2}	1.360×10^{-3}	1.333×10^{-4}	1.333×10^{-3}
1psi＝	6.805×10^{-2}	51.715	1	7.031×10^{-2}	6.895×10^{-3}	6.895×10^{-2}
1kg/cm²＝	0.9679	735.58	14.224	1	9.807×10^{-2}	0.9807
1MPa＝	9.8692	7500.8	145.04	10.197	1	10.00
1bar＝	0.9869	750.00	14.503	1.0197	0.1000	1

流量

	L/(m²·h)	GFD①[gal/(ft²·d)]	cm³/(cm²·s)	m³/(m²·d)	L/(m²·d)
1L/(m²·h)＝	1	0.59	2.780×10^{-5}	2.400×10^{-2}	24
1GFD＝	1.70	1	4.720×10^{-4}	4.070×10^{-2}	40.730
1cm³/(cm²·s)＝	36 000	21200	1	864	8.640×10^{5}
1m³/(m²·d)＝	41.667	24.550	1.157×10^{-3}	1	1×10^{3}
1L/(m²·d)＝	4.167×10^{-2}	2.455×10^{-2}	1.157×10^{-6}	1×10^{-3}	1

①类似的单位还有 GPD(gal/d)，GPM(gal/min)。

功率

	尔格	焦耳	卡	英国热量单位	马力	千瓦时
1 尔格 =	1	1×10^{-7}	2.390×10^{-8}	9.48×10^{-11}	3.73×10^{-14}	2.78×10^{-14}
1 焦耳 =	1×10^{7}	1	0.2390	9.478×10^{-4}	3.73×10^{-7}	2.778×10^{-7}
1 卡 =	4.184×10^{7}	4.1840	1	3.966×10^{-3}	1.559×10^{-6}	1.162×10^{-6}
1 英国热量单位 =	1.06×10^{10}	1055.0	252.16	1	3.93×10^{-4}	2.931×10^{-4}
1 马力 =	2.69×10^{13}	2.685×10^{6}	6.416×10^{5}	2544.5	1	0.7457
1 千瓦时 =	3.60×10^{13}	3.600×10^{6}	8.604×10^{5}	3412.2	1.3410	1

长度

	米	厘米	英寸	英尺	码
1 米 =	1	100	39.370	3.2808	1.0936
1 厘米 =	1×10^{-2}	1	0.3970	3.281×10^{-2}	1.094×10^{-2}
1 英吋 =	2.54×10^{-2}	2.5188	1	8.333×10^{-2}	2.78×10^{-2}
1 英尺 =	0.3048	30.480	12	1	0.3333
1 码 =	0.9144	91.440	36	3	1

面积

	平方米	平方厘米	亩	平方英寸	平方英尺
1 平方米 =	1	10000	1×10^{-2}	1550	10.764
1 平方厘米 =	1×10^{-4}	1	1×10^{-6}	0.1550	1.0764×10^{-3}
1 亩 =	100	1×10^{6}	1	1.5500×10^{5}	1076.4
1 平方英吋 =	6.4516×10^{-4}	6.4516	6.4516×10^{-6}	1	6.9444×10^{-3}
1 平方英尺 =	9.2903×10^{-2}	929.03	9.2903×10^{-4}	144	1

体积

	立方米	升	立方英寸	立方英尺	美加仑
1 立方米 =	1	1000	61024	35.315	264.17
1 升 =	1×10^{-3}	1	61.024	3.5315×10^{-2}	0.2642
1 立方英吋 =	1.6387×10^{-5}	1.639×10^{-2}	1	5.7871×10^{-4}	4.3290×10^{-3}
1 立方英尺 =	2.8317×10^{-2}	28.317	1728.0	1	7.4805
1 美加仑 =	3.7854×10^{-3}	3.7854	231.00	0.1337	1

质量

	千克	克	盎司	磅	美吨
1 千克 =	1	1000	35.274	2.2046	1.1023×10^{-3}
1 克 =	1×10^{-3}	1	3.5270×10^{-2}	2.2046×10^{-3}	1.1023×10^{-6}
1 盎司 =	2.8349×10^{-2}	28.352	1	6.2500×10^{-2}	3.1250×10^{-5}
1 磅 =	0.4536	453.59	16	1	5.0000×10^{-4}
1 美吨 =	907.19	9.0719×10^{5}	32000	2000	1

附录十三 厂房建筑常用尺寸

1. 柱距

钢筋混凝土柱：最大 6m，最小 3m，以 0.3m 档次变化，如：3、3.3、3.6、3.9、4.2、4.5、4.8、5.1、5.4、5.7、6m。

砖柱：一般 3m，也以 0.3m 倍数变化。

（注意：柱距不能太大，以免影响管道支吊架的安装）

2. 跨距

常用 6、9、12、15m。

（注意：有行车时要与行车跨距相对应）

3. 柱尺寸

钢筋混凝土柱：300mm×500mm，400mm×500mm（有行车荷重）

砖柱：240mm×240mm，370mm×370mm，490mm×490mm，370mm×490mm，490mm×620mm。

4. 砖墙厚

240mm（一砖），370mm（一砖半）。

5. 门

常用的门宽为：900、1200、1500、1800、2100、2400、2700、3000、3300mm。

6. 窗

常用的窗宽为：600、900、1200、1500、1800、2100、2400、2700mm。

7. 楼梯

半个柱距，例如 6m 柱距时，采用（1.2～1.3m）×2，剩余的 0.4～0.6m 为二层楼梯之间空档。

8. 管沟

沟宽：要考虑管道之间法兰不要碰上，且法兰与沟壁之间距离不小于 150mm。

沟深：可以单层布置也可以多层布置，并要考虑盖板厚度。

9. 排水沟

按排水量设计截面尺寸，一般可用深 400mm×500mm，宽 300mm×400mm，坡度 3/1000。

10. 泵基础

按泵说明书确定，有时为布置美观，可规定统一尺寸。

参 考 文 献

［1］ 冯逸仙. 反渗透水处理工程. 北京：中国电力出版社，2000.

［2］ 张葆宗. 反渗透水处理应用技术. 北京：中国电力出版社，2004.

［3］ 于丁一. 膜分离工程及典型设计实例. 北京：化学工业出版社，2005.

［4］ 丁桓如. 工业用水处理工程. 北京：清华大学出版社，2005.

［5］ 叶婴齐. 工业用水处理技术. 2版. 上海：上海科学普及出版社，2004.

［6］ 美国海德能公司. 反渗透和纳滤膜产品技术手册.2007.

［7］ 陶氏化学水处理产品事业部. FILMTEC™反渗透和纳滤膜元件产品与技术手册. 2007.

［8］ 时钧. 膜技术手册. 北京：化学工业出版社，2001.

［9］ 王鼎臣. 水处理技术及工程实例. 北京：化学工业出版社，2008.

［10］ 王湛. 膜分离技术基础. 北京：化学工业出版社，2000.

［11］ 施燮钧. 热力发电厂水处理. 3版. 北京：中国电力出版社，1999.

［12］ 华东建筑设计研究院有限公司. 给水排水设计手册（第一、三、四册）. 北京：中国建筑工业出版社，2002.

［13］ 李培元. 火力发电厂水处理及水质控制. 2版. 中国电力出版社，2008.